本书感谢国家社科基金人才项目（22VRC187）“农产品安全风险控制与政策工具研究”、浙江省专项重大课题“全面形成绿色生产生活方式”以及教育部重大专项“构建中国农林经济管理学自主知识体系研究”（2024JZDZ059、2024JZDZ063）的支持。

Collaborative Governance
in China's Food Safety

健康中国战略下的
食品质量安全协同治理研究

周洁红　王　煜　著

·杭州·

图书在版编目（CIP）数据

健康中国战略下的食品质量安全协同治理研究 / 周洁红，王煜著. -- 杭州 ：浙江大学出版社，2024.12
（中国农业农村新发展格局研究丛书 / 钱文荣主编）.
ISBN 978-7-308-25654-4

Ⅰ. TS201.6

中国版本图书馆 CIP 数据核字第 20246UB879 号

健康中国战略下的食品质量安全协同治理研究

周洁红　王　煜　著

策划编辑　陈佩钰
责任编辑　金　璐
责任校对　葛　超
封面设计　雷建军
出版发行　浙江大学出版社
（杭州市天目山路 148 号　邮政编码 310007）
（网址：http://www.zjupress.com）
排　　版　浙江大千时代文化传媒有限公司
印　　刷　杭州宏雅印刷有限公司
开　　本　710mm×1000mm　1/16
印　　张　20
字　　数　348 千
版 印 次　2024 年 12 月第 1 版　2024 年 12 月第 1 次印刷
书　　号　ISBN 978-7-308-25654-4
定　　价　88.00 元

序　一

民以食为天，食以安为先。随着国民经济的发展，人民群众的生活水平不断提高，食品安全工作受到社会的广泛关注。近年来，习近平总书记多次就食品安全工作做出重要指示，强调“能不能在食品安全上给老百姓一个满意的交代，是对我们执政能力的重大考验”（习近平，2013）。国家高度重视食物安全，食品质量安全、数量安全乃至营养健康安全同等重要，成为健康中国建设的重要内容。党的二十大报告和党的二十届三中全会更是明确将食品药品安全责任体系的构建纳入国家安全体系建设，为食品质量安全工作提供了根本遵循。

新时代以来，我国食品质量安全工作不断取得新进展、开创新局面。然而，在多元复杂的食品生产经营环境背景下，部分企业和个人为了追求高利润、高收益，罔顾食品安全法规的情况仍时有发生，并且存在食品质量安全治理的区域割裂与信息不畅通的现象，可见我国食品质量安全治理体系亟待完善。构建政府、企业、公众共治的食品质量安全现代化治理体系，实现共治共享，已成为加快食品产业高质量发展赋能健康中国建设的必然要求。当下无论是在政界还是学界，如何提升食品质量安全协同治理效能成为热点话题。但纵览现有研究，不难发现有两个方面的问题尚未得到足够重视：一是政府规制可有效约束食品质量安全违规行为发生已成为共识，但不同规制手段对食品质量安全的治理效率存在差别，特别是数字经济的不断发展，信息规制工具的实施对改善食品质量安全产生的影响，以及其与其他规制手段相结合所发挥的作用，值得深入分析；二是已有研究大多关注政府、企业、消费者等多元利益主体参与治理对食品质量安全的积极推动作用，但随着新发展格局构建的持续推进，食品跨域交易日趋频繁，当前以属地治理为原则的食品质量安全监管与食品供给消费的跨区域流通事实存在脱节，政府监管难度不断提升，在现有市场环境下，如何平衡不同地区发展利益，推进区域协同，对于提升我国食品质量安全水平同样具有重要意义。

周洁红教授团队长期深耕于农产品质量安全管理与农业可持续发展研究领域，从空间经济学、管理学、社会学等多学科理论出发，结合中国食品质量安全发展现实特征开展了系统研究，取得了丰富的学术成果，形成了对新时代食品质量安全网络化治理体系建设的独到认识。本书是周洁红教授团队的最新研究成果，该研究突破了传统的政府单一治理框架，以协同治理理论为理论依据，将工具协同、区域协同与多元主体协同纳入食品质量安全治理结构，深入探索了政府部门不同规制手段、不同地区同级政府之间的“横向协同”以及政府部门与市场利益相关主体之间“内外协同”的实现路径，并从完善信息公开体制建设、完善区域协同治理体系、强化食品质量安全多元主体协同治理、因地制宜实行区域食品质量安全特色化治理等方面提出了新的对策建议。本书逻辑严谨，结构清晰，观点鲜明，不仅能为食品质量安全领域学者继续深入研究提供启发，也能为市场监管部门优化政策设计提供参考，相信会对我国食品质量安全治理体系的完善乃至健康中国事业的发展提供助益。在本书付梓之际，作为同行有幸先睹，谨记为序！

2024 年 11 月

序 二

在21世纪的全球公共卫生议题中，食品安全无疑是关乎国计民生、社会稳定与可持续发展的核心要素之一。尤其在中国，随着健康中国战略的持续深化与广泛实施，食品安全已从单纯的公共卫生议题跃升为衡量国家治理体系现代化与治理能力高效化的关键指标。在此背景下，本书的出版，无疑为公共治理领域的理论研究与实践探索注入了新的学术活力。

周洁红教授长期致力于食品质量安全领域研究，对食品质量安全治理的现状、挑战与机遇有着深刻的认识。在本书中，周洁红教授团队以深厚的学术积淀和敏锐的政策洞察力，精准捕捉了食品质量安全治理的复杂性与跨域性特质，在中国政府致力于构建共建共治共享的社会治理格局的现实背景下，深入剖析了当前食品质量安全治理面临的挑战与机遇。本书指出，尽管我国在食品质量安全监管的数字化、智慧化转型道路上取得了显著进展，但食品质量安全事件仍屡见不鲜，食品质量安全风险依旧严峻，这既与我国食品产业"低小散"的现状密切相关，也凸显了政府监管资源有限性与食品质量安全风险不确定性之间的深刻矛盾，加之食品质量安全风险可能存在的空间溢出效应，使得我国食品质量安全治理体系改革的迫切性与重要性愈发凸显。

面对食品质量安全治理体系改革的复杂挑战，本书创新性地将区域协调机制与多元主体协同理论融入食品质量安全治理框架，通过理论分析与实证研究的双重路径，系统而深入地探讨了政府规制组合策略、政府区域协同机制以及多元主体协同模式在提升食品质量安全治理效能中的关键作用。在理论层面，本书从信息不对称、外部性、利益相关者理论、政府规制理论、一级协同智力理论出发，对食品质量安全问题做了坚实的铺垫。在实证和方法层面，本书运用大数据分析、空间计量分析等现代科学方法，对不同治理模式的治理效果及其区域异质性特征进行了深入剖析，为深入理解食品质量安全治理的复杂动态机制提供了强有力的实证支持与理论支撑。在政策层面，本书既指出了现有政策的演化路径，也指出了现有政策的问题，并参照国外经验，对改善我国食品质量安全治理提出了针对性的政策建议。

从公共治理的学术视角来看，本书的价值不仅在于对食品质量安全治理现状的深刻反思，更在于对未来治理路径的前瞻性探索。本书提出的协同治理策略，不仅强调政府内部不同层级、不同部门间的协同合作，更倡导政府、企业、社会组织、公众等多元主体间的共建共治共享。这一策略不仅超越了传统的以政府为中心的单一治理模式，形成了多元协同治理的新型治理范式，也为构建更加高效、可持续的食品质量安全治理体系提供了有益借鉴。

综上所述，本书是一部兼具理论、实证与实践指导的学术佳作，内容丰富、观点新颖、方法科学。本书的出版，不仅可以为公共治理和食品质量安全等领域的同行学者带来启发，也可以为相关政府和产业部门提供切实可行的政策参考与实践指南。

于晓华

2024年11月

前言

2017年10月18日，习近平总书记在党的十九大报告中提出，实施健康中国战略。党的二十大报告指出，推进健康中国建设。食品安全战略是健康中国战略的重要部分，强调了要保障人民饮食健康，提升人民的获得感、幸福感、安全感。贯彻落实食品安全战略是全面建成小康社会、全面建设社会主义现代化国家的重大任务。

近年来，为实现食品质量安全，我国政府紧紧围绕建设“新时代高水平治理、高质量发展食品药品安全”的目标，以强化主体责任和鼓励多元参与为重点，加强社会共治共享体系建设，以现代化流通渠道建设带动现代化市场体系建设，促进食品质量安全监管的数字化与智慧化转型，打造了一系列食品质量安全提升工程和制度创新举措，显著提升了我国食品质量安全治理水平。但我国仍处于食品质量安全风险隐患凸显和食品质量安全事件暴发期，经济利益驱动的食品质量安全事件较为突出，食品质量安全风险不确定性较大。这都与我国食品产业“低小散”特征尚未发生根本性改变，以及食品质量安全风险的外部性、跨界性和跨域性特征有关。有限的政府监管资源下，食品产业发展水平较低、以属地治理为原则的政府食品质量安全规制已经制约了我国食品质量安全治理能力现代化与治理体系现代化。此外，区域协调发展是党的十八大以来推动共同富裕目标实现的重要内容，社会多元主体的共建共治共享也是“十四五”时期新时代社会治理的重要发展方向。因此，全面推进食品质量安全治理体系向区域协同、多元主体协同等网络化治理结构转变将成为突破政府规制因负外部效应而表现出治理低效的必然选择。

近年来，食品质量安全协同治理相关概念引起了政界、学界等领域诸多专家学者的广泛关注。但总体上，食品质量安全跨地区协同仍旧处于探索和起步阶段，缺少从跨地区合作视角出发对不同地区协同治理的合作机制的讨论等。本书是以笔者主持的国家社科基金项目“农产品安全风险控制与政策工具研究”(22VRC187)等课题的相关研究成果为基础创作完成的，通过理论分析、大数据分析、空间计量分析、双向固定效应模型、面板 Logit 模型、泊松伪最大似然回归等计量经济学方法，对政府规制组合、政府区域协同和多元主体协同的具体发展状况进行了详细的量化和讨论，得出以下结论。

第一，我国食品质量安全协同治理需求明显。在有限的政府监管资源下，当前以属地治理为原则的政府食品质量安全规制无法有效应对食品质量安全风险的跨区域流动，食品质量安全风险空间溢出特征明显，致使食品质量安全治理效率难以提升。当前我国食品质量安全区域协作以短期协作为主，地区间的联合行动缺乏稳定的长效协作机制；在国家发展战略推进下，多元主体协同程度虽明显提升，但协同水平仍处于中等偏低阶段且出现回落，多元主体的协同机制也亟须创新。

第二，协同治理能有效提升食品质量安全水平。政府各类规制组合、政府区域协同和多元主体协同治理都有助于降低本地食品质量安全违规水平，且能通过调节抽检强度、处罚力度，加强对应规制的治理效果，降低食品质量安全的不合格率。其中，在政府诸多规制手段中，执法类规制工具的质量提升效应大于法规标准类政策工具，且执法类与信息类规制的组合能有效激励微观主体的质量安全控制行为决策。但政府区域协同和多元主体协同治理效果存在区域异质性。多元主体协同仅在东部和中部地区能够显著降低食品质量安全违规水平。

第三，食品质量安全治理存在空间溢出性。空间溢出效应结果表明，属地治理现实和区域间有效政策协同的缺乏致使生产经营主体通过风险转移等方式规避相关成本，政府规制手段由于存在负外部效应而表现出治理低效的情况。不同空间权重矩阵估计结果的差异表明，不同政府规制手段对食品质量安全风险的溢出方向存在差异。企业面对严格的法规标准时，以减少额外成本、维持原有收益为目标的企业，倾向于选择经济结构较为相近的同质地区进行风险转移，而以规避违规处罚为目标的企业，则更加倾向于到地理邻近地区。此外，企业认证和消费者监督在提升本地食品质量安全水平的同时也对周边地区形成正外部性。

第四，食品质量安全协同水平受不同宏观环境因素影响。在以食品交易频率和经济联系度为基础划分的协作区域内，各地区工业化指数和电商消费占比的相似性程度促进了地方政府食品质量安全的区域协同水平。在缺乏区域协同情况下，城镇化率是导致食品质量安全风险向周边地区负向溢出的关键因素。此外，各因素对多元主体协同水平的影响效果受不同区域内各因素基础差异的影响。东部地区相对较高的人力资本水平将对周边地区的主体协同具有正向溢出,中部地区人力资本的提升促进了多元主体的协调参与,西部地区中电商规模和人力资本的提升有助于进一步提升协同其多元主体的食品质量安全协调治理水平。

第五,多元主体协同与区域协同相辅相成。各类政策规制手段的实施在提高本地食品质量安全水平的同时也将对周边地区产生负面的空间溢出,致使政策规制手段对食品质量安全的总效应并不显著,各类主体规制治理行为的质量安全提升效率依赖于区域协同。区域协同是保障多元主体协同有效实现的重要基础。

与其他同类书籍相比,本书的贡献在于:一是将研究重心放在食品质量安全这一健康中国战略的重要组成部分上,并结合食品质量安全风险的复杂性和跨域性特征,聚焦区域协调和多元主体共治进行食品质量安全协同治理机制的实证研究;二是本书创新性地从空间视角出发,分析、比较各类政府不同的规制治理手段、政府区域协同、多元主体协同等对食品质量安全的作用效果,为我国食品质量安全的有效治理提供了新的视角;三是区别于以往对该问题以定性研究、小范围区域研究和规范性研究为主的研究方法,本书利用大数据搜集的食品质量安全抽检数据,运用计量实证分析手段,对食品质量安全水平及其风险因素进行准确衡量和识别,使研究更具科学性;四是虽然本书学理性较强,但本书秉承"顶天立地"的研究宗旨,坚持以服务现代化食品质量安全治理体系为目标,努力提升对策建议的针对性和可操作性,以本书核心内容为基础的多篇论文已成功发表在国内外经济、管理领域的顶级期刊上,撰写的政策咨询报告获得了相关部门领导的批示和采纳。因此,除了同行学术研究者,政府部门和产业部门的相关人员也是本书的目标读者。

本书的出版,要感谢本团队赵文欣、杨之颖、金宇在数据整理、文献翻译中做出的贡献。对本书存在的不足之处,恳请读者批评指正。

周洁红 王煜

2024 年 10 月

目　录

1 绪 论

1.1 研究背景

在我国数量型粮食安全得到有效保障的前提下，食品质量安全成为关系到国民生命健康、产业有序发展和社会和谐稳定的重点问题。党的十九大明确提出健康中国战略，食品安全战略作为健康中国战略的重要组成部分，强调了保障人民饮食健康、提升食品质量安全治理能力、推动食品质量安全工作由传统监管向现代化治理转变的重要性。在经济全球化背景下，食品行业及其相关领域都在不断扩大。在全局性、整合性的健康中国视野下，建立从食品生产监督到消费管理再到食品健康方面的全过程、多主体协同监管的整体性框架，对于深入实施健康中国战略、全面促进人民健康发展具有重要的现实意义。

根据中国小康网“中国综合小康指数”报告，历年来食品安全问题均处于全面建成小康社会进程中最受关注的问题前列，其中食品安全问题在2012—2017年的关注度更是位居榜首。为加强食品质量安全监管及促进食品行业健康发展，我国政府不断完善食品质量安全治理体系。近年来相关政府监管部门针对生产经营、流通、互联网销售、追溯体系建设等相关内容陆续颁布了一系列政策制度，并通过修订、修正《中华人民共和国食品安全法》（简称《食安法》）、《中华人民共和国食品安全法实施条例》等相关法律法规，改革监管体制机制等措施，提升食品质量安全水平。我国食品质量安全水平整体表现出稳中向好的趋势，食品质量安全抽检合格率从2006年的77.9%逐步上升到2020年的97.7%（吴林海等，2013；国家市场监督管理总局，2021）。然而，自2017年起，我国整体食品质量安全抽检合格率长期维持在97.6%左右，政府食品质量安全监管陷入瓶颈。政府监测结果及媒体报道统计结果也表明，我国食品质量安全水平仍旧处于事故高发期和矛盾凸显期，各类违禁药物的检出、农兽药添加以及违法添加剂的使用等安全隐患仍然广泛存在，诸如“毒豆芽”“毒生姜”“三聚氰胺”“地沟油”“僵尸肉”等食品质量安全事件依旧时有发生，这都为我国食品质量安全治理体系的正常运行带来了直接的冲击，我国食品质量安全形势依旧十分严峻。

为何我国在食品质量安全治理上投入了大量人力和资金后，食品质量安全问题仍未得到遏制？究其原因，除了食品生产原料、食品添加剂、加工环节步骤的多样性，以及缺乏便捷高效的检测工具（孙宝国和周应恒，2013），更与政府在信息不对称下市场主体监督参与不足以及治理主体间的区域割裂密切相关。一方面，我国食品行业存在“跨域流通”与“属地治理”的矛盾。在传统消费模式下，受制于食品区域性消费特征的影响，线下消费被限定在特定时空中。但交通运输能力的提升打破了传统消费的时空限制，加速了食品流通范围的扩大和食品消费跨地区流通的实现。以瘦肉精事件为例，食品质量安全风险分别以河南为中心向江苏、广东等地区扩散，以湖北为中心向江西、湖南、重庆、四川、贵州等周边地区扩散（鄢贞等，2020）。我国各级食品质量安全抽检公开披露结果也表明，2015—2019 年我国随机抽检食品中约有 48.8％的食品存在跨城市交易情况，食品市场的跨域流通扩大了食品质量安全风险的传输范围，增加了食品质量安全风险的集聚性。而当前政府规制仍以属地治理为主，地方政府发现跨域食品质量安全问题时，跨地区协调过程繁复（Yee and Liu, 2019），不同经济发展水平下区域合作收益分配和成本分摊不均衡（金太军等，2011；刘娟，2017），潜在的地方保护主义（张成福等，2012）等诸多因素都降低了政府跨地区严格规制的积极性，致使食品质量安全协同治理效率无法有效提升。在“互联网＋”新业态下，食品电商交易平台的发展在拓展食品消费途径和范围进而增强地方政府间利益联结紧密度的同时，相应追溯体系的缺乏也加大了政府跨地区治理的难度。

另一方面，我国食品行业存在“大产业”与“弱监管”的矛盾。以 2020 年为例，我国规模以上食品工业企业主营业务收入达 8.23 万亿元，占全部规模以上工业总产值的 7.76％，食品生产经营主体超 1900 万家（中国市场监管报，2021），但我国每万人口食品安全监管人员的占比仅约 1.8％[①]，远低于同期美

---

① 该数据为 2017 年数据。2018 年国家机构改革后《食品药品监管统计年报》停止更新食品生产和经营许可统计结果，2017 年后缺少相应官方统计信息。

国每万人口食品安全监管人员的占比(胡颖廉,2019)。2018年,机构改革后基层执法部门合并导致的执法人员精简,进一步压缩了有限的执法资源,致使当前以行政监管和专项整治为主要食品质量安全监管手段的政策规制无法满足食品市场的监管需求。虽然电子商务有助于缩短食品供应链的中间环节,但线上食品经营网点零散且广泛分布加大了有限执法资源的监管难度。

近年来,食品质量安全协同治理相关概念引起了政界、学界等领域诸多专家学者的广泛关注。从政府治理体系改革角度看,在"互联网+"背景下,针对监管资源约束和成本高企的食品质量安全治理现实,我国政府逐渐引入食品质量安全协同治理理念,试图通过整合、协调各方力量,建立能够发挥不同主体优势的长期稳定的合作关系,弥补政府单一主体治理的有限性。具体而言,2009年《食安法》中出现公众参与食品质量安全治理的相关陈述后,政府对多元主体参与的社会共治的重视程度不断提升;2015年新修订的《食安法》首次通过法律条文的形式明确提出社会共治;2019年国务院颁布的《关于深化改革加强食品安全工作的意见》将共治共享列入食品质量安全治理的基本原则中,并对食品质量安全社会共治的参与形式进行细化。食品质量安全协同治理在行政和法律层面越来越受重视。而从文献研究来看,国内外学者虽已就食品质量安全协同治理内涵、必要性和内在机理等进行了大量研究,但相关研究存在较为明显的断层,或聚焦协同多元主体或区域间协同的必要性,提出价值层面的倡导(Rouvière and Caswell, 2012; 周洁红等,2011;谢康,2014; 丁宁,2015;宋英杰等,2017;王勇等,2020);或聚焦生产经营企业、消费者等微观群体的食品质量安全行为选择(吴林海等,2012;陈艳莹和李鹏升,2017;刘贝贝等,2018;Liu and Zheng, 2019;陈艳莹和平靓,2020)。但受宏观统计数据局限,现有研究未对食品质量安全风险特征和协同现状进行细致刻画,导致食品质量安全协同治理效应及优化路径的分析基础薄弱;且受制于实际执行过程中配套法律制度的缺乏、政府政绩考核中对消费民意的重视程度低、食品质量安全信息的缺失、治理主体间的区域割裂及"搭便车"行为,消费者等市场利益相关主体缺乏足够的参与治理动机(王辉霞,2012;吴林海等,2016;谢康等,2017a),致使当前食品质量安全治理效率不高。除此之外,大多数食品质量安全治理相关研究忽视了食品跨域流通导致的质量安全风险空间流动特征以及治理工具可能存在的空间外溢性,致使治理效应评估存在偏差;食品质量安全区域协作研究的不足也使不同地区协同治理的合作路径较为模糊。

因此，在我国食品产业链长、主体多，产销空间分离且与现有以属地治理为原则的行政执法模式相矛盾的背景下，识别政府跨区域协同以及利益相关主体多元协同治理水平，基于空间视角探讨其效应并提出优化路径是提高我国食品质量安全水平的关键。本研究在梳理现有食品质量安全协同治理现状基础上，系统剖析了政府强制性规制、政府规制组合及跨主体协同对我国食品质量安全的作用效果，并总结概括了美国、日本以及欧盟等国家和地区的先进食品质量安全治理经验，在弥补现有文献对协同量化、协同效应识别及协同路径探索不足的同时，为构建我国多元参与、区域合作的动态食品质量安全协同治理体系提供了有效思路和战略性建议。

1.2 研究意义

第一，为推进食品质量安全协同治理进行了理论拓展。本研究借助政府食品质量安全抽检大数据的收集和处理结果，将地区间食品交易、风险分布等情况进行有效合理的量化，突破了当前以定性分析为主的食品质量安全协同治理研究。本研究不仅实现了对食品质量安全区域协同治理主体的划分以及治理体系的构建，而且深入探索了不同地区同级政府之间“横向协同”以及政府部门与市场利益相关主体之间“内外协同”的实现路径，在丰富政府协同治理内涵的同时也对食品质量安全协同治理理论进行了拓展，为开展更加有效的相关实证研究提供了理论支撑。

第二，为政府优化食品质量安全监管资源配置提供决策依据。本研究利用科学合理的食品质量安全评估数据和评估方法，对食品质量安全风险特征进行了详细分析。研究结果表明，食品质量安全风险在交易环节和地区层面均存在溢出，为我国食品质量安全的风险预警和区域监管资源的合理分配调整提供了重要依据。

第三，为政府制定食品质量安全区域协同治理战略方案提供参考。本研究从国家统筹角度出发，识别划分了各省份食品质量安全治理的联合主体，提出了食品质量安全区域协同治理的最优方案，为食品质量安全区域协同的目标针对性提供了最基本前提，进而为我国食品质量安全区域协同体系框架的构建做出了重要参考。

第四，为政府优化食品质量安全综合协同治理手段提供决策参考。本研究深入探究了政府不同规制行为、企业自我管理行为、消费者参与、区域协同和多元主体协同等不同治理手段对我国地方食品质量安全水平的直接和间接溢出效应，并在此基础上探讨了政府综合协同治理的优化路径，研究结果为促进我国食品质量安全区域协调发展、制定社会共治的食品质量安全发展战略、推动共同富裕的实现提供了战略性参考。

1.3　核心概念界定

1.3.1　食　品

《食安法》将食品定义为"供人食用或者饮用的成品和原料以及按照传统既是食品又是中药材的物品，但是不包括以治疗为目的的物品"。区别于农产品来源于农业的初级产品[①]，食品不仅包括可食用农产品，还包括经过加工改变了基本自然性状或化学物质的产品。由于政府的食品质量安全抽样检验基于《食安法》及其他相关法律法规展开，本研究中对食品的定义参照《食安法》，研究包括供人食用或者饮用的食用农产品、半成品和加工食品。

本研究具体参照《食品安全国家标准 食品添加剂使用标准》(GB 2760—2014)中对食品种类的分类标准，基于居民主要消费种类和抽检数量，将研究范围限定在乳及乳制品，脂肪、油和乳化脂肪制品，水果及其制品，蔬菜及其制品，豆类制品，坚果和籽类产品，粮食和粮食制品，焙烤食品，肉及肉制品，水产及其制品，蛋及蛋制品，调味品，饮料类产品，酒类产品等 14 类食品种类。

1.3.2　食品质量安全

食品安全概念起源于联合国粮农组织在 1974 年提出的"保证任何人在任何地方都能得到生存和健康所需的足量食品"，当时，食品安全重点关注粮食

---

①　相关定义来源于《中华人民共和国农产品质量安全法》第二条，农产品被定义为"农产品是指来源于农业的初级产品，即在农业活动中获得的植物、动物、微生物及其产品"，这包括可食用农产品和不可食用农产品，但不包括经过加工的各类产品。

的足量供给。1996 年,世界卫生组织在《加强国家级食品安全计划指南》中将食品安全定义为“食品中不应含有可能损害或威胁人体健康的有毒、有害物质或因素,从而导致消费者急性或慢性毒害感染疾病,或产生危及消费者及其后代健康的隐患”。食品安全的关注重点转向保障人体健康不受危害。而随着社会各界对生态环境保护和资源可持续利用的关注,食品安全也涵盖了食品可持续安全的概念。因此,食品安全包括“食品数量安全”(food security)、“食品质量安全”(food safety)、“食品可持续安全”(food sustainability)三个层次(Vågsholm et al.,2020)。

根据我国的发展和国情现状,2009 年《食安法》中将食品安全定义为“食品无毒、无害,符合应当有的营养要求,对人体健康不造成任何急性、亚急性或慢性危害”。这一规定表明当前我国食品安全问题重点强调的是“食品质量安全”。由于本研究重点聚焦在政府规制主导下多元主体的协同治理效应,本研究对食品安全的定义将参照《食安法》,将食品安全聚焦于食品质量安全,认为食品安全是在生产、加工、流通和消费等全过程都不存在违反相关安全标准制度、不会对人体健康造成任何危害的食品状态。本研究中所涉“食品安全”无特别说明均指代“食品质量安全”(food safety)。

1.3.3 食品质量安全协同治理

协同治理指两个或多个子系统,通过协调和合作而达成某个共同目标的过程;协同水平的提升表现为系统中各子系统在作用过程中一致协调的程度(黄亚林,2014)。对于食品质量安全领域而言,国内学者普遍认为生产经营主体众多、分布零散、多头监管、街头官僚、命令控制型、单一监管主体等是食品质量安全监管效率低下的主要原因(张舒恺等,2016;吕永卫等,2018;陈振仪等,2017;蔡元正,2017;苏鑫佳,2017;李进进,2019;胡一凡等,2016)。这些问题的存在为食品质量安全协同治理的推进提供了现实基础。具体而言,食品质量安全协同治理的问题主要可表现在以下三方面:一是政府不同规制工具协同治理。政府职能理论认为,政府干预的核心在于借助强制性职能优势合理发挥资源再分配的功能,因而政府可弥补实现市场无法达成的目标(杨天宇,2000)。当前政府监管手段主要包括政府地方性法规文件、食品质量安全抽检、食品质量安全违规行政处罚等正式规制,以及食品质量安全监管信息公开披露等非正式规制。通过不同政府规制工具的协同使用来保障地区食品质量安全水平。二是部门、区域协调治理。食品安全是全域性的发展，目前以行政区域为单元的治理模式难以实现食品质量安全问题的有效根治，需要地区、部门的合作治理。食品质量安全治理的一大难点是治理主体多头低效，而在当前互联网发展的背景下，食品质量安全相关问题所涉的监管部门范围进一步扩大，强化了部门和地区合作的必要性。三是多元主体参与共治。食品质量安全治理问题具有复杂性、多样性、技术性和社会性交织的特征，单纯依靠行政部门无法完全应对繁杂的市场治理环境，需要建立多元主体共治的监管模式。

针对以上问题，创新现代治理模式，本研究将食品质量安全协同治理聚焦于政府强制性规制、政府规制组合及跨主体协同（政府部门区域协调治理和多元主体协调治理）等方面，重点强调多元化主体通过政府不同规制协同、区域协同和多元主体协同等形式的协调发展，形成治理合力，共同保障食品质量安全有效治理的过程。

1.4　研究内容

本研究基于国内食品质量安全治理现状和食品质量安全监管体制改革的实际，在总结我国食品质量安全治理现存问题的基础上，利用协同治理理论对政府强制性规制、政府规制组合及跨主体协同的食品质量安全治理效益进行了分析，并通过梳理美国、日本以及欧盟等国家和地区的先进食品质量安全治理经验，总结概括促进协同发展的优化路径，为食品质量安全治理体系的系统变革和改进提供战略性参考。全书共分为九章，具体研究内容如下。

第 1 章为绪论。本章主要介绍了本研究的研究背景及研究思路，从信息不对称理论出发，阐述了政府主导下政府食品质量安全跨区域监管困难，以及政府、食品企业和以消费者为代表的社会公众共同参与食品质量安全治理的激励不足是制约我国食品质量安全水平提升的关键问题。在此基础上，强调政府不同规制工具的协同治理、政府与政府的区域协同治理、政府与消费者等多元主体协同治理对于提升食品质量安全水平的重要意义，明确研究方向，总结研究创新，并提出整体研究思路。

第 2 章为理论基础及文献综述。本章主要阐述了与食品质量安全治理相关的信息不对称理论、外部性理论、利益相关者理论、政府规制理论和协同治理理论，其中协同治理理论是本研究的重点理论分析依据。在此基础上，对食品质量安全，尤其是食品质量安全治理的相关学术研究进行系统梳理，通过对食品质量安全风险识别与评估、各主体食品质量安全治理、区域协同治理以及多元主体协同治理等食品质量安全治理相关研究的系统性梳理和评述，明确了本研究的研究重点及内容，并提出本研究理论分析框架。

第3章为基于风险评估的食品质量安全发展现状分析。本章主要梳理了我国食品质量安全监管体制改革历程、食品质量安全治理现状以及当前食品质量安全治理存在的问题。首先，对我国食品质量安全监管体制改革的演变过程进行梳理，将新中国成立以来政府实施的食品质量安全监管划分为四个阶段，并对不同阶段的监管特征进行详细阐述；其次，结合政府抽检的大数据收集和处理结果，从时空变化趋势、环节分布、风险物来源特征等方面分析了我国食品质量安全水平评估和风险特征；最后，结合食品质量安全现状和政府监管体制改革的阶段性特征，总结出当前我国食品质量安全治理存在的问题，即食品质量安全治理的区域协同需求与政府属地治理矛盾、食品质量安全治理的“大覆盖”需求与政府监管资源有限的矛盾。强调需要从协同治理角度入手，探究健康中国战略实施背景下食品质量安全协同治理的空间效应及其优化路径，以期对现有食品质量安全治理体系的有效变革提供参考路径。这也是后续实证研究内容的逻辑起点。

第4章为政府强制性规制对食品质量安全的影响研究。本章在识别市级层面食品质量安全空间相关性的基础上，聚焦政府在食品质量安全监管中最主要的三类强制性规制工具，即政府地方性法规文件、食品质量安全抽检、食品质量安全违规行政处罚，采用空间面板杜宾模型，探究三类政府规制对食品质量安全水平的直接作用效应及间接溢出效应，并将全国各地区划分为东、中、西三个区域，对三类政府规制工具的区域异质性进行讨论，理清不同区域内协同治理的效率差异。随后，在全品类研究的基础上进一步细化，选择生鲜果蔬这一营养丰富的高质量健康食品，并将政府政策文件进一步聚焦，选择高毒农药禁用、低毒农药补贴等强制性政策，利用双向固定效应模型，探究其对生鲜果蔬农药残留风险的规制效果，并深入分析生产主体追溯水平对农药残留规制效果的调节作用，理清农药残留相关政策规制对生鲜果蔬质量安全的实施效果。

第5章为政府规制组合对食品质量安全控制行为的影响研究。首先，本章梳理了政府强制性规制和信息工具协同的政府规制组合对企业认证行为采纳的直接和间接作用，并提出相应假说。采用双向固定效应模型，从省级层面探究抽检不合格信息公示对食品生产加工企业 HACCP 认证的影响，并在此基础上，进一步探究本地公示和异地公示、分区域信息公示的异质性影响。其次，聚焦食品质量安全的第一责任主体——食品企业，从声誉角度出发，探究政府强制性规制和信息工具协同的政府规制组合对我国食品企业第三方认证行为决策的空间效应；在理论层面探究政府规制组合对企业第三方认证行为决策的影响机理的基础上，利用面板 Logit 模型和泊松伪最大似然回归，针对信息公示的具体内容识别，探究企业个体往年违规总量、本地行业往年违规总量、周边地区行业往年违规总量对食品企业认证行为申请与否以及申请数量的影响。最后，系统讨论抽检和信息揭示组合下经营户采纳可追溯决策的影响机制及理论模型，并基于批发市场调研数据，利用线性概率模型和两阶段最小二乘估计，深入探究了抽检强度与信息揭示组合对经营户采纳可追溯行为的影响，在此基础上从经营户规模、经营户在供应链中的位置两方面进一步讨论了政府规制组合的异质性影响。

第 6 章为跨主体协同对食品质量安全的影响研究。本章基于不同地区政府主体探究协同对食品质量安全的影响。一方面，研究构建了地方政府食品质量安全区域协同的理论框架，根据地区间的交易频率、社会联系程度和地理邻接关系等社会经济依赖关系将全国 31 个省份划分为 8 个协作区域，基于区域划分结果测算政府规制在区域内部的协调发展水平和变化趋势，并在此基础上采用广义矩估计方法探究政府区域协同对城市食品质量安全不合格率的影响。另一方面，研究基于同一地区多元主体探究协同对食品质量安全的影响。具体而言，研究明确了涵盖的利益相关主体及对应治理行为的食品质量安全影响机理，并通过构建相关主体的行为博弈模型，强调多元主体协同的意义；在此基础上，对各利益相关主体的协调发展水平进行测算和趋势分析；随后结合食品质量安全风险存在的跨域流通与空间相关特征，采用空间面板杜宾模型，探究多元主体协同水平对食品质量安全的直接效应、间接调节效应、空间溢出效应及区域异质性影响。

第 7 章为食品质量安全协同治理的影响因素研究。为推动协同发展水平，本章在梳理食品质量安全协同治理可能影响因素及对应行为机理的基础上，分别探究了影响区域协同和多元主体协同的因素。具体而言，本章分别探讨了区域协作历史、地方性法规数量差异、处罚力度差异、电商规模差异、工业化发展水平差异和食品消费水平对区域协同的影响效果，以及电商规模、人力资本、城镇化水平和食品消费水平对多元主体协同的影响效果及区域异质性影响。研究结果可为区域协同和多元主体协同发展水平的推进提供参考。

第 8 章为国外食品质量安全治理经验。相较于中国，发达国家食品安全治理的发展历程较长、政策实践较为丰富，因而形成了较为完善的治理模式。为此，本研究对美国、日本和欧盟等国家和地区取得的食品安全治理经验进行总结，为我国食品质量安全协同治理的有效保障提供重要借鉴。

第 9 章为食品质量安全协同治理的路径优化与政策建议。为推动提升协同发展水平，本章围绕利益相关主体，构建了区域协同、多元主体协同发展的利益相关主体优化路径。同时针对前文研究结果，重点从信息整合、跨地区政府协同、多主体协同以及区域特色化治理等四个方面，为食品质量安全协同治理体系的推进和完善提出针对性政策建议。

1.5 研究方法

本研究利用国内外相关文献，基于信息不对称理论、外部性理论、利益相关者理论和协同治理理论对现有文献中食品质量安全风险的识别和控制研究进行梳理，突出了多工具、跨地区、多主体食品质量安全协同治理结构的重要性，并对政府规制组合、政府区域协同和多元主体协同的具体发展状况进行量化和讨论。在此基础上，基于理论模型构建和空间分析方法，从政府强制性规制、政府规制组合及跨主体协同等角度分别研究了协同治理对食品质量安全的作用效果，并在此基础上借鉴国外先进协同治理经验，提出促进食品质量安全区域协调和多元主体协同的优化策略及政策建议，为食品质量安全协同治理体系的完善提供方向。在具体研究过程中，本研究综合运用了文献研究法、数据挖掘法、计量分析法等方法。

第一，文献研究法。本研究通过对信息经济学、行为经济学、制度经济学等基础理论文献的梳理和总结，归纳出相关理论基础，并系统分析了食品质量安全风险来源识别、食品质量安全量化与食品质量安全治理的相关研究，发现现有研究的不足之处，进一步明确研究问题。

第二，数据挖掘法。本研究使用了 Python 技术抓取国家和省级、市级市场监督管理局历年监督抽检数据以及专项检测报告中有关食品的抽检数据，用以评价地区食品质量安全风险水平;抓取各地地方政府官方网站的新闻动态文本,通过关键词筛选等手段过滤出与区域协作相关的政府新闻报道,用以衡量不同地区间政府既有的协作行为。借助大数据分析方法,本研究对以往只能做定性资料、小范围区域研究和规范性研究的内容,给出全面、定量、实证的分析,通过动态地描绘食品质量安全的时空变化规律及空间相关特性,为食品质量安全风险评估及形成机理提供更加客观的依据。

第三,计量经济学模型方法。根据各章研究目的与研究内容的不同,本研究相应构建了不同的计量经济模型,来量化食品质量安全协同治理的效应。具体而言,考虑到食品质量安全风险存在空间的相关特性,本研究主要使用静态和动态的空间面板杜宾模型探究了政府强制性工具和政府规制组合对食品质量安全风险水平的影响及空间溢出效应,识别政府规制对食品质量安全治理的有效性。针对主体适应性控制行为反馈,本研究主要使用双向固定效应模型、面板 Logit 模型和泊松伪最大似然回归模型、线性概率模型和两阶段最小二乘估计探究了不同维度、不同质量安全控制措施对政府规制组合的异质性响应情况。针对不同地区政府主体、同一地区多元主体等跨主体的协同,本研究首先使用耦合协调发展度模型对区域协同度及多元主体协同度进行测算,并在此基础上,分别使用双向固定效应模型和空间面板杜宾模型探究跨区域协同和多元主体协同对食品质量安全的影响。为明晰协同治理路径优化的具体方向,本研究使用双向固定效应模型和空间面板杜宾模型对跨区域协同和多元主体协同的影响因素进行了识别。

1.6 研究创新

一是研究数据创新。本研究利用政府食品质量安全抽检大数据,有效解决了问卷访谈的选择偏差及主观性问题或媒体安全事件报道的信息失真问题;利用市级数据,进一步提升了食品质量安全风险刻画的精度。具体而言,通过汇总在原国家食品药品监督管理总局(2018 年以前)、国家市场监督管理总局(2018 年及以后)、31 个省级市场监管局及 215 个市级市场监管局[①]等 247 个网站中发布的超过 60000 个数据集,共清洗、整理出超过 298 万条食品

① 部分地级市缺少独立的市场监管局网站,或相关网站中缺少食品质量安全抽检信息披露。

质量安全抽检记录。由于政府食品质量安全抽检是完全基于实验室检验的结果，该集成数据集数据质量的可靠性和样本数量的庞大性能够实现对食品质量安全水平的真实反映，有助于全面刻画和准确识别食品质量安全的风险特征及治理效果；抽检数据与市级相关数据、企业层面相关数据及批发市场调研数据匹配下的实证分析，相较于省级样本估计，在传递更多地区差异化信息的同时，其研究结果也更为稳健和可信，具有研究数据的创新科学意义。

二是研究内容创新。区域协调发展是党的十八大以来推动实现共同富裕目标的重要内容，而社会多元主体的共建共治共享也是"十四五"时期新时代社会治理的重要发展方向，相关问题引起了学术界的关注，成果丰硕，但现有研究大多是分立的，且大多聚焦于生态环境治理领域，缺乏食品安全治理领域的相关研究。与文献中重点以理论探讨多元主体协同效应不同，本研究将协同范围进行拓展，提出多元主体协同与区域协同的协调推进。具体而言，本研究针对食品质量安全风险的复杂性和跨域性特征，将区域协同理念引入当前食品质量安全风险社会共治体系框架，从区域协调和多元主体协作视角，创新地应用空间经济学方法，科学识别区域协同、多元主体协同的空间效应。相应研究结果可为我国食品质量安全有效治理体系的完善提供更宽广的思路。

三是研究方法创新。与文献中采用案例分析与定性描述不同，本研究采用网络挖掘技术，构建翔实的国家食品质量安全抽检大数据；运用空间计量经济学等系列计量方法对食品质量安全区域协同以及多元主体协同的治理绩效及其优化路径进行实证检验，提高了研究结论的可行性和说服力。

2 理论基础与文献综述

2.1 理论基础

2.1.1 信息不对称理论

信息不对称理论是信息经济学的一个重要分支。Stigler(1961)认为经济主体初始信息的有限性、信息搜寻成本及信息搜寻次数的有限性共同构成了主体可获信息的不完全性。在此基础上,Akerlof(1970)通过比较买卖双方所拥有信息的多寡提出了信息不对称概念,认为当产品质量水平难以观察时,交易双方的不对称信息将导致低质产品驱逐高质产品的逆向选择现象出现。围绕主体间的信息对称情况,Nelson(1970)以及 Darby 和 Karni(1973)根据消费者获取对称信息的具体阶段,即购买前即可识别产品质量安全水平、购买后方可识别产品质量安全水平、购买后仍无法识别产品质量安全水平三种情况,将产品分为搜寻品、经验品、信任品三类。由于食品在食用前无法感知口感、味道等信息,食品属于经验品;而由于污染物、非法添加物等信息无法通过食用而有效识别,食品同时也具有信任品特征。这些特征使得食品交易的利益相关主体天然存在信息不对称的现象,这也是出现食品质量安全问题的根本原因。Feddersen 和 Gilligan(2001)的研究指出,食品的经验属性和信任属性引起了信息不对称问题,而信息不对称问题又进一步诱发了食品质量安全问题。

食品的信息不对称不仅体现在相关企业与消费者之间的信息不对称,也包括企业内部、供应链上下游企业、政府与政府、政府与企业、政府与消费者间的信息不对称(吴林海等,2016)。首先,受限于相关生产经营人员知识技能，企业内部的技术水平不足或是对于规范生产经营、标准法规更新等信息的获取不及时等“无知”状态，都将导致食品质量安全问题的出现。其次，食品质量安全风险的不可预测性和信息不对称等导致了市场主体机会主义动机的出现。食品生产经营主体基于己方的信息优势，在利益最大化目标下权衡违规超额收益、违规处罚成本与生产成本。当收益大于成本时，企业的食品生产经营存在道德风险。问题发生后责任主体的界定困难更加剧了食品企业的投机行为。最后，政府基于监管行为可获取抽检信息、预警信息、企业信息、行政处罚信息和风险分析报告等大量动态信息，但监管资源的有限使得政府无法对食品企业进行全区域、全品类和全时段的严格监管，政府与食品企业间仍存在大量不对称信息；消费者基于自身购买经验、社会资本可实现对市场中食品企业的信息补充和质量预判，一定程度上可以对食品企业的风险状况进行识别。政府和消费者基于自身监管手段均可不同程度地获取企业的不对称信息，政府食品质量安全监管信息的公示有助于消费者识别风险企业，消费者的经验积累也可为延伸政府监管触角提供有效参考，但政府信息公开系统的不健全和消费者投诉举报制度的不完善，使得政府与消费者间的信息仍旧存在较大不对等。

总而言之，食品市场中，政府、食品企业与消费者等利益相关主体间的信息不对称是食品质量安全问题出现的重要原因，也是食品质量安全治理困难、责任主体难以界定的关键原因。因此，有必要从信息不对称的角度出发，探究多元主体协同治理对于食品质量安全的影响，这对构建适合中国国情的食品质量安全协同治理体系具有重要意义。

2.1.2 外部性理论

Marshall在讨论由生产规模扩大而产生的经济效应时首次提出外部经济概念，认为经济主体内部资源的配置优化和利用效率的提升将使企业表现出内部经济特征，而外部产业对经济主体产生的成本下降或效益提升效应表现为外部经济(Marshall, 1890)。在此基础上，Pigou从福利经济学角度出发讨论了外部不经济的情况，认为外部不经济取决于边际社会净产值和边际私人净产值的相对结果(Pigou, 1920)，当边际私人净产值超出边际社会净产值时，外部不经济情况出现，引发市场失灵，此时为降低经济主体生产给社会带来的不利影响，就需要政府干预的出现。

食品质量安全问题具有典型的外部性特征。当市场中存在食品质量安全问题时，食品质量安全风险的不可观测性导致消费者无法准确识别产品质量安全水平，高质量与低质量产品同时进入市场，此时低质量企业收益大于高质量企业，致使高质量企业持续改进食品质量安全的激励不足、积极性受挫，产生负外部性（蒋慧，2011；李新春和陈斌，2013；Roehm and Tybout，2018）。此外，高质量厂商为了与低质量厂商区分开，可能通过采取食品质量安全认证等手段来降低交易过程中的不对称性，获取消费者信任并扩大市场，产生正外部性（Van Heerde et al.，2007；Siomkos et al.，2010；Bartikowski and Walsh，2011）。

食品质量安全治理也同样具有外部性特征。诸如政府通过强化监管力度和惩罚措施、制定政策法规和标准、信息公示、行业投诉、消费投诉等加大企业违规成本治理手段的实施将对企业形成有效的合规激励，这在促进本地食品质量安全水平提升的同时也有助于降低下游地区食品质量安全风险概率，形成正外部性。此外，由于食品质量安全治理具有公共物品特征，治理主体间极易出现“搭便车”情况，再加上食品质量安全治理相关配套政策制度的缺失，社会公众缺乏参与食品质量安全治理的保障、地方政府间缺乏合作治理的动力，致使高效的食品质量安全协同体系难以建立，形成负外部性（Olson，1971；Yee and Liu，2019）。要解决食品质量安全治理的负外部性问题，就需要合理分配治理主体的责任和收益，通过完善制度保障和建立协同联盟等形式促进治理成本收益的内部化，以此来解决食品质量安全治理和资源供给不足、协调困难的现实问题。

2.1.3 利益相关者理论

利益相关者理论起源于公司治理相关研究，相关概念由 Ansoff（1965）首先提出，他认为理想企业目标的制定必须综合平衡和考虑包括投资人、债权人、供应商、员工、消费者等诸多利益相关者相互冲突的目标需求。为了打破从企业生存相关角度界定利益相关者的局限性，Freeman（1984）对利益相关者概念进行了直观界定，认为“利益相关者是影响组织目标的实现，或者实现过程中所有被影响到的相关个体和群体”。为强化相关概念的实践可操作性，Mitchell 等（1997）进一步根据利益相关者所需具备的属性，即合法性、权力性或紧急性三类，对企业的利益相关者地位进行相关性评分。这种评分方法对利益相关者的界定提供了切实可操作的思路，成为界定利益相关者的重要方法(贾生华和陈宏辉，2002)。

近年来利益相关者理论的发展不断趋于成熟，其分析已被广泛应用于社会、经济、政治、生态等各个领域，为食品质量安全治理提供了可资借鉴的理论来源。食品质量安全治理的利益相关者包括导致食品质量安全风险发生、对食品质量安全风险做出响应以及受到食品质量安全问题冲击的全部组织和个人。具体而言，食品质量安全的利益相关者主要包括政府、食品企业及以消费者为代表的社会公众，相关主体的行为决策直接或间接地影响了食品企业的质量安全水平。

利益相关者管理的根本在于主体间的协调与平衡(Friedman and Miles，2002)。围绕食品质量安全问题，企业追求收益最大化、地方政府追求本地社会福利最大化、消费者追求自身效用最大化，利益相关者各自有不同的利益诉求，在保护自身利益的目标驱动下，将从自身利益角度出发采取差异化的行动方案，导致企业的机会主义行为、地方政府规制俘获、消费者拒绝购买相关产品等现象的出现，这将不利于食品质量安全协同治理的实现。因此，应当主动激发相关利益主体参与食品质量安全协同治理的动机，统一治理目标，推动不同利益相关者在系统中实现共同利益。

2.1.4 政府规制理论

政府规制是规制经济学的重要研究内容。Stigler(1961)最早对政府规制进行经济学分析，研究政府规制对自然垄断产业电力部门的影响，发现政府规制与预期目标存在偏差，政府规制的目标不仅在于保障公共利益，还包括利益的再分配。就政府规制的定义而言，国内外学者尚未形成统一意见。Kahn(1970)通过经验观察认为，政府规制的实质是一种制度安排，通过行政命令对市场竞争的取代，维护良好的经济效益。Spulber(1989)从市场干预角度提出，政府规制是由行政机构制定并执行的直接干预市场配置机制或间接改变企业和消费者的供需决策的行为。Viscusi(1995)强调强制性手段对政府规制的重要性，其认为政府规制是政府以制裁手段对经济主体自由决策的强制性限制。日本经济学家植草益(1992)从规制主体角度，将规制主体划分为私人和社会公共机构两种形式，其中，公共规制是社会公共机构依照一定的规则对企业活动进行的限制，而社会公共机构一般被简称为政府。我国学者更为突出法律体系在政府规制的定义中的关键性。王俊豪(2001)认为政府规制是具有法律地位且相对独立的政府规制机构依照一定的法规对被规制者所采取的一系列行政管理与监督行为。余晖(2004)从规制手段层面进一步阐释了政府规制的含义,即政府规制是行政机构依据法律授权,通过制定规章、设定许可、监督检查、行政处罚和行政裁决等行政处理行为对社会经济个体的行为的活动进行限制和控制的行为。王健(2008)对政府规制的定义与上述两位中国学者的观点基本一致,其认为政府规制是政府为了公众利益、纠正市场失灵,依据法律和法规,以行政、法律和经济等手段限制和规范市场中特定市场主体活动的行为,以确立市场竞争秩序,促进市场经济健康发展。

经济学上把政府管制分为经济性管制和社会性管制两类。社会管制主要用来保护环境以及劳工和消费者的健康和安全。食品质量安全监管属于社会性政府规制,即政府部门利用法律法规、监督检查以及行政处罚等行政处理行为,对食品的生产者和经营者所采取的监督管理行为。

2.1.5 协同治理理论

协同治理理论起源于公共管理领域,是协同学和治理理论结合下的新兴交叉理论。国内外学者对协同治理定义及内涵的理解存在较大差异。其中,联合国全球治理委员会则认为,协同治理是包括个人、公共和私人机构管理共同事务的不同治理工具的总和。Gray(1989)认为协同治理指不同主体通过互动交流拓宽自身视域局限,发现问题并寻求复杂问题解决办法的合作过程。Ansell 和 Gash(2008)则认为协同治理是将利益相关的公共主体及私人主体聚集到一个公共机构中,机构的参与者围绕共同目标直接参与做出集体决策的过程。而也有学者认为协同治理在于多元利益主体为实现共同目标,通过协调彼此参与行为和合作来解决共同问题的结果,强调协同治理过程的积极性(O'Flynn and Wanna, 2008)。陈彦丽(2014)也有类似的观点,认为协同治理是多元主体间围绕同一目标下的竞争与协同,不同的独立个体围绕相同的目标进行合作协调,相竞相争、相辅相成,实现有效治理。李汉卿(2014)通过对已有治理理论内涵的梳理,将协同治理进行了本土化论述,认为协同治理是治理理论和协同理论的综合,在开放的复杂社会系统中,多元主体在竞争和协作中交流互动、实现一致协调,为实现公共利益最大化而建立资源分配规则的过程。

尽管目前尚未针对协同治理形成明确的概念定义，但基本上涵盖了治理主体多元化、治理主体目标一致、治理主体间相互竞争合作等特征，其本质在于多元主体为实现共同的组织目标建立长期稳定的合作关系，通过整合、协调各方力量来合作处理复杂事务，以发挥不同主体优势，实现多方共赢的过程。协同治理有助于弥补单一主体治理的有限性。

2.2 国内外研究综述

国内外学界围绕食品质量安全治理已展开大量研究。从研究内容看，主要包括以下四个方面。

第一，食品质量安全风险识别和评估研究。相关研究从食品质量安全风险来源（文晓巍和刘妙玲，2012；刘青等，2016）、质量安全风险特征（Grundke and Moser，2019；鄢贞等，2020）、消费者质量安全认知（Grunert，2005；Zhou et al.，2016；Machado Nardi et al.，2020）、质量安全风险预警指标体系构建（付文丽等，2015；Morales et al.，2016；李笑曼等，2019）等维度展开研究，探讨了风险矩阵（张红霞等，2013；朱淀和洪小娟，2014）、故障树分析（陈洪根，2015；杨扬等，2016）、蒙特卡洛模拟（王冀宁等，2019；王勇等，2020）、突变模型（陈秋玲等，2011；杨雪美等，2017）、贝叶斯分析（Williams et al.，2011；Bouzembrak and Marvin，2019；徐青伟等，2021）以及风险评估与功能共振分析方法（FRAM）（Soon et al.，2012；2013）等风险评估的方法。

第二，食品生产经营主体质量安全控制行为研究。相关研究涉及食品企业的可追溯体系建设（周洁红和叶俊焘，2007；Pouliot and Sumner，2008；Pouliot and Sumner，2012；Saak，2016），HACCP、有机认证、绿色认证、食品安全管理体系等第三方认证实施（Giacomarra et al.，2016；Jiang and Batt，2016；Kotsanopoulos and Arvanitoyannis，2017；陈艳莹和李鹏升，2017；Iyer and Singh，2018），以及影响企业控制行为的因素分析（Saak，2012；王永钦等，2014；张蓓等，2014；符少玲，2016；周开国等，2016；Martínez-Victoria et al.，2019）。

第三，利益相关主体食品质量安全治理。现有研究主要从政府、食品企业、消费者、媒体等利益相关主体的视角切入，分析了各主体可能的治理手段及治理效果,认为政府食品质量安全标准的建立、强制性抽检行为的实施、信息的发布,企业生产经营人员的知识与技能培训、标准化生产、自我检测、认证、生产经营信息公示,消费者食品质量安全关注和感知、投诉举报、信息交流,媒体质量安全事件报道等行为都有助于食品质量安全水平的提升(刘任重,2011; Bakhtavoryan et al., 2014; 龚强等,2015; 赖永波和徐学荣,2016; Roehm and Tybout, 2018; 王冀宁等,2019; 陈庭强等,2020)。

第四,消费者购买行为及支付意愿变化。从消费者视角探究食品质量安全问题的相关研究主要关注了消费者购买行为、信息收集行为、自我保护行为等各类食品质量安全相关行为(Redmond and Griffith, 2003; Meixner et al., 2014; 刘瑞新和刘艳丽,2014; 全世文和曾寅初,2014; 龙著华和戴敏,2015; Bruner et al., 2016),消费者食品质量安全支付意愿(吴林海等,2010; Yu et al., 2014; Muhammad et al., 2015; 吴自强,2015; Balogh et al., 2016; Wilson and Lusk, 2020; 韩子旭和严斌剑,2021),食品质量安全事件对消费者的影响(周应恒和卓佳,2010; 刘贝贝等,2018; Liu and Zheng, 2019; Turner et al., 2019),消费者对食品质量安全的风险认知与信任水平(de Jonge et al., 2010; 巩顺龙等,2012; 周应恒等,2014; 叶舟舟等,2018; Le et al., 2020; Maesano et al., 2020),以及食品质量安全风险交流策略(林爱珺和吴转转,2011; 马仁磊,2013; 王中亮和石薇,2014)等领域。

随着食品安全社会共治话题的兴起,学界开始重视多主体协同治理(Rouvière and Caswell, 2012; 谢康等,2017a; 王勇等,2020)、跨地区协同治理(Lee et al., 2019; 鄢贞等,2020)等相关领域的研究。聚焦研究目标,本研究认为食品质量安全的有效治理,一方面离不开对食品质量安全风险来源的有效识别和判断,另一方面也与相关利益主体的行为决策密切相关。此外,在分析食品质量安全治理效应时,对食品质量安全水平的有效衡量也是影响评估效果的重要因素。因此,本研究将重点围绕食品质量安全风险来源识别、量化以及治理等方面对现有研究进行系统梳理和评述,为本研究的研究内容和创新提供理论依据。

2.2.1 食品质量安全风险来源的研究

随着人类消费的多样化和便利化发展,食品供应体系愈发复杂多样,致使食品质量安全风险不断加大。食品质量安全的风险来源识别是探究其扩散路径及制定有效治理策略的重要前提。从现有研究成果来看,食品质量安全风险的来源与供应链各环节密切相关,供应链中的生产、加工、流通及消费等环节均存在导致食品质量安全风险发生的危害源(Stringer and Hall,2007; Marvin et al.,2009; Van Asselt et al.,2010)。从具体的风险来源环节看,食品质量安全风险可分为以下几类来源。

(1)生产环节

生产环节质量安全风险主要包括环境污染和人为风险两类。生产环节中的空气污染、水源污染、重金属污染、土地污染、微生物污染等环境污染会对食品质量安全造成最直接的威胁(Van Asselt et al.,2010; 孙金沅和孙宝国,2013)。为减少病虫害发生和提高生产力,抗生素、饲料添加剂和农兽药滥用等人为风险也屡见不鲜(Ungemach et al.,2006; 邬小撑等,2013)。

(2)加工环节

张红霞等(2013)、厉曙光等(2014)、刘青等(2016)诸多学者通过对食品安全事件的风险矩阵定位发现,加工环节是导致食品质量安全问题出现的最主要环节。加工环节的风险主要来源于加工环境不卫生、操作不规范等物理性污染以及食品添加剂滥用等化学性污染(陈梅和茅宁,2015)。其中,食品添加剂的滥用是加工环节发生安全风险的最主要原因(刘青等,2016; 张红霞,2021),包括违禁使用非法添加物(易智勇等,2008; 蒋凌琳和李宇阳,2011)、超范围或超限量使用食品添加剂(赵同刚,2010; 郑玮,2011)、标识不符合规定(赵同刚,2010)等安全问题。

(3)流通环节

作为连接生产和消费的重要环节,流通环节承担着巨大的食品流通任务。出于逐利心理,为保持食品新鲜度与美观、降低经营成本,相关交易主体有可能做出添加违禁化学保鲜剂等不合规行为来保证自身的收益(许玉艳等,2011)。此外,存储运输环境不当、存储方式不当、包装不当等也可能造成食品的二次污染(刘畅等,2011)。

(4)消费(餐饮)环节

作为与消费者直接接触的场所,消费(餐饮)环节的食品质量安全水平与消费者健康存在直接关系,消费环节中卫生环境不达标、食品交叉污染、食品储存不当、餐区消毒不符合规范等人源性风险均可能导致食品质量安全问题的出现(古剑清等,2010; 贺雄宙等,2011)。

此外,细菌、真菌、病毒、寄生虫等生物性病原也是导致食品质量安全风险的重要原因,这些生物性病原在食品供应链的各个环节均有可能出现(毛雪丹等,2010)。

从已有研究来看,生产经营过程中各环节风险特性已得到学者们的充分认知。不同环节生产经营主体的行为决策与食品质量安全水平密切相关,各环节均可能导致食品质量安全问题的出现,但由于主体间的信息不对称,食品的流通和风险的不可观测将导致上游环节存在的食品质量安全风险进一步传递到食品供应链下游,产生集聚和放大效应,致使食品质量安全事件发生。

2.2.2 食品质量安全水平量化的研究

在识别食品质量安全风险来源的基础上,食品质量安全水平的合理量化是有效识别食品质量安全治理绩效的重要前提。目前大量研究围绕不同内容和数据对食品质量安全水平进行了多方面的衡量。

(1)食品质量安全水平量化的方法

食品质量安全问题的解决离不开对于食品质量安全水平的有效量化,现有相关研究中对于食品质量安全水平的衡量主要围绕以下四个方面展开。

第一,食品质量安全评估指标体系研究。食品质量安全的评估需要合理的指标体系,大量学者围绕不同风险环节、不同主体特征等方面构建评估指标体系来量化食品质量安全水平(陈秋玲等,2011;刘鹏,2013;张东玲等,2013;朱淀和洪小娟,2014)。例如,朱淀和洪小娟(2014)基于生产、消费和流通三个子系统的政府监测合格率、食品投诉、食物中毒等数据构建了食品质量安全的风险评估指标体系,在此基础上分别利用蝴蝶突变、燕尾突变和蝴蝶突变模型对2006—2012年间中国食品安全分年度、分环节的风险水平进行了评估。刘鹏(2013)基于平衡计分卡分析从绩效评估、相关利益主体、内部管理能力及学习成长能力四个维度构建食品安全监管绩效评估的指标体系。

第二,关键风险点识别研究。相关研究主要基于风险矩阵等方法,通过对整体或单类产品风险来源、危害类型、危害程度、年际变化等内容的统计描述,来识别相关产品的关键风险点(刘畅等,2011;文晓巍和刘妙玲,2012;张红霞等,2013;倪国华等,2019;鄢贞等,2020)。例如,刘畅等(2011)从食品供应链角度出发,通过SC-RC风险矩阵识别了食品质量安全事件发生的关键环节和根本原因。鄢贞等(2020)以猪肉安全事件为研究对象,识别了农产品安全事件发生的时间演化规律、风险环节、风险来源和违规原因,并在此基础上对猪肉安全事件的空间溢出特征和集聚情况进行了识别。

第三,食品质量安全风险预警研究(Marvin et al., 2009; 章德宾等,2010; 雷勋平等,2011; Morales et al., 2016)。例如,Marvin 等(2009)基于现有文献和专家德尔菲法对风险识别、评估和预防的各类方法和程序展开了讨论,包括检测和预警系统的使用、脆弱性评估的实施等,强调了风险分析和预警对于早期识别食品质量安全问题的重要意义。章德宾等(2010)从监测数据的 167 类检测项目入手,构建了检测项目对五类主要违规原因影响的食品安全预警神经网络模型,以此来识别和记忆风险特征,实现对质量安全的有效预测。

第四,消费者食品质量安全认知研究。鉴于食品质量安全风险的不可观测性,这类相关研究主要从消费者感知角度出发,将消费者感知的主观风险视作可有效反映食品质量安全的客观风险水平,来探究消费者食品质量安全满意度的影响因素或作用效果(纪杰,2014; 王建华等,2016; 杨鸿雁等,2020)。例如,杨鸿雁等(2020)认为消费者的食品安全满意度反映了其主观对食品质量安全风险的感知水平,政府监管对消费者满意度的提升表明政府强制性政策措施和信息公开有助于提高消费者的主观风险水平,政府的食品质量安全治理是有效的。

(2)食品质量安全水平量化的数据

前文有关食品质量安全量化的研究表明,目前学界围绕食品质量安全水平衡量指标的选择尚未达成较为一致的标准,不同研究中对于食品质量安全水平的衡量数据存在较大差异,主要体现在以下三方面。

第一,访谈数据。大量学者通过对供应链相关经营主体的调查访谈识别和评估了食品的安全水平。例如,刘万兆和王春平(2013)利用对辽宁省猪肉企业的访谈和问卷调查分析了各环节的猪肉质量水平。王建华等(2016)利用对消费者的实地调研数据来反映食品质量安全总体状况,但受制于有效样本及被访者认知主观性等局限,基于问卷调查数据的风险评估缺乏全局代表性。

第二,媒体报道数据。基于媒体报道统计的食品质量安全热点事件逐渐成为评估食品质量安全水平的重要指标。罗兰等(2013)基于 2001—2011 年的食品质量安全事件对我国风险品种、供应链环节、原因及责任主体进行定位,结果表明肉制品、加工环节、投入品使用不当及小型企业是食品安全事件发生的关键风险点。刘青等(2016)围绕中国2009—2014年发生的猪肉质量安全事件进一步强调了小型企业加工环节原料使用不当可能带来的风险。但Yan等(2019)通过分析消费者对于媒体报道事件的风险感知路径,证明了媒体报道数据(尤其是负面报道)对风险水平存在一定风险放大效应,基于食品质量安全事件的风险评估可能造成对风险水平的高估。此外,媒体事件的相关研究大多从消费者感知等需求端或产业层面展开(Yadavalli and Jones, 2014; 张蓓和万俊毅,2014; Rieger et al., 2017),而食品质量安全风险更多来源于供给端的环境或人为风险,因此,食品质量安全事件的分析无法从根本上对微观经营主体的质量安全水平进行识别、防控和预警。

第三,政府监管数据。近年来有关食品抽检监测数据的分析和建模逐渐得到重视。张星联等(2012)及付文丽等(2015)通过对发达国家和地区食品质量安全监测及预警系统的梳理发现,基于数据分析的食品质量安全监测与预警可以有效提高监管效率,实现食品质量安全的源头防控和主动预防。Buzby和Roberts(2008)以及Gale和Buzby(2009)利用美国FDA抽检数据分别对美国所有进口食品和中国出口食品的安全状况进行了统计分析。也有少数学者围绕食品质量安全抽检对进出口食品贸易的影响展开了详细分析(Beestermöller et al., 2018; Grundke and Moser, 2019; Zhou et al., 2019a; Zhou et al., 2021)。在国内的研究中,王冬群等(2009)基于慈溪市小农户、生产基地和批发市场的农药残留定点监测数据对地区的质量安全水平进行了风险评估。章德宾等(2010)和李笑曼等(2019)采用BP神经网络预测模型对国家食品质量安全抽检数据的有效性进行了验证。但综合来看,基于客观定量的政府食品质量安全抽检数据的相关研究还有待进一步挖掘。

2.2.3 食品质量安全的单一主体规制治理研究

在食品质量安全治理领域,学者以政府、食品企业或消费者等相关利益主体为研究对象,围绕食品质量安全治理效率、食品质量安全治理的成本收益权衡以及食品质量安全治理模式变革等方面展开大量研究。

(1)政府规制与食品质量安全相关研究

食品质量安全问题具有信息不对称、外部性和公共品等市场失灵特征,单纯依靠市场机制无法从根本上解决食品质量安全问题(Nelson, 1970;

Darby and Karni，1973；Caswell and Padberg，1992）。食品质量安全的有效治理离不开政府规制（Broughton and Walker，2010；赵学刚，2011）。Crutchfield 等（1997）通过成本收益法对公共干预成本与食源性疾病造成的损失进行了比较，发现改善食品质量安全的公共政策干预可以为肉类产业带来净经济效应。赖永波和徐学荣（2016）以一般系统论为理论基础，探究了监管机构内部禀赋、监管手段、监管制度机制、被监管主体行为、社会监管环境等因素对农产品质量安全监管绩效的影响，结果发现财政投入、监管激励、人员素质、机构设置等政府监管机构的内部禀赋对食品质量安全监管绩效有着最大的直接效应。这些研究都验证了政府监管因素对于改善食品质量安全问题的重要作用。

第一，从政府监管体制机制角度出发，近年来我国通过一系列制度与技术改革，有效改善了产品质量安全的总体状况（Dou et al.，2015；胡颖廉，2018）。但联系我国治理现实，我国现有的政府体制机制在食品质量安全治理方面仍存在一些问题。一是财政分权体系致使地区间公共服务水平差异巨大，地方事权与财权的不对等极大地抑制了食品质量安全治理的有效实现。机构间的权责不清问题也导致了市场化不足和市场化过度共存的情况出现（曹东等，2012）。二是现行以生产总值为主导的官员政绩考核使得地方政府对食品质量安全的重视不足，食品质量安全事件发生时，地方政府出于对区域发展、就业和政绩等因素的考虑，可能导致规制俘获的出现（龚强等，2015）。三是地方机构改革的职能转变和机构合并存在差异，使得新旧部门在改革过程中出现监管错位和缺失，造成短期监管缝隙（邹静和李冀宁，2014），再加上监管体制的路径依赖以及行政体制的差异（王耀忠，2006），机制的改革需要相对长期的适应和调整。四是当前政府部门之间的互动仍以垂直交流为主，而缺乏地方政府部门间的横向交流，地方政府间的协作治理机制仍有待补充和完善（马学广等，2008；马英娟，2015）。

第二，从政府的制度手段与行政手段角度出发，政府质量安全监管力度和惩罚制度的强化既可能通过加大企业违规成本而形成有效的合规激励，也可能通过降低消费者支付水平和行业平均收益而反过来强化生产经营主体的违规动机，形成监管困境。已有研究发现，提高产品质量监管强度（Roasto，2012；Grennan and Town，2020）、增强产品质量监管的随机性（Starbird，2005）、提高对不合格产品的惩罚力度（Laffont and Tirole，1991；李新春和陈斌，2013；李想和石磊，2014），以及实施不合格产品召回制度等更严厉的惩罚方式(Sohn et al.，2014;张蓓,2015),都可以有效激励农产品生产经营主体实施质量安全管理措施。都玉霞(2012)通过对食品质量安全相关法律制度的梳理强调了政府立法责任对于食品质量安全治理的重要性。王冀宁等(2019)利用委托代理模型模拟了政府监管强度和政府处罚力度对于企业食品质量安全生产的影响效果,结果表明严格的监管和严厉的处罚均有助于激励食品企业提升安全生产水平。相反,谢康等(2017b)通过构建政府、企业和消费者的两期博弈模型,对监管困境形成的内在机理进行了深入剖析,认为监管力度的强化可能通过传递违规信息降低消费者支付意愿,也可能通过扭曲市场信号而降低市场价格的质量显示功能,致使监管困境的形成。对此,张守文(2013)通过对食品质量安全典型案例的梳理,提出政府部门应充分利用现代科技手段实现传统监管向智慧监管的转变。汪鸿昌等(2013)比较了单一治理制度和混合治理与全供应链信息公示制度下的治理有效性,结果表明政府临时性加派执法人员和指向性强化执法力度的监管手段对于食品质量安全的治理效率有限,食品质量安全的稳定有效治理不仅离不开法规条例等制度安排,更需要充分发挥信息技术对制度手段和行政手段的补充作用。

第三,从政府信息工具规制的角度出发,由于农产品市场存在较严重的信息不对称,一些具有信任品属性的农产品甚至在人们消费后都无法了解其质量安全水平(Akerlof, 1970; Stiglitz, 2002; Dulleck et al.，2011),因此就需要来自第三方的信息揭示以帮助消费者分辨产品质量。政府食品质量安全抽检信息的公开、可追溯体系以及信用和诚信体系的建立都能够通过督促企业规范自身行为、推动质量安全信息公开等途径保障食品质量安全水平(Kreps and Wilson, 1982; Shapiro, 1983; Ménard and Valceschini, 2005; 周洁红和张仕都,2011; 丁宁,2015; Saak, 2016)。此外,政务大数据的开放与共享也能有效驱动基层治理创新、加强政府权力部门间的合作(刘建义,2017; 刘建义,2019)。近年来,政府有意识通过监管信息公示、建立可追溯和企业信用体系等信息公开手段弥补市场信息不对称带来的风险流通,但信息工具规制效果有限。例如,周应恒和马仁磊(2014)在设计我国食品质量安全监管体制机制时认为当前政府监管的食品质量安全信息公示缺乏时效性,致使消费者对于食品质量安全信息认知不足。追溯成本高昂、追溯过程中信息安全的保障困难、追溯制度及相关配套法规的不健全等均加大了食品质量安全追溯系统推广的难度(叶俊焘,2010; 周洁红和张仕都,2011; 郭传凯,2020; 秦雨露等,2020)。同样,建设信用体系过程中配套法规的缺乏以及公益和私权平衡的困难也使得相关主体企业缺乏参与积极性，市场诚信体系建设难以推进（杨柳，2019）。

已有文献更多关注属于事中与事后规制工具的质量监管对农产品供应链中各经营主体行为的影响，但较少从事前规制工具尤其是信息揭示手段的视角探究规制的效果。而由于食品安全问题具有对消费者健康不可逆影响的特殊性，在美国等发达国家中，属于事前规制的信息规制工具已是众多学者研究食品安全监管问题时的热点领域。从政府监管规制的设计来看，虽然规制组合的运用已在环境治理等领域有一些探讨（Acemoglu et al.，2012），但在农产品经营主体实施质量安全控制措施的研究中，已有的实证研究大多仅关注单一规制工具的实施效果，少有从监管规制工具组合的角度，探究规制工具之间协同使用对农产品供应链中各经营主体采取认证、可追溯体系等质量安全控制行为的影响。

（2）企业自律与食品质量安全相关研究

企业作为食品质量安全的责任主体，其生产经营行为直接或间接地决定了食品的质量安全风险水平。文晓巍和刘妙玲（2012）通过分析2002—2011年的食品安全事件发现，近七成食品安全事件源于供应链相关主体在逐利动机下的机会主义行为。由于食品企业以收益最大化为目标，其生产经营食品的质量安全水平受到内部资源禀赋和外部声誉、处罚等的综合激励作用，即根据生产成本、违规收益、违规处罚以及声誉变化等多方因素的权衡结果来做出是否安全生产的决策（Henson and Heasman，1998）。由于高质量企业不仅可以避免因违规而遭受政府处罚，而且能够形成良好的市场声誉以提高消费者信任和市场竞争优势，因此企业存在自我管理动机。现有企业食品质量安全治理的相关研究大多集中在影响食品企业实施可追溯体系、HACCP体系、第三方认证等质量安全控制行为的因素，主要包括企业主体特征、交易模式、市场环境因素三方面。

首先，企业的主体特征直接决定了企业质量安全生产的动力机制。针对企业主体特征对其自我管理的影响，Henson和Holt（2000）结合英国牛奶加工企业的调查数据探究了激励企业实施HACCP体系的影响因素，结果发现企业规模和产品类型是影响食品企业进行食品质量安全控制的重要因素。张蓓等（2014）通过对农产品供应链核心企业的问卷调查发现，企业研发、生产加工、营销、财务及组织管理等能力越强，成本越低，企业进行质量安全控制的意愿也越强，企业能力有助于企业在市场竞争中建立优势地位。企业所有制类型也是影响其风险控制效率的重要决定因素。周洁红和叶俊焘(2007)通过对117家浙江省农产品加工企业的调研发现,企业所有制类型是其实施HACCP系统的重要影响因素,存在外商投资的企业相比内资企业具有更强的HACCP体系实施意愿,也相应表现出更强的风险控制倾向。

其次,企业交易模式通过与上下游主体的协同制约关系驱动企业实施风险控制行为。一是完整的契约关系使得供应链上下游各主体协同合作、相互制约,有助于抑制食品质量安全风险的扩散。契约约束下不仅可以对相关企业主体的投入和行为要求进行细化规定,而且可以在出现问题后通过契约条款对上游企业进行明确追责并获得赔偿,这都将有助于从源头对食品质量安全风险进行有效控制(Starbird and Amanor-Boadu, 2007; Zhu, 2014; Raithel and Schwaiger, 2015)。二是紧密的组织模式有助于抑制机会主义行为。汪普庆等(2009)对不同地区农产品供应链组织模式的研究表明,供应链一体化程度的提高能够有效降低农产品质量安全的风险水平。供应链上下游主体间关系越密切,越能够抑制机会主义行为的发生,进而保障农产品质量安全(钟真和孔祥智,2012)。三是出于声誉和稳定社会合作关系的考虑,社会资本可以刺激企业通过放弃短期利益、约束自身机会主义行为来实现长期利益,形成隐形激励(汪普庆等,2009)。Buckley(2015)从宏观层面探究社会资本影响食品质量安全监管的效力,认为良好的食品供应链社会资本环境能形成食品质量安全约束的强化机制。也有学者从微观层面展开社会资本对食品质量安全控制的研究,认为良好的合作监督机制能够保障食品质量安全水平,提高行业的美誉度,赢得社会认同,进而形成良性循环(郭曙光和王叶,2015)。但也存在相反的观点,Sodano等(2008)认为供应链成员间的过度信任增加了在供应商和零售商关系之间市场权力不平衡的程度,损害了供应链系统的有效性和稳定性,权力的过度导致食品质量安全的次最优供给和供应链成员没有足够的能力面对预期外食品质量安全问题暴发的后果。

最后,企业所处市场环境也将间接推动企业实施质量安全控制行为。合理范围内较高的企业密度、市场信息公示水平及市场价格预期等都将促使企业在市场竞争下积极采取安全控制措施、披露安全信息,以提高市场竞争优势。具体而言,一是由于企业间的协同效应,区域内较高的企业密度将促使企业在市场竞争下积极改进产品质量,进而产生正外部性(龚三乐,2011; Garcia-Alvarez-Coque et al., 2015)。但当超过一定集聚水平后,将出现负外部性(Drucker and Feser, 2012)。二是在交易频繁和信息透明的条件下,单个企业发生危机时，其竞争对手可以通过广告、认证等质量标志信号来提高消费者对于企业个体声誉的认知，进而抢占更多的市场份额。此时集体声誉以及同行监督能够使农产品质量偏移所得低于优质溢价，进而实现农产品质量安全生产（Van Heerde et al.，2007；Siomkos et al.，2010；Saak，2012；周开国等，2016）。而在信息不对称下，相似性较高的竞争对手往往难以在集体内突出个体特征，消费者对于危机企业的负面看法可能会蔓延到同行业或同地区的竞争公司，致使负面溢出效应的产生（王永钦等，2014；Cagé and Rouzet，2015；Jouanjean et al.，2015；Beestermöller et al.，2018；Roehm and Tybout，2018）。三是受市场结构、销售渠道、消费者支付意愿等因素制约，在不确定性较高的农产品市场中，市场价格预期越高，生产经营主体从事相应安全生产行为的可能性就越大（方金等，2006；耿献辉等，2013；王冀宁等，2019）。四是企业所在地的经济环境也在一定程度上影响着企业的行为决策。Martínez-Victoria 等（2019）通过对西班牙穆尔西亚地区农业企业生产率影响因素的实证分析，验证了企业决策受税收、就业等经济环境特征的短期显著影响。肖建忠（2004）通过对 20 世纪 90 年代制造业的数据分析得出，人均 GDP、短期人口密度、人力资本水平等均会对企业参与市场竞争产生影响。

（3）消费者监督与食品质量安全相关研究

消费者作为食品的直接食用主体，是食品质量安全风险的最直接受害人，其参与食品质量安全治理能起到弥补相关政府部门及市场监管的不足、制约食品企业生产经营等重要作用，建立消费者参与食品质量安全治理的畅通路径是改进食品质量安全治理效率的重要内容（刘广明和尤晓娜，2011）。从已有文献研究看，消费者参与食品质量安全治理路径一般有三个方面。

第一，消费者通过对购买决策的调整作用于食品生产经营企业。市场中消费者对于企业生产经营食品质量安全水平的认同程度直接决定了消费者的信任水平和支付意愿，消费者食品安全消费需求的提升将有助于激发企业质量安全控制意愿（Ollinger and Moore，2008）。当消费者食品支付意愿高于企业安全控制成本时，企业才具有提高食品质量安全水平或实施相应食品质量安全控制行为的激励。Fernando 等（2014）通过对 89 家马来西亚食品企业的调研分析发现，消费者的安全意识以及对企业的信任程度是企业实施食品质量安全管理体系的重要因素。Bakhtavoryan 等（2014）通过对花生酱召回事件的实证分析，探究了食品质量安全事故下消费者对于企业品牌的影响，结果表明事件爆发使得消费者对于涉事品牌的消费需求下降，但同时也对同类竞争品牌存在正向溢出；消费者对于不同主体的差异化响应可对企业安全控制产生激励。陈艳莹和平靓（2020）在探究集体声誉危机发生与食品企业认证行为相互关系的研究中发现，声誉恶化背景下消费者对企业信任水平下降可能导致消费者"用脚投票"，这将激励被牵连企业实施第三方认证行为来传递质量信号（Roberts and Dowling，2002；Walsh et al.，2009；Gatzert，2015；Makarius et al.，2017）。

第二，消费者通过投诉举报的形式作用于食品生产经营企业与政府相关监管部门。消费者投诉举报为企业带来的违规处罚将对企业造成额外的经济成本，当违规处罚的经济成本超过一定程度时，消费者的投诉举报将对企业违规行为形成有效威慑。政府监管人员、监管投入和监管技术的有限使得政府难以对我国以分散经营为主的食品经营主体进行高效监管，而消费者可基于日常消费积累经验性信息，将相应信息及时反馈到对应部门，弥补政府监管触角的有限性，降低执法部门与市场主体间的信息不对称（王辉霞，2012）。

第三，消费者通过舆论的形式作用于政府相关监管部门（王常伟，2016）。政府食品质量安全规制的目标在于约束食品企业安全生产、保障消费者安全消费，消费者作为食品质量安全问题的直接利益相关者，其对于食品质量安全的诉求构成了政府行政执法的主要压力。例如，我国《国家食品安全示范城市标准》中明确将消费者满意度测评列入评价指标。消费者的食品质量安全诉求可通过作用于政府执法强度而间接地对食品质量安全水平产生影响。

然而现有消费者在食品质量安全治理方面的参与程度却十分有限。一方面，在学术研究领域，消费者参与食品质量安全治理的作用研究集中在消费者感知和消费者行为决策对食品质量安全治理作用的理论探讨，而缺少对消费者参与治理效果的量化。另一方面，现实交易过程中消费者在相关利益主体间的信息劣势也使得消费者实际参与度较低。以吴林海等（2016）对4358个调研样本的统计分析结果为例，仅七成被访者认为在遇到不安全食品时将选择向经营者交涉或自认倒霉，向政府、消费者协会、法院、媒体等第三方机构投诉参与治理的比例较低。

2.2.4 食品质量安全的多地区政府协同治理研究

随着市场经济的发展以及互联网的广泛应用，居民食品消费模式逐渐发生转变。具体而言，一方面，在互联网连接下，食品消费打破了传统消费模式下农产品区域性消费的限制，从单一线下平台逐渐转变为多平台互动，拓宽了消费者选择范围；另一方面，互联网的广泛应用不仅有助于企业技术创新的有效实现，线上的信息化平台和相应的网络技术还能够倒逼行业间、企业间进行信息合作分享，降低信息沟通成本、监督成本和信息搜寻成本，进而有效缓解市场主体间的信息不对称问题、推动食品高质量安全发展（杨继瑞等，2015；吕衍超，2018；周振，2019）。

然而，当前食品质量安全的治理水平与食品消费模式的转变并不相互协调，以属地治理为原则的食品质量安全监管与食品供给消费的跨区域流通事实存在脱节，制约了食品质量安全的有效推进。尽管我国近年来不断在改革多头监管模式，在加强部门跨地区协调方面进行了多次试点和改革工作，但均未从根本上改变现有监管框架和问题。围绕食品质量安全风险存在的不可预测性、分散性及外溢性特征，相关领域学者逐渐开始重视跨地区主体合作对于应对食品质量安全问题的重要性，并通过相应的跨地区合作案例或理论分析来强化观点。例如，Donkers（2013）将食品系统按市场范围分为六类，并相应分析了实现多级食品系统治理的合理路径，提出政府部门围绕食品系统的合作应从供销短链等简单食品市场开始，逐步延伸至国家乃至国际市场等大范围复杂的协作治理。李清光等（2015）通过对食品质量安全风险的区域特征统计及内在原因分析发现，食品质量安全风险与地区经济发展水平、食品工业水平以及饮食习惯密切相关，不同地区间社会因素、地理环境、政府监管力度、群众监督等方面的差异都可能对地区食品质量安全风险的分布产生影响。基于此，李清光构建了我国跨地区食品质量安全协作治理的框架和实施路径。此外，李清光等（2016）结合食品安全事件的统计数据，利用聚类分析进一步验证了我国食品安全事件的分布存在明显的区域差异和空间相关关系，通过数据分析结果强调了建立政府监管部门区域协作和风险预警系统对于应对食品质量安全风险溢出的重要性。鄢贞等（2020）对于2009—2016年间猪肉质量安全事件在供应链各环节的演化趋势及空间转移路径的分析结果表明，食品安全事件在空间范围内呈现出显著的空间集聚特征，且食品质量安全事件基于供应关系自上而下进行扩散。这一结果进一步突出了跨地区协同治理对于食品质量安全治理的必要性。Lee 等(2019)在研究食品质量安全的空间分布对旅游业的影响时,通过区域地理研究方法分析了餐饮机构的食品质量安全违规情况,结果表明食品质量安全违规表现出明显的地理集中现象。Hale 和 Bartlett(2019)通过介绍加拿大食品检验局和美国食品药品监督管理局的合作案例,强调了不同地区间食品质量安全监管有效协调的现实意义,即跨地区监管的协同不仅有助于提高食品质量安全水平,还可以避免因食品质量安全问题可能造成的巨大经济损失。食品质量安全监管的跨地区合作对于提高食品质量安全水平、提高社会福利具有重要的社会意义。

但结合中国现实来看,区域协作的推进存在较大阻碍,当前区域协作缺乏有效的制度性约束和平等的动态决策过程。这主要体现在集体行动困境和囚徒困境两方面。一方面,由于区域合作中参与者可预期收益模糊、不同经济发展水平下合作利益分配和成本分摊不均衡、缺乏制度性约束,致使具有一致性行为目标的区域成员在利益冲突下难以实现有效合作(金太军和唐玉青,2011;刘娟,2017)。另一方面,区域合作本应通过优势互补来实现整体的更高收益,但在区域合作过程中,地方政府由于承担着辖区内的公共利益和公民利益,其对于本地权益的保护可能会导致区域合作的低效(陈瑞莲和张紧跟,2002;王再文和李刚,2009)。陈雨婕(2013)以长三角区域为研究对象,认为地方政府间协作理念的不同、体制的割裂和公共政策保障的不足是导致长三角区域生态治理困难的重要原因。

2.2.5 食品质量安全的多元主体协同治理研究

食品质量安全的有效治理离不开政府、企业和社会公众等多方利益主体的互动(Starbird, 2000; Henson and Hooker, 2001)。近年来,学者围绕多元主体食品质量安全协同共治的研究不断增多,研究方法主要集中在四个方面。

一是从复杂系统角度出发,通过对系统中各个主体的行为策略的综合分析来解释食品质量安全问题的发生机制,此时可将食品质量安全治理视为不同主体在各自策略目标下的协同演化结果(Rouvière and Caswell, 2012;汪鸿昌等,2013;谢康,2014;谢康等,2017a;王勇等,2020)。例如,汪鸿昌等(2013)从博弈角度分析对比了单一治理制度、混合治理制度和全供应链信息公示制度下对质量控制有效性的影响，结果表明在信息不对称时由稳定交易关系和信息公示构成的混合治理机制是保障食品质量安全治理最有效的机制。谢康等(2017a)基于前景理论探究了食品企业和消费者之间的演化博弈，从消费者参与约束条件的角度对食品质量链全过程协同的推进展开了理论分析。王勇等(2020)以网络平台为例，利用动态博弈模型、比较静态分析和仿真模拟方法，对比了政府公共监管、市场平台私人监管、政府和市场平台协同监管三种模式下的卖家质量选择。

二是从关键控制路径角度出发，在定义食品质量安全治理机制的基础上对食品供应链内多主体协同过程中发生的质量损失进行规划求解(张东玲和高齐圣，2008；刘小峰等，2010；Rong et al.，2011)。例如，刘小峰等(2010)从物流平衡角度出发，构建了包含完整供应链和政府的食品风险传播模型，参数模拟结果表明动态政府监管和消费者安全意识的提升都有助于减少食品质量安全问题的出现。

三是基于调研结果展开的案例或实证分析，通过对相关主体的访谈和问询，对不同利益主体的参与治理行为进行界定和衡量，识别多元主体协同对食品质量安全水平的影响(周洁红等，2011；丁宁，2015)。例如，周洁红等(2011)通过构建Logit模型对浙江省八个批发市场中影响供货商建立可追溯行为的因素进行识别和分析，验证了多主体治理对企业质量安全控制行为的重要影响。丁宁(2015)通过对合肥市肉类蔬菜质量追溯体系的实施案例研究，证明了农产品质量追溯体系是实现食品供应链上下游主体信息传递的重要渠道；质量追溯体系的广泛建设还有助于政府部门和相关主体迅速对问题产品实现溯源，极大地降低了监督成本和提高了监管效率。

四是利用对相关经济学理论的梳理，从不同利益相关主体特征入手，通过理论论述多元主体合作的内在机理和运作机制(张红凤和陈小军，2011；吴元元，2012)。例如，张红凤和陈小军(2011)从多中心治理角度出发构建了由政府、食品企业、消费者、社会公众等多方共同参与的，具有健全制度保障、激励约束和信息公示的食品质量安全治理体系。吴元元(2012)提出要基于声誉机制和市场信息基础建立聚合多元主体食品质量安全治理框架，以实现食品供应链中的多主体协调。

总体而言，学界中已有不少学者讨论了多元主体食品质量安全协同治理的重要性，但目前依然集中在基于理论或经验进行定性的论述，而缺乏相关的实证依据，尤其是缺少对多元主体治理工具的治理效率的量化研究。

2.2.6 文献评述

第一，研究数据。纵观现有研究，质量安全乃至其他风险的识别和量化以理论探讨的定性分析为主，或使用调研数据展开分析，分析结果受制于问卷调查的有限样本以及认知主观性等局限，缺乏全局代表性、整体性的系统分析。近年来，学者们开始从定性研究转向运用定量数据（如媒体报道的食品安全事件、粮食危机发生与否等）对风险水平进行评估，但由于新闻事件可能产生的风险放大及涟漪效应，其挖掘结果无法客观反映现有食品质量安全水平、风险现状与根源。食品质量安全风险识别与分析数据的客观性与代表性不足。近年来我国食品质量安全监管部门也采取了一系列信息规制手段来传递相应信息，其中包括对政府食品质量安全抽检结果进行公示。但由于日常公布的抽检信息较为分散，数据获取难度较大①，目前围绕此类政府信息规制工具的研究相对匮乏。

第二，研究方法。从食品质量安全的风险特征看，多元化的流通渠道使食品质量安全风险表现出跨域分布和动态演变的特征，食品质量安全风险在空间上存在外溢。除此之外，由于政策在时间、空间和组织层级方面都存在扩散效应（Brown and Cox，2010；王浦劬和赖先进，2013），声誉效应在地区范围内也存在溢出（叶迪和朱林可，2017），不同地区间的政府规制以及消费者监督在地理空间上都可能存在依赖关系。但现有研究中忽视了空间因素对食品质量安全风险水平的重要影响作用，较少研究考虑到不同地区空间相关性对于食品质量安全水平的影响。因此需要通过构建空间计量模型来深入探究不同利益主体参与对提高食品质量安全水平的空间效应，明确内在影响机理。

第三，研究内容。已有文献中多元主体食品质量安全协同治理的机理尚不明确，大多集中在属地范围内政府、食品企业或消费者单一主体对于食品质量安全治理的分析，或是从理论层面出发探讨食品质量安全多主体协调治

---

① 2019年以前国家级和省级抽检任务结果仅在原国家食品与药品监督管理总局网站上按抽检期数和抽检省份分别公示，市级及县级抽检结果仅在本地相应监管部门网站进行公示，缺少全国范围内政府食品质量安全抽检信息的整合系统；2019年4月，“食品质量安全抽检公布结果查询系统”正式上线，该系统将全国范围内食品质量安全抽检结果进行整合，但由于仅可通过食品名称和企业名称进行检索，数据可获性和可利用性较差。

理的重要意义,研究视角较为局限。具体而言,一是政府作为我国食品质量安全治理的主导主体,其食品质量安全规制效率对改进我国食品质量安全水平发挥了重要作用,现有研究中对政府规制的讨论以强制性行政监管为主,而缺乏对政府信息工具,尤其是信息工具与其他规制手段的组合使用的影响效果研究,对现代治理创新手段的重视和前沿性关注有限。由于政府信息工具的使用可以通过提升消费者安全意识、降低利益主体间信息不对称等渠道提升市场主体的参与程度,因此,政府信息工具对推进食品质量安全协同治理具有重要意义。二是现有多元主体协同治理的相关研究主要依赖于博弈模型等理论分析展开,缺乏与实际数据相联系的研究成果,缺乏多元主体共同参与治理对提高食品质量安全水平影响的量化识别。三是食品质量安全风险存在不可观测和外溢特征,食品质量安全危机暴发带来的连锁反应将远高于其他行业(杨威等,2021)。但已有研究缺少从跨地区合作视角出发对不同地区协同治理的合作路径的讨论。四是相关协同治理的研究中,针对如何推进协同治理水平主要聚焦于利益相关主体,对技术革新和市场环境变化的作用效果考虑不足。现有研究存在理论和实践脱节的问题,总体上食品质量安全跨地区协同仍旧处于探索和起步阶段。

因此,现有食品质量安全治理研究需要综合空间经济学、管理学、社会学等多学科理论,将工具协同、区域协同与多元主体协同同时纳入食品质量安全治理结构,揭示食品质量安全治理体系变革对食品质量安全影响的作用机理,进而为协同治理的深化以及食品质量安全问题的解决提供有益的建议。基于上述思考,本研究将在理论分析的基础上,从不同维度、不同主体出发,探究食品质量安全的政府规制协同、政府区域协同及多元主体协同治理的影响效应及优化路径,丰富食品质量安全治理领域的研究手段,以推进深化该领域,为相关政策的制定提供更有说服力的依据。

3 基于风险评估的食品质量安全发展现状分析

3.1 我国食品质量安全监管体制改革历程

新中国成立以来，为适应不断变化的食品安全需求和市场环境，我国政府不断探索适合我国国情的食品安全监管体制，中国食品安全监管体制和机构经历了多次改革和变迁。1949 年新中国成立，出于食品供给和温饱需求，食品安全监管以保障食品卫生为主，强调食品生产经营者的自我监督责任；1978 年改革开放开始实行，随着市场经济的放开和大量私营企业进入市场，食品安全监管职能由食品行业部门转移到以卫生部门为主的多部门进行分散化管理；2003 年，在国家食品药品监督管理局成立的基础上，我国按食品供应链不同阶段对各食品质量安全责任部门划分具体监管职责，确立了以多部门为主导的综合协调与分段监管相结合的体制；2013 年，我国整合地方相关食品质量安全监管部门为市场监督管理局，并在中央层面上建立国家食品药品监督管理总局，标志着一体化监管进程的逐渐推进。具体发展历程可分为以下四个阶段。

3.1.1 主管部门为主的分散性监管阶段(1949—1977 年)

1949—1977 年，中国实行中央集权式的计划经济体制，这一阶段的食品安全监管以食品卫生监管为主。具体而言，在 1949 年初，大多数食品安全事件由消费环节的食物中毒引起，卫生部门成为当时处理食品安全问题的重要部门。20 世纪 50 年代，中国开始设立省、市、县三级卫生防疫站，并陆续制定食品卫生相关管理办法和质量要求，食品卫生监管体系基本形成。随着食品行业的不断发展，涉及食品安全监管职能的行业主管部门也不断增加，诸如农业部、粮食部、商业部、水利部等主管部门按照相应权限关系承担各自食品安全监管职责。1965 年，我国颁布了第一部食品卫生管理法规《食品卫生管理试行条例》，该条例强调了卫生部门的主导地位。但值得注意的是，卫生部门主要承担卫生防疫和卫生监督两类监管任务，且监管重点在于卫生防疫，食品卫生也仅仅是卫生监督的一小部分，导致食品问题在卫生监管系统中相对边缘，卫生部门在食品安全监管的主导性地位相对缺乏实际监管职能，食品安全监管职能主要分散在具有执法主体资格的其他行业主管部门之中。

从阶段特征来看，计划经济体制背景下政治权力全面渗透市场，公私合营、政企高度合一，食品企业大多是由隶属于食品行业部门的公职人员进行控制和管理，这意味着政府与企业之间的关系属于内部层级，而不是外部监督。同时，监管工具也主要集中在任免、教育和自我批评、质量竞争等软性管控手段而非法律等监管政策工具。而从动机角度出发，受限于计划经济下统收统支的利润分配机制，食品企业生产经营者缺乏提高效率的内生激励，出于利益驱动的掺假行为较少发生，食品安全事故主要由生产经营过程中客观条件限制导致的相关知识缺乏所引发。

因此，在计划经济阶段，政府监管以食品卫生问题为主，食品安全监管以行业部门的指令式管理为主，食品安全监管意识不强，不同行业部门间政府监管职能分散。但由于政府与企业间的科层关系，企业行为主要为晋升导向而非利益导向，政府主管部门与企业间食品质量安全相关的信息不对称现象并不普遍，食品质量安全问题尚不明显，使得在计划经济模式下由不同食品行业部门主导的分散化监管系统相对有效。

3.1.2 卫生部门主导的分散性监管阶段(1978—2002 年)

改革开放以后，食品生产逐渐由统购统销转变为市场竞争，食品满足国家卫生标准即可进入市场。随着生产力水平的不断提高，大量民营、外资等不同所有制食品生产经营企业流入食品市场，原有针对全民所有制和集体企业设计的行业体制无法适应市场环境变化，促使政府推进经济体制管理模式改革。

1978 年，在国务院批准同意下，以卫生部为主导成立的“全国食品卫生领导小组”对生产、加工、流通等环节出现的食品污染展开治理。1979 年，国务院正式颁发了《食品卫生管理条例》,明确了卫生部门对属地内食品卫生监督管理、抽样检验等监管职能。但该条例仅对全民和集体所有制企业进行监督(胡颖廉,2018),忽视了大量私营企业的违法行为。随着经济体制改革的推进和市场的不断扩张,食品生产经营主体在市场竞争和利益驱动下开始出现主观的违法和掺假行为,导致食品安全事件不断发生。

1982 年,全国人大通过的《中华人民共和国食品卫生法(试行)》(简称《试行法》)对食品相关卫生要求、标准和管理办法进行了制定,明确了食品卫生许可、管理和监督,从业人员职责等各方面要求,标志着我国开始建立相应食品卫生法规体系和执法队伍。此外,《试行法》中对于食品卫生监督职责的具体规定也开始涉及政府食品安全信息公开事宜。但需要注意的是,《试行法》首次将卫生部门的监督权合法化,但由于并未取消各类行业主管部门的食品安全监管职能,食品行业部门仍然负责企业的内部管理,卫生部门的主导监管权并未充分发挥,卫生部门监管效率较低。

1995 年,《食品卫生法》的制定标志着我国食品卫生管理正式进入法治化阶段。该法律将食品行业部门的卫生监督机构划归卫生部门,废除了食品行业部门的监督权,建立了由卫生部门主导的相对集中和统一的食品安全监管体系,并对相关行政处罚条例进一步细化。需要注意的是,在当时以卫生部门为主导的食品安全监管格局中,食品安全问题仍旧在很大程度上被视为食品卫生问题。由于食品卫生问题主要强调食品加工和餐饮环节的行为规范,忽略了生产加工等环节中饲料、食品添加剂等原材料使用的监管,卫生部门的统一监管无法实现食品安全全过程的预防和控制,导致监管的低效。随着市场经济体制改革的不断深化,当时以事后消费环节为主的食品卫生管理逐渐与市场的食品安全需求相脱节,促使监管体制进一步改革。

1998 年,国务院机构进行了新一轮改革,监管重点由“食品卫生”转变为“食品安全”,卫生部门部分职能(如制定食品安全标准)转移到其他部门。其中,食品安全标准建设由国家质量技术监督局负责,食品流通监管由国家工商行政管理总局负责,进出口检验检疫由新整合而成的国家出入境检验检疫局负责。中国食品安全监管部门实现了按职能合并的体制改革,为下阶段分段监管体制奠定基础。

总体而言,这一阶段中食品卫生管理的法治化水平明显提高,食品安全监管重点逐渐由事后消费环节转向事前—事中—事后的全过程管理,而与此同时,由于法律体系和标准体系的不断完善,监管种类和范围也相应扩大,食品安全监管难度和强度大大增强，卫生、农业、质检、检验检疫、工商和商务等诸多部门同时进行的分散化管理使得部门间监管行为难以协调。

3.1.3 多部门分段监管阶段(2003—2012年)

随着经济社会发展，民众利益诉求日益增长，食品消费需求已从简单的温饱需求逐渐转变为安全需求乃至营养需求。然而，由于安徽阜阳“毒奶粉”事件、苏丹红事件、福寿螺事件、多宝鱼事件、三聚氰胺事件等具有全局性和系统性特征的食品质量安全事件相继暴发，政府和公众对食品质量安全的关注日益提升，现有监管体制中各部门缺少协调等问题不断凸显。

为加强部门间食品安全的综合协调，2003年国务院机构改革组建了国家食品药品监督管理局，负责组织协调食品质量安全监管有关部门，对重大食品质量安全事故进行调查。2004年，国务院发布《关于进一步加强食品安全工作的决定》，针对食品供应链不同阶段政府部门具体的食品质量安全监管职责进行细化，正式确立了以多部门为主导的分段监管体制。其中，食品药品监督管理局不直接参与监督执法，负责综合监督、组织协调、依法组织对重大食品质量安全事故的查处；农业部门、质检部门、工商部门和卫生部门分别负责生产、加工、流通和消费环节的监管，形成“五龙治水”格局。根据2004年发布的《食品安全监管信息发布暂行管理办法》，食品安全监管信息公开也同样表现出分散发布的特征，由有关部门在各自职责范围内进行发布。

这一阶段的机构改革在一定程度上减小了行政幅度，明确了各监管部门的对应环节，强化了各部门责任。但分段式监管体制下仍未能解决监管碎片化和执法空缺问题。一方面，食品安全相关标准的制定依然存在缺失。以2005年苏丹红事件为例，早在1996年我国《食品添加剂食用卫生标准》中即明令禁止使用苏丹红，但直到相关事件暴发后才正式发布食品中苏丹红染料的检测方法，大量违禁添加剂的检测标准存在历史缺失。另一方面，食品药品监督管理局受限于单位所属行政级别，无法在不同监管部门之间有效地分配资源以及履行综合协调职能，食品安全监管碎片化问题逐渐暴露。

针对多部门分段监管存在的监管碎片化问题，2008年大部门体制改革对食品安全相关监管机构进行了整合，将食品药品监督管理局划归卫生部，负责消费环节监管，形成“四龙治水”食品安全监管格局，这种部门合并一定程度上降低了部门间的协调成本。2009年《食安法》及《中华人民共和国食品安全法实施条例》的颁布和实施也针对食品质量安全标准的制定和统一问题进行了明确。一是对食品安全标准的制定权进行了明确，有效规避了食品安全相关标准制定权分散、标准重复或冲突等问题。二是明确相关部门的信息公开义务，强化各部门食品安全信息公开意识，进一步推动了我国食品安全信息统一公开制度体系的构建。三是赋予卫生部门整合食品卫生标准体系与食品质量标准体系的权力，统一国家食品质量安全标准，实现了我国从食品卫生监管到食品质量安全监管的根本性转变。

这一阶段过程中接连暴发的食品安全事件不断推进了食品安全职能部门的改革，确立和完善了分段监管体制，明确了食品安全的法律基础和执行效力，但多部门分段监管的本质仍无法从根本上解决部门交叉、职能重叠、职责不清等监管问题。

3.1.4 一体化监管阶段(2013 年至今)

在国家治理现代化新背景下，为了解决多个食品安全监管部门职能重叠、职责不清等问题，规范食品市场，国务院进一步推动机构改革，并自上而下全面推行。

2013 年 3 月全国人大会议通过了《国务院机构改革和职能转变方案》，以法定形式确定各部门食品安全监管职责的整合。具体来说，农业部主管生产及入市前流通环节的食品质量安全监管，同时负责生猪定点屠宰的监管；整合食品药品监督管理局、国家质量监督检验检疫总局和国家工商行政管理总局的食品安全监管职能，共同组成国家食品药品监督管理总局，负责对食品生产、流通、餐饮等环节食品质量安全的实施进行统一监督管理，形成两部门食品安全监管格局。除了中央政府机构改革，各地食品药品监管部门也进行了相应改革。从 2013 年末开始，各地政府在不同层面上整合了食品药品监督管理局、工商局、质监局甚至物价局、城管部门和知识产权局等机构及其相关职能，建立市场监督管理局，推进“三合一”“多合一”机构改革，大大提高监管效率。但由于中央相关部门并未展开相应合并，底层机构设计与顶层机构设计的结构不一致，使得单个地方部门处于多方领导之下。这种有分歧的制度结构损害了监督的效率和有效性。

根据2018年十三届全国人大一次会议批准实施的《国务院机构改革方案》及随后发布的《国家市场监督管理总局职能配置、内设机构和人员编制规定》，新一轮改革在中央层面将国家食品药品监督管理总局、国家质量监督检验检疫总局、国家工商行政管理总局、国务院反垄断委员会办公室、商务部以及国家发展和改革委员会等机构相关职责进一步整合，成立了国家市场监督管理总局，执行食品质量安全监督管理职能。一方面，本次改革通过纵向调整实现了中央和地方监管机构的一致性与协调性，有助于实现监管资源统筹、指挥统管，形成食品质量安全治理的拳头效应；另一方面，此次改革也通过横向调整科学划分了各部门职责和权力，推动联合执法，从上至下解决了过去分属食药监、工商、质监部门执法标准不统一、执法分散、基层专业能力薄弱等问题，提升了市场综合治理的效率。

除了政府机构改革，食品质量安全监管的法律依据也在不断完善。2015年、2018年和2021年我国对《食安法》进行了三次修订。《食安法》的三次修订不仅针对合作监管进行了详细补充，而且通过明确在风险监测评估、食品质量安全信息公开、食品质量安全标准和生产经营检测等领域的合作规范和法律依据，进一步推进和完善了跨组织协作。此外，该法还将社会共治纳入食品质量安全监管原则，鼓励政府与食品企业、公众、社会组织等多方面主体共同参与合作监管。

总的来说，在一体化阶段，我国食品质量安全监管机构总体实现了在地区内部的横向整合和中央与地区之间的纵向整合，有助于避免多头执法、重复执法带来的政府监管低效。但从实践层面看，首先，属地治理原则下的政府食品质量安全监管使得不同地区部门间依旧存在明显隔离，地区间的独立性和监管目标的差异性造成了质量安全监管的低效；其次，机构合并导致的人员精简进一步加剧了专业化监管困境，政府专业化监管资源有限和质量安全责任主体庞杂的矛盾依旧无法解决；最后，多元主体社会共治相应保障制度的缺乏也导致社会共治体系推行困难。我国食品质量安全监管体制仍存在较大改进空间。

3.2 我国食品质量安全风险特征识别

3.2.1 数据来源与分析指标

(1)数据来源

为客观揭示我国近年来食品质量安全治理现状及风险水平变化的规律，本研究利用2015—2019年间国家食品药品监督管理局(2018年以前)及国家市场监督管理总局(2018年至今，简称SAMR)公开的国家级、省级及市级食品质量安全抽检信息，对抽检制度下我国食品质量安全治理结果以及主要风险的分布及来源展开讨论。

本研究主要利用Python爬虫技术，将国家级、省级及市级相关政府网站公开抽检结果进行提取、解析、转换和整合；在此基础上，通过机器和人工识别、数据库匹配的方法对抽检产品、抽检企业类型、抽检地点、抽检环节、违规物特征等信息进行筛选、识别和分类，构建中国食品质量安全数据指标体系。

(2)指标界定

基于内容分析法对相关公开抽检信息进行编码定义，本研究选取抽检行为发生时间、抽检行为发生地区、被抽检产品所属食品种类、被抽检企业所属供应链环节、违规源头等五个方面构建中国食品质量安全抽检数据的指标体系，在此基础上对我国食品质量安全从食品质量安全水平的时空变化、发生环节分布、违规原因属性等方面进行分析。具体指标分类如下。

第一，按食品种类划分。食品种类参考《食品安全国家标准 食品添加剂使用标准》(GB 2760—2014)中的食品分类系统对食品种类进行划分，基于居民主要食品消费种类和抽检数量共选取乳及乳制品，脂肪、油和乳化脂肪制品，水果及其制品，蔬菜及其制品，豆类制品，坚果和籽类产品，粮食和粮食制品，焙烤食品，肉及肉制品，水产及其制品，蛋及蛋制品，调味品，饮料类产品，酒类产品等14类产品。

第二，按地区代码及划分。抽检行为发生地区参考抽检公示的行政单位及被抽检企业地址进行确定，按国家行政区划代码对各抽检记录所属地区进行编码。由于存在行政区划调整问题，书中所涉城市行政区划代码根据民政局披露的历年行政区划代码变更对照表进行了核正和归类，获得了2015—2019年各地级市统一的城市四位区划代码，共涉及31个省份295个城市。

第三，按环节划分。我国由市场监管总局主导的食品质量安全抽检主要聚焦于产后环节，产前环节主要由农业农村部负责，不在本研究的讨论范围内。在本研究中，被抽检企业所属供应链环节主要参考企业所属国民经济行业及企业经营范围进行划分，分为加工环节、流通环节和消费环节，其中流通环节基于被抽检主体类型的差异，进一步划分为农批市场、超市和便利店及电商平台等三类。

第四，按违规原因划分。针对违规记录中公示的产品具体违规原因，本研究参考相关专家判定、食品质量安全国家标准及学术文献中的范围、定义及特性，对违规原因可能发生的环节进行理论识别，具体划分为环境、生产环节、加工环节、流通环节和消费环节等五类。具体违规物分类详见附录一。

基于以上指标分类，本章从食品质量安全水平的时空分布角度出发，对近年来我国食品质量安全治理现状及食品质量安全风险特征进行描述，为识别食品质量安全治理存在的问题提供现实依据。

3.2.2 我国食品质量安全风险的总体现状评估

(1)食品质量安全整体提高

通过计算各年度违规次数总和与抽检次数总和的比值，本研究首先对样本期内我国城市层面食品质量安全抽检平均不合格率的年度变动趋势进行了描绘，结果如图3.1所示。结果表明我国食品质量安全抽检不合格率整体呈下降趋势，质量安全抽检不合格率从2015年的3.35％降低到2019年的2.26％，食品质量安全水平整体提高。

(2)不同食品行业间质量安全水平存在差异

考虑到不同品种在生产经营结构、产品特征等方面存在差异，不同产品类别面临的食品质量安全风险水平不尽相同，在比较整体食品质量安全风险水平时间变动趋势的基础上，本研究根据食品种类将抽检数据进行细分，分别绘制了所有品种的总体不合格率以及各类品种的总体不合格率，结果如图3.2、图3.3所示。图3.2为分类产品样本期内的总体不合格率，图中的虚线

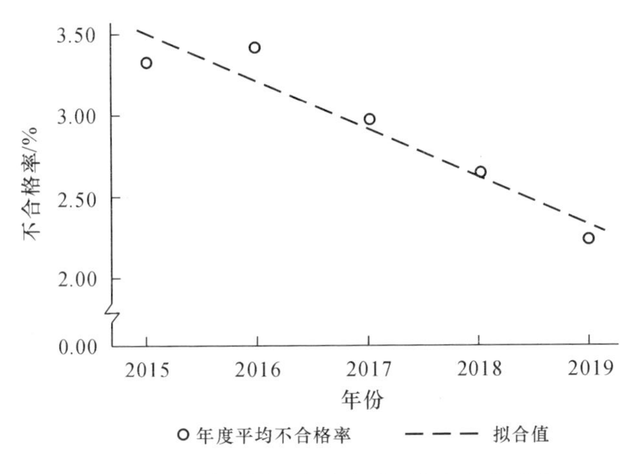

图 3.1 食品质量安全抽检不合格率变动情况

为所有产品的总体不合格率(2.98%);图 3.3 为所有食品及分类产品样本期间不合格率的时间变化趋势。

由图 3.2 可以看出,2015—2019 年期间,焙烤食品、酒类、饮料类、蔬菜及其制品、坚果和籽类、水产及其制品等六类产品不合格率高于总体水平,是产后环节中暴露出食品质量安全风险最高的几类食品。其中,焙烤食品、酒类和饮料类的质量安全风险水平最高,不合格率均超过 4.20%;蔬菜及其制品、坚果和籽类、水产及其制品次之,不合格率均处于 3.00%—4.00%之间;其余各类产品不合格率均分布在 2.00%左右;而乳及乳制品的质量安全风险水平最低,样本期间内抽检不合格率仅为 0.99%。

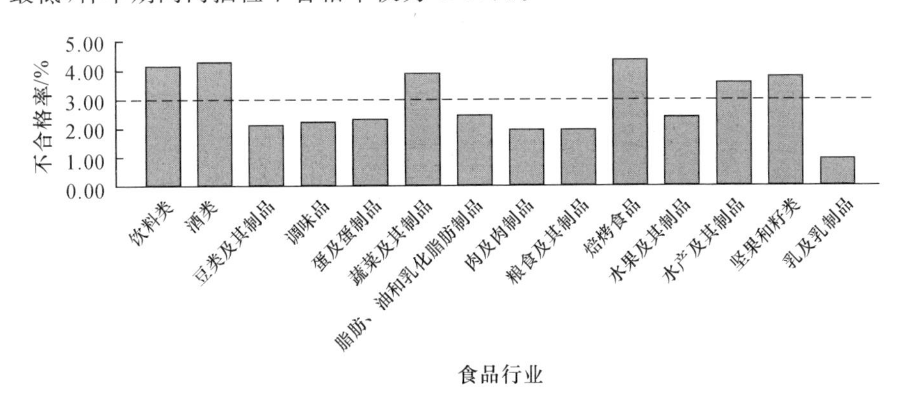

图 3.2 所有品种的食品质量安全抽检总体不合格率

细分到各类品种的总体不合格率时间变动结果,图 3.3 结果表明,除了蛋

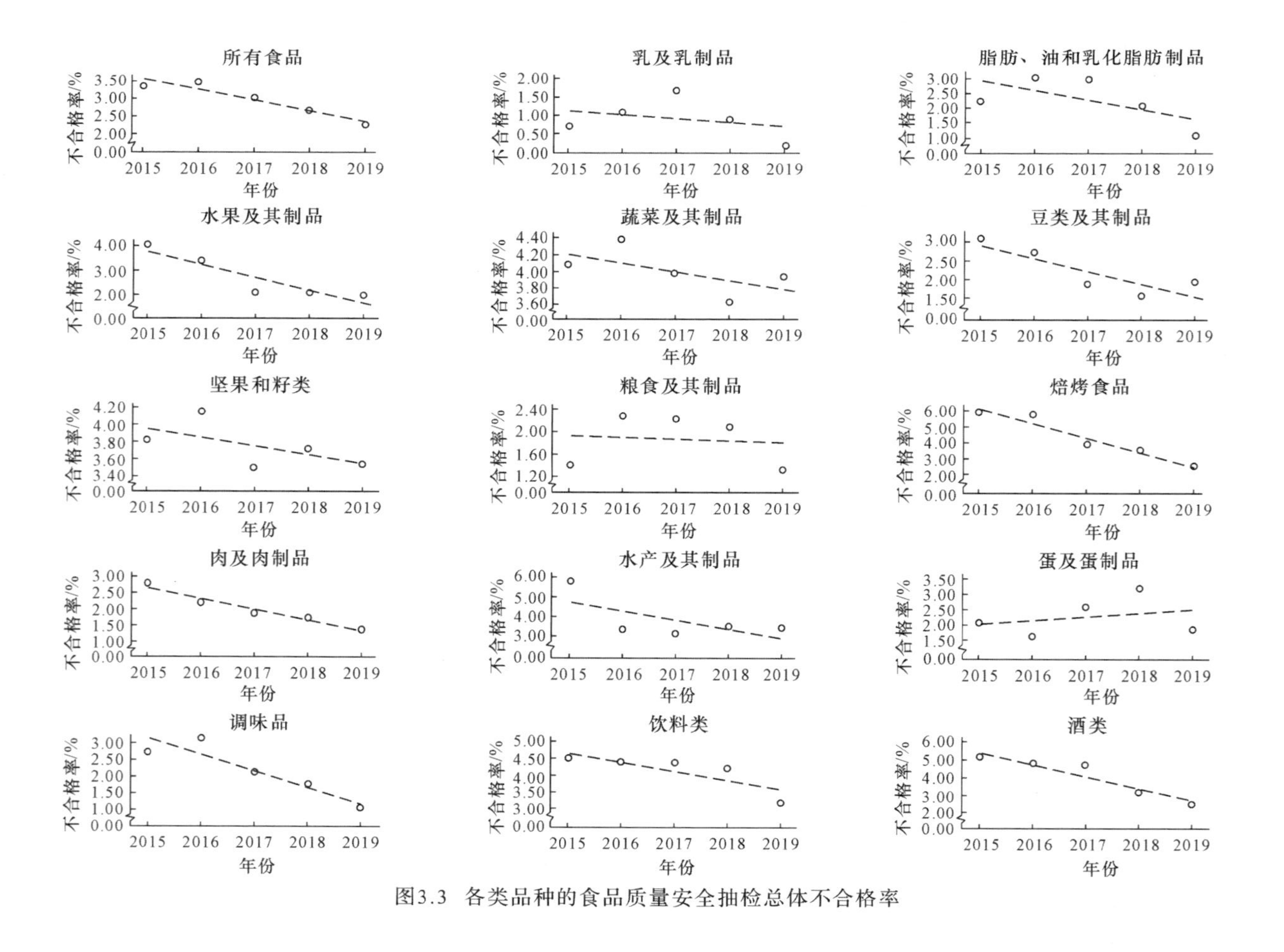

图3.3 各类品种的食品质量安全抽检总体不合格率

类食品，各类产品样本期间不合格率都表现出了下降的趋势，这一结果表明我国总体食品质量安全改善的结果是建立在大多数品种安全风险有效控制的基础上，各类食品的安全状况近年来均表现出不断改进的趋势。

(3)不同地区间食品质量安全水平差异较大

为进一步探索我国各地区整体食品质量安全水平随时间变化的动态趋势，研究基于高斯正态分布的概率密度函数对我国不同城市食品质量安全抽检不合格率的核密度曲线进行了估计，绘制了 2015 年、2017 年及 2019 年食品质量安全抽检不合格率的核密度曲线，如图 3.4 所示。由图 3.4 可以看出，2015—2019 年期间我国食品质量安全不合格率的核密度曲线明显左移，从地区层面上看中国食品质量安全整体治理效果有较大幅度的改进。具体而言，2015 年我国食品质量安全抽检不合格率取值集中在 0.00%—6.00%之间，大部分地区的不合格率集中在 2.40%左右，不同地区间食品质量安全水平差异较大。2017 年不同地区食品质量安全水平差异较 2015 年相对较小，不合格率取值集中在 0.00%—4.50%之间，且核密度曲线整体向左移动，不合格率集中在 1.90%附近。2019 年相较 2017 年核密度分布结果呈现出多峰分布现象，除了大部分地区不合格率集中在 1.90%左右，在左侧存在小部分地区食品质量安全不合格率相对较低，集中在 0.90%附近；整体食品质量安全水平较 2017 年也得到了进一步的提高。但需要注意的是，三年的核密度曲线右尾都拖得较长，表明我国仍有小部分地区还面临着较高的食品质量安全问题，食品质量安全水平在地区间存在较大差异。

(4)各环节食品质量安全水平均有所提升

由于食品质量安全风险来源众多，各环节人为或非人为因素都可能导致食品质量安全风险的出现。本研究对各条食品质量安全抽检记录数中被抽检企业所处供应链环节进行了划分和统计分析，结果如图 3.5 所示。

图 3.5 表明，不同环节的食品质量安全不合格率及其变动幅度存在差异，但各环节整体呈下降趋势。从不合格率变动的具体数值来看，2015—2019 年，消费环节的食品质量安全水平提高幅度最大，由 2015 年的 5.54%下降到 2019 年的 1.72%，五年内不合格率下降近 4%，年均改进幅度约 0.89%；加工环节次之，抽检不合格率由样本初期的 3.90%下降到 2.41%，年均改进幅度约为 0.36%；流通环节的提高幅度相对较小，样本期内于 2016 年不合格率达到峰值 3.16%后，食品质量安全不合格率在 2019 年最终维持在 2.41%左右，

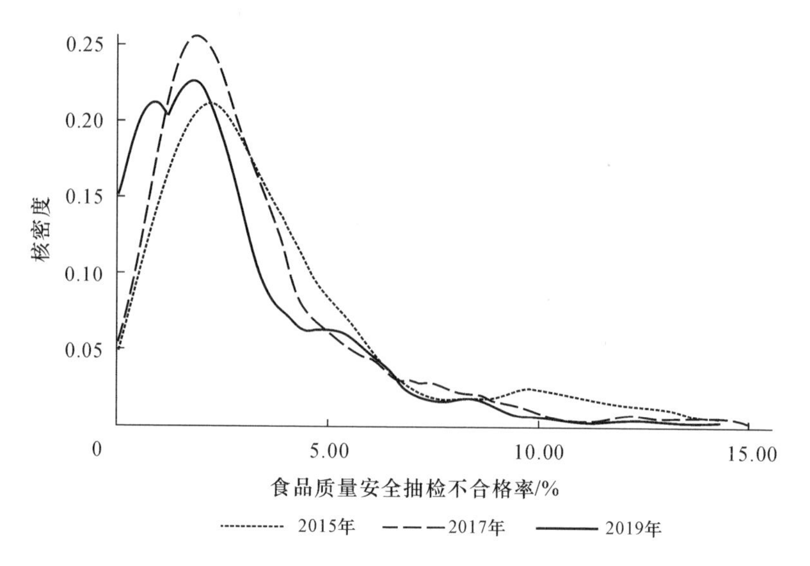

图 3.4 食品质量安全抽检不合格率分布的 Kernel 估计

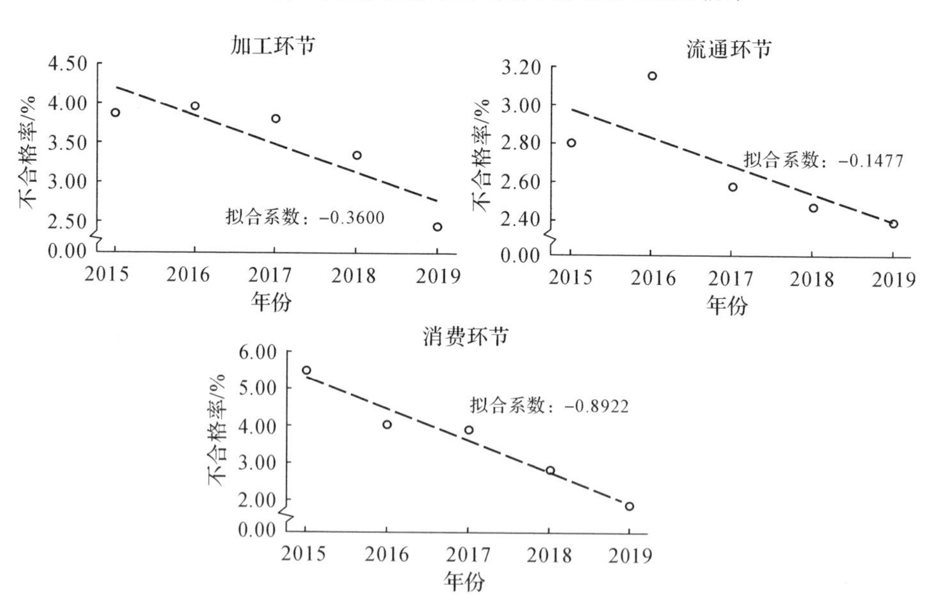

图 3.5 不同环节不同时期食品质量安全不合格率分布

年均改进幅度仅 0.15%。这一结果与食品质量安全监管的风险导向较为一致，在监管资源有限的现实背景下，政府的食品质量安全治理（包括行政处罚、监督检测等）可能会更加偏向于历史风险水平相对较高的环节，政府监管能有效提高食品质量安全水平。

3.3 我国食品质量安全治理存在的问题

我国食品质量安全治理仍旧以政府强制性监管为主。从政府监管机构改革历程来看，在分散性监管到分段监管再到一体化监管的体制演变过程中，政府不断推进食品质量安全监管部门间的横向与纵向整合，基本形成了中央、省、市、县、乡等各层级相对统一的食品质量安全监管体系；从法律法规等政府强制性监管工具来看，从1965年颁布的《食品卫生管理试行条例》到如今的《食安法》，政府在适应时代背景的基础上不断对食品质量安全监管法规及相关食品标准进行完善，在政策环境层面有效推动了食品质量安全法律体系的构建及部门协调机制的完善，对政府监管部门间的监管空白和监管重复现象进行了有效改进。然而不断优化的政策治理效率离不开监管人员的有效执行。在有限的行政监管资源约束下，食品质量安全监管政策、标准的制约作用较为有限，政府强制性监管手段的食品质量安全治理效率存在局限。结合当前食品质量安全发展水平及食品质量安全风险特征以及一体化监管改革特征，现有食品质量安全治理体系还存在着社会主体参与度低、跨地区协同监管缺乏等问题。

3.3.1 食品质量安全治理的“广覆盖”需求与政府监管资源有限矛盾

政府食品质量安全重点抽检环节与风险发现环节存在错位，暴露出在产业融合不足背景下政府以消费端为主的抽检监管效率不高的问题，印证了食品质量安全治理的“广覆盖”需求与政府监管资源有限的矛盾。

为探究政府监管资源配置的合理性，研究将不同环节的抽检比例与不合格率分布进行了比较，结果如表3.1所示。由表3.1可以发现，我国农产品产后环节的质量安全抽检主要集中在流通环节，其食品质量安全抽检比例占所有抽检的66.95%，表明流通环节是我国政府针对产后环节最主要的监管环节，其中超市、便利店等传统零售主体是监管部门最主要的抽检对象，占所有抽检比例的54.03%。这一抽检分布可能暗示着政府计划通过对下游企业的重点抽检，来保障下游地区食品质量安全水平，并与此同时倒逼上游生产经营企业提升产品质量。

表 3.1 不同环节经营主体的食品质量安全抽检比例及不合格率分布

类别		所有环节	加工环节	流通环节		消费环节
			加工制造商	农批市场	超市、便利店	电商平台	饭店、食堂、餐馆
抽检占比/%		100	24.38	12.13	54.03	0.79	8.67
不合格率/%	所有食品	2.98	3.65	3.99	2.40	2.07	3.36
	乳及乳制品	0.99	1.64	0.64	0.45	0.16	3.95
	食用油脂类	2.41	4.38	4.04	1.59	1.65	1.63
	水果及其制品	2.44	3.02	2.13	2.43	3.12	2.19
	蔬菜及其制品	4.02	3.75	5.00	3.49	2.98	4.73
	豆类及其制品	2.17	2.46	3.78	1.70	1.87	2.02
	坚果和籽类	3.81	3.18	5.06	4.00	2.36	3.58
	粮食及其制品	1.92	1.70	4.30	1.32	1.96	4.11
	焙烤食品	4.36	4.15	9.03	4.23	2.87	4.14
	肉及肉制品	1.97	2.63	2.07	1.51	1.94	2.91
	水产及其制品	3.61	3.29	5.09	2.92	2.99	3.89
	蛋及蛋制品	2.36	1.86	3.66	1.97	0.27	3.93
	调味品	2.24	2.65	3.97	2.09	1.29	1.37
	饮料类	4.23	7.50	4.42	1.58	1.69	3.65
	酒类	4.32	4.72	7.32	3.84	1.58	4.89

但需要注意的是，超市等传统零售主体抽检不合格率却远低于市场均值；反之，对于抽检比例相对较低的农批市场等流通主体而言，其不合格率却远高于超市、便利店。由于农批市场承载着集散商品的职能，商品中转和交易量较大，其面临的食品质量安全风险也相对较高，是食品质量安全抽检不合格率最高的主体，然而政府对这一主体的抽检比重却相对较低，仅占所有抽检的12.13%。加工和消费环节同样也是出现食品质量安全问题较多的环节，两个环节的不合格率均高于整体水平，在加工和消费环节24.38%和8.67%的抽检比例中，其不合格率分别达3.65%和3.36%。这些结果都表明，当前政府食品质量安全抽检重点仍聚焦于消费端企业，重点把控与消费

者联系较为紧密的市场主体,但由于诸如食品可追溯体系等信息治理手段尚不健全,产业链上下游主体间的协同机制尚不完善,导致下游抽检所带来的倒逼效应有限,上游食品生产经营主体仍存在较多的食品质量安全问题。当前产业联结现实不适应以消费端为主的食品质量安全抽检机制,导致政府监管资源配置低效。

区分具体食品种类来看,除了水果类产品,大多数食品行业质量安全不合格率分布与总体水平都较为一致,主要集中在流通环节的农批市场经营户、加工制造商和餐饮企业中;而抽检比例最高的超市、便利店等传统零售企业食品质量安全隐患明显低于吞吐交易量巨大的农批市场经营主体。这一结果表明在各类食品行业中我国以严管倒逼企业落实主体责任的食品安全监管模式大多未能发挥出其应有的倒逼机制,产业链上下游主体间缺乏有效协同关系,致使下游的严格监管无法激励上游企业加强质量安全管理,使得在现实中表现出重点抽检环节与风险环节相互脱节的资源错配现象。因此,食品质量安全水平的提升需更加聚焦于产业链主体间的协同合作。

食品质量安全的保障需要实现对各环节各主体高密度、全方位的监管,来避免利益相关主体在逐利动机下的机会主义行为。然而,由于政府规制长期以来监管资源稀缺,仅仅依赖政府将无法实现对于市场生产经营主体的全覆盖,监管机构合并导致的人员精简将进一步加剧专业化监管的困境。为弥补监管资源有限性和监管对象庞大性矛盾所导致的监管失灵,近年来,我国开始尝试通过引入市场主体参与监管来缓解监管压力。具体来看,2009 年《食安法》相关条文中出现了公众参与食品质量安全的理念;2013 年《全国食品药品安全和监管体系改革工作电视电话会议上的讲话》中首次提出“食品安全社会共治”概念;2015 年新修订的《食安法》首次将社会共治具化到法律条文中,社会共治在食品质量安全治理领域中的重要性不断强化,但从实际执行角度来看,消费者、媒体、行业组织等社会主体的参与程度仍旧较为有限。以消费者为例,历年中国消费者协会披露的食品类及酒精饮料类年度受理投诉情况(见图 3.5)表明,近年来我国食品相关消费者投诉占所有商品大类的投诉比例整体呈上升趋势[①],投诉比例从 2015 年的 8.53%上升到 2019 年的 13.22%。消费者食品维权比例逐年上升,这一方面可能反映了消费者

① 从中国消费者协会披露数据看,2017 年投诉数量总体下降,相应的各商品大类投诉数量也有所下降。

通过投诉举报等形式参与食品安全治理的意识有所提高，消费者监督已初现苗头；但另一方面也可能意味着消费者在日常食品消费过程中遭遇的权益侵害问题逐年增多。此外，政府逐年的投诉解决率的下降对市场主体参与治理产生了负面激励。政府相关部门对有关消费者权益问题解决得不及时使得消费投诉缺乏必要保障，这不仅可能抑制消费者参与治理的积极性，也可能加大相关利益主体的投机心理，抑制食品质量安全的有效治理。

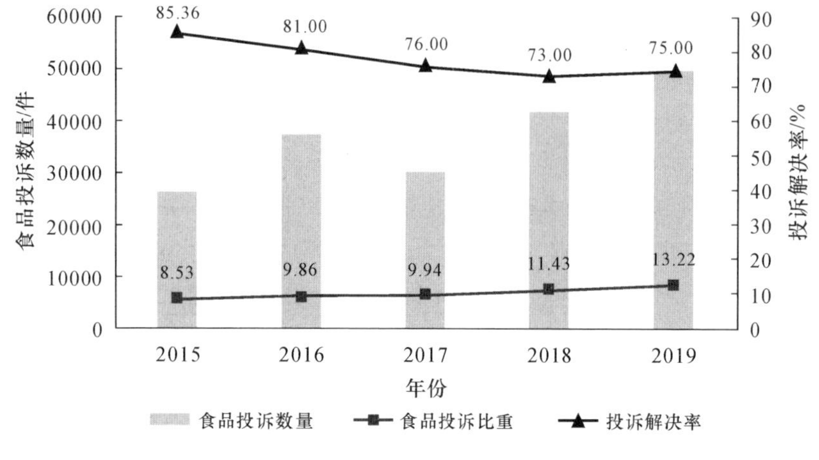

图 3.5 消费者食品相关投诉趋势变化

此外，相关研究和调查报告中对于消费者投诉意愿的统计结果也表明，当前消费者参与食品质量安全治理程度有限。根据吴林海等(2016)对 4358 个调研样本的分析结果，假设遇到不安全食品，近七成被访者选择向经营者交涉或自认倒霉，而选择向政府、消费者协会、法院、媒体等第三方主体投诉参与治理的比例较低；仅不足一成的受访者表示经常或非常频繁地使用第三方监督渠道举报食品质量安全问题。中国消费者协会《2020 年 100 个城市消费者满意度测评报告》结果也表明，遇到消费问题后消费者未投诉比例是投诉比例的 1.77 倍，大多数消费者在消费权益受到侵害时不会选择投诉等手段来维权。可见，消费者对于食品质量安全治理的参与度仍旧较低，消费者维权意识的缺乏、参与治理渠道的单一、配套法规制度的不完善都制约了消费者参与食品质量安全治理，可见消费者参与食品质量安全治理仍旧处于初始发展阶段。

综上，针对政府重点抽检环节与风险发现环节错位所暗含的规制有限问题，政府近年来试图通过引入企业、消费者、社会组织、媒体等多元主体的社会公众来缓解监管压力、拓宽监管治理渠道。但相应保障服务的缺失致使市场主体的参与程度较低，市场“大覆盖”治理需求和政府监管资源稀缺的矛盾依旧较为明显。

3.3.2 食品质量安全治理的区域协同需求与政府属地治理矛盾

政府食品质量安全检出环节与风险添加环节错位，表明食品质量安全风险在空间地理上存在明显的外溢特征，暴露出区域协同治理需求与政府属地治理存在明显的矛盾。

针对抽检结果中披露的食品违规原因，本研究在专家判定的基础上结合一系列理论研究及食品质量安全标准对各项违规原因的属性和特征进行整理，总结出各类违规原因理论上可能添加的环节（详见附录一）。在此基础上对食品质量安全抽检不合格记录在各环节的实际分布情况和理论分布情况进行统计，其中对于可能出现在多个环节的违规原因，本研究对各环节出现概率进行均等赋权，最终统计结果如表3.2所示。根据统计结果，过半被抽检企业的违规记录集中在流通环节，26.52%的违规记录出现在加工环节，17.03%的违规食品在消费环节被发现，这一结果与政府在各环节的抽检比重密切相关，食品企业被抽检次数越多，被发现产品违规的概率也就越大。

表3.2 抽检风险环节与理论风险环节分布对比

所在环节	被抽检企业所在环节		理论溯源环节	
	频次/次	频率/%	频次/次	频率/%
环境	—	—	5823	5.88
生产环节	—	—	14237	14.37
加工环节	26274	26.52	64744	65.35
流通环节	52557	53.05	6082	6.14
消费环节	16874	17.03	5440	5.49
环节无法识别	3364	3.40	2743	2.77

而从理论上违规发生环节的分布情况来看，在针对产后环节的市场监管局监督抽检中，问题检出环节与风险添加环节存在明显错位，食品质量安全风险表现出明显的向供应链下游传导的趋势。其中，14.37%的违规行为（如

农兽药添加）发生在产前环节，加工环节违规占比从 26.52%上升到 65.35%，而流通环节和消费环节违规占比则分别从 53.05%和 17.03%下降到 6.14%和 5.49%。在有限的政府监管资源下，食品质量安全抽检所识别的风险环节与实际的风险发生环节相比具有较大的滞后性。市场交易所伴随的食品流通导致食品质量安全风险在产业链中存在明显外溢。在此基础上，基于信息完整的抽检记录内容，进一步考虑产业链上下游主体的地理位置关系，可以发现我国食品生产企业和被抽检企业异地省份比例约为 40.15%，异市比例约为 48.80%，食品跨区域传递特征明显，跨环节的风险扩散往往伴随着较大程度的跨地区流通，我国食品质量安全风险有很大可能在地理空间上存在外溢。结合我国现有仍以属地治理为主的食品质量安全监管模式不难发现，我国食品质量安全监管仍存在较大问题。

这一点在更多现实案例和理论研究中都得到了相应的证实。以上海市为例，本地主要农产品产量大幅下降的同时，其在城市集群背景下人口的高度集中导致了上海对于外源性食品需求的剧增，加大了食品生产、销售和消费的跨地区交易程度，提高了食品质量安全风险在不同地区间集聚的可能性。相应研究也为食品质量安全风险外溢的现实提供了理论依据。王晓莉等（2015）通过对我国食物中毒情况的时空集聚性分析，发现食源性疾病的暴发呈现出明显的向东转移趋势；李清光等（2016）聚类分析了我国 2005—2014 年间食品安全事件的区域分布特点，结果表明不同食品种类的食品安全事件存在地区差异性，且表现出了异质的空间重心分布和移动趋势。鄢贞等（2020）对“瘦肉精”事件空间转移路径的识别也表明食品质量安全风险在空间上存在明显的扩散。这些研究结果都强调了食品质量安全发展必须正视空间和发展格局的差异，并通过地区间的合作互助来实现食品质量安全的协调发展。

然而，前文对现阶段政府食品质量安全监管机制改革的梳理结果表明，当前我国食品质量安全的属地治理原则使得不同地区政府部门间存在明显监管脱节，为生产经营主体机会主义行为的发展提供了温床。一方面，由于区域合作相关政策的缺乏，即使是在一致性行为目标驱动下，各地区政府部门的区域合作也难以针对利益分配和成本分摊达成一致意见，致使区域合作的可预期收益模糊（金太军和唐玉青，2011；刘娟，2017）；另一方面，属地治理还可能过度强化地方政府对辖区内公共利益和公民利益的责任意识，致使地方保护主义等政府俘获（陈瑞莲和张紧跟，2002；王再文和李刚，2009）。因此，当前政府的属地治理现实无法有效避免食品流通过程中的质量安全风险跨环节跨地区外溢现象。食品质量安全的治理为地方政府间的区域合作提出了强烈的需求。

3.4 本章小结

本章从现阶段食品质量安全发展角度出发，分析了近年来我国产后环节食品质量安全的发展水平和风险特征，并结合我国食品质量安全体制变革历程，对比探析了我国食品质量安全风险特征下理论需求和实际制度间的差异，明确了现有食品质量安全治理存在的问题。具体而言，一是我国食品质量安全整体向好。近年来，我国食品质量安全违规情况逐年得到控制，食品质量安全违规主要集中在焙烤食品、酒类、饮料类、蔬菜及其制品、坚果和籽类、水产及其制品等六类产品。二是政府规制与风险环节错配。我国食品产后环节的质量安全抽检主要以流通环节为主、以加工消费环节为辅，流通环节又集中在传统零售企业，形成以末端监管倒逼前端合规的治理结构。然而食品质量安全不合格率的主体分布表明，食品质量安全隐患较高的食品批发市场抽检比例相对隐患较低的传统零售企业而言较小，存在明显的政府抽检资源与风险环节的错配，我国尚未形成有效的产业链协同机制来倒逼食品质量安全高效监管。三是食品质量安全风险存在明显外溢。结合违规物的风险特征可以发现，当前食品质量安全风险明显向下转移，食品质量安全风险存在跨主体、跨环节扩散的情况，为政府跨地区合作行为和扩大监管范围提出了理论需求。但现阶段政府属地治理特征和监管资源有限、专业化监管人员精简的现状无法满足我国食品质量安全风险分散和外溢的治理需求，致使食品质量安全的治理仍旧存在大量监管空白和区域、部门隔离。

针对这几点食品质量安全治理的现实问题，第 4 章首先对政府强制性规制下食品质量安全的响应情况进行了识别；第 5 章结合信息规制工具探究了政府规制组合对相关主体实施第三方认证、可追溯体系构建等食品质量安全控制行为的作用效果；第 6 章结合食品质量安全的风险空间外溢特征及多元治理主体缺乏现象，利用耦合协调发展度指标分别计算我国现有食品质量安全的区域协同水平和多元主体协同水平，并利用空间面板杜宾模型等计量经济模型量化评估区域协同和多元主体协同对食品质量安全的直接效应及间接溢出效应;第 7 章在理论梳理可能影响因素基础上,探析了影响区域协同、多元主体协同水平提升的关键因素,为后文提出食品质量安全协同优化路径提供实证参考;第 8 章系统梳理了美国、日本以及欧盟等国家和地区先进的食品质量安全治理经验。基于以上不同维度、不同主体的相关理论和实证检验结果,针对性地提出了推进食品质量安全协同治理体系建设完善的优化路径和政策建议,为健康中国战略下居民健康保障、优质食品消费提供重要参考。

4　政府强制性规制对食品质量安全的影响研究

4.1　政府强制性规制对全品类食品质量安全的影响

4.1.1　变量选择及来源

(1)食品质量安全衡量

政府食品质量安全不合格率是食品企业在多方规制下的行为选择结果，一定程度上能够反映地区的实际食品质量安全水平。本研究选择政府食品质量安全抽检不合格率作为地区食品质量安全水平代理变量，通过搜集、整理和汇总国家和省级、市级市场监督管理局公开发布的食品质量安全抽检信息，来衡量地区食品质量安全水平。

(2)政府规制工具衡量

政府职能理论认为政府干预的核心在于借助强制性职能优势合理发挥资源再分配的功能，因而政府可弥补实现市场无法达成的目标(杨天宇，2000)。纵观国内外食品安全监管政策的实践，政府主要通过布局治理战略、夯实法律基础、开展行动计划、强化宣传认知，采取“自上而下，由粗到细”的模式(宗会来，2015)。从政府监管手段看，当前政府在食品质量安全监管中以强制性规制为主，具体主要包括以下几类(相关变量定义及数据来源见表4.1)。

表 4.1 变量定义

变量类型	变量名称	变量定义	数据来源
因变量	不合格率	地区食品质量安全抽检不合格率	SAMR
自变量	法规数量	食品质量安全相关的地方工作文件、规范性文件、政府规章、司法文件、行政许可批复及地方性法规文件加总数量的对数值	北大法宝
	抽检强度	城市每千人抽检批次数	SAMR、城市统计年鉴
	处罚力度	过去一年食品质量安全相关行政处罚数与抽检违规数量的比值	北大法宝
控制变量	政务微博影响力	人民日报统计的各城市政务信息公开、互动的竞争力指数,反映信息披露水平	人民日报
	食品消费支出	城市所在省份人均食品消费数量的对数值	中国统计年鉴
	受教育水平	城市所在省份平均受教育程度,按未过上学(0年)、小学(6年)、初中(9年)、高中(12年)、大专及以上(16年)人口比重乘以各阶段受教育年限的加权计算	中国统计年鉴
	地区生产总值	城市地区生产总值的对数值	中国城市统计年鉴
	人口密度	人口密度的对数值	中国城市统计年鉴

一是政府地方性法规文件发布。政府法规制度的建立在为食品生产经营主体设定标准和指引的同时,也促进了供应链相关主体和消费者之间的信息交流,为消费者判断食品质量安全水平提供详细依据(Martinez et al.,2007;宋华琳,2011)。而地方性法规则是指在法定的地方权力机关依照自身权限制定和颁布的在本行政区域范围内实施的规范性文件,能够因时因地因事制宜,更有针对性地完善和提高地方政府的食品质量安全治理能力。具体而言,地方性法规颁布有助于对事件责任主体和经营许可范围的明确,对抽检、处罚等行政执法的监管方式的细化和规范,对执法人员的日常工作责任的强化等(谢敏强等,2012),在发挥地方性优势解决地方性问题的同时也推动食品质量安全法治体系在立法、执法和守法等方面的良性互动(刘康磊和高加怡,2021)。由于地方出台的法规文件能够反映政府相关部门对相关行

政问题的关注重点、政策力度、政策目标及演进特征，其颁布数量将能够反映当年地方政府对相关问题的重视程度（潘丹等，2019），因此本研究选择地方性法规文件发布数量作为衡量地方政府法律制度建设情况的指标。

二是政府抽检强度。政府食品质量安全抽检是依据市场监督管理部门规定的法定程序和标准，以排查食品质量安全风险为目的，对食品的抽样、检验、复检、处理等行为（国家市场监督管理总局，2019）。通过实验室技术的准确识别，食品质量安全抽检一定程度上可以反映地区的食品质量安全状况，基于食品质量安全抽检信息的统计也有助于实现对风险产品和风险企业的预判，提升市场食品质量安全风险的可识别性；抽检信息的公开也有助于提升消费者等社会公众的信息获取水平、促进社会监督（刘爽，2012）。因此，食品质量安全抽检通过执法管理降低了市场不对称水平，抽检强度提升导致的企业风险暴露可能性提升加大了企业的违规成本，食品质量安全抽检有助于提升市场食品质量安全水平。本研究借鉴国务院发布的《关于深化改革加强食品安全工作的意见》，以每千人抽检批次数用于衡量各地食品质量安全抽检强度。

三是政府处罚力度。有效的处罚也是政府规制中必不可少的手段。对于部分违规企业而言，不存在处罚制度和抽检行为无法对其改善质量安全生产形成足够激励，处罚的存在在加大企业违规成本的同时，也间接向合规企业提供保证，即试图通过违规行为获得市场竞争优势的企业将受到政府的制裁（Hampton，2005）。此外，有效的处罚制度有助于建立消费者对食品产业的消费信心。对于大规模企业而言，虽然违规所带来的经济处罚相对其收益而言可能较低，但处罚所带来的声誉损失或产品召回成本将对其产生较大冲击，且负面影响的持续时间也相对较长，因此即使是大规模企业在处罚威慑下也存在较强的合规激励（Salin and Hooker，2001；Wang et al.，2002）；而对于小规模企业而言，政府监管所带来的违规处罚为其带来了巨大的经济成本，违规处罚本身即对小规模企业形成足够威慑。由于地方行政处罚案件数量的规模大小反映了其实施行政权力的强度（祁玲玲等，2013），为测算政府的处罚力度，本研究选择政府地方行政处罚案件数量的对数值来衡量地方政府的处罚力度；鉴于行政处罚的案件数一定程度上也与本地食品质量安全抽检情况相关，且行政处罚属于“事后”规制，研究选择过去一年食品质量安全相关行政处罚数对数值进行衡量。

(3)控制变量

控制变量主要包括政府政务公开情况、城市所在省份食品消费支出、城市所在省份居民受教育程度、城市经济发展水平以及城市人口密度等社会经济指标。具体而言,一是政务微博影响力。人民日报发布的政务微博影响力排行榜综合反映了各地政府的政务微博信息传播水平、信息发布情况和答疑解惑等互动交流水平,能较好地体现地方政府的政务信息管理水平。二是食品消费支出。居民消费中食品消费支出反映了公众对于食品的关注程度。三是平均受教育水平。受教育水平可通过影响消费者对于食品质量安全风险的感知水平而对消费行为产生影响(周应恒等,2014),企业所在地居民受教育水平越高,越有助于提升消费者在声誉机制下的参与程度。地方受教育水平的整体提高也可能意味着生产经营主体知识水平相应提高,致使食品质量安全违规行为愈发隐蔽,对食品质量安全水平形成反向作用(宋英杰等,2017)。地区平均受教育水平可从不同方向对地区食品质量安全水平产生影响。四是地区生产总值。经济发达地区往往拥有较为丰厚的财政资源,相应在食品质量安全领域的资金投入较欠发达地区更为充裕;但与此对应的,经济发达地区内居民对于食品消费需求的多样化和精深化也使得地区内食品供应体系的复杂程度远远高于欠发达地区,致使食品质量安全的治理难度提升(张红凤和吕杰,2019)。地区经济发展水平可从不同方向对地区食品质量安全水平产生影响。五是城市人口密度。地区人口密集程度的上升将促进地区内消费量和消费种类的提升,致使食品质量安全风险概率提高(李清光等,2016)。因此,本研究对地区内政务微博影响力、食品消费支出、受教育程度、地区生产总值、人口密度等指标进行控制。

4.1.2 模型构建

(1)食品质量安全的空间相关性检验

为了识别地区食品质量安全水平与其所在空间的联系和影响,本部分研究利用空间统计量全局 Moran's I 指数计算公式(4.1),对地区食品质量安全水平与其空间滞后之间的全局空间相关关系进行检验。

$$\text{Moran's } I=\frac{n}{\sum_{i=1}^{n}\sum_{j=1}^{n}w_{ij}}\frac{\sum_{i=1}^{n}\sum_{j=1}^{n}w_{ij}(y_i-\bar{y})(y_j-\bar{y})}{\sum_{i=1}^{n}(y_i-\bar{y})^2} \tag{4.1}$$

其中，$\bar{y}=\frac{1}{n}\sum_{i=1}^{n}y_i$，$I$ 为全局空间自相关系数，n 为城市空间单元，y_i、y_j 分别表示不同城市 i 和 j 的食品质量安全抽检不合格率，w_{ij} 为揭示城市间空间关系的空间权重矩阵。

基于新经济地理学"中心—外围"理论以及食品质量安全风险流动的路径、距离和载体，为充分观测不同空间特征下各类规制手段对食品质量安全水平的不同冲击，本研究设置多个空间权重矩阵展开分析。首先，考虑地理特征对食品质量安全水平的影响，地区间的邻近关系能有效降低信息传递和政策学习成本(王浦劬和赖先进，2013；Wang et al.，2019)。在相似社会环境影响下，邻近关系也将通过社会网络对主体的行为选择产生直接或间接关系。因此设定地理距离空间权重矩阵式(4.2)，对相关空间计量模型进行估计。其中，w_{ij}^{inv} 为地理距离权重矩阵，d_{ij} 代表地区 i 与地区 j 之间的地理距离。

$$w_{ij}^{inv}=\begin{cases}1/d_{ij}^2 & (i\neq j)\\ 0 & (i=j)\end{cases} \tag{4.2}$$

其次，由于食品质量安全水平受经济发展、信息披露、供需交易情况等多种非地理邻近因素的综合影响，基于地理特征的空间权重矩阵只能表征地理邻近关系对食品质量安全空间联系的影响，研究结果相对粗糙。因此，本部分研究还从地区间社会经济特征角度建构了食品质量安全的空间权重矩阵，以期更加全面客观地揭示食品质量安全的空间影响因素。已有研究表明，相邻地区间经济发展水平差异越小，它们在经济上的关联强度就越大，且两地间经济发展水平的高低会对二者间的空间影响存在差异化作用(李婧等，2010)。因此，本部分研究还构建了经济地理特征空间权重矩阵式(4.3)来探寻食品质量安全不合格率的空间变化趋势和规律。

$$w_{ij}^{econ}=\begin{cases}w_{ij}^{inv} * \frac{1}{|\mathrm{GDP}_i-\mathrm{GDP}_j|} & (i\neq j)\\ 0 & (i=j)\end{cases} \tag{4.3}$$

其中，w_{ij}^{econ} 为经济地理权重矩阵，GDP_i 为样本期内地区 i 的地区生产总值，GDP_j 为样本期内地区 j 的地区生产总值。

最后，在揭示食品质量安全水平的全局空间相关性后，研究对局部空间的相关性也进行了检验，以此说明食品质量安全水平的空间集聚情况。局部空间相关性指标的估计公式如式(4.4)所示，对每个空间单元各自计算统计值。

$$\text{Moran's } I_i = \frac{n^2}{\sum_{i=1}^{n}\sum_{j=1}^{n} w_{ij}} \frac{(y_i - y)\sum_{j=1}^{n} w_{ij}(y_j - \bar{y})}{\sum_{j=1}^{n}(y_j - \bar{y})^2} \tag{4.4}$$

其中，$\bar{y} = \frac{1}{n}\sum_{i=1}^{n} y_i$，$I_i$ 为局部空间自相关系数，n 为城市空间单元，y_i、y_j 分别表示不同城市 i 和 j 的食品质量安全抽检不合格率，w_{ij} 为揭示城市间空间关系的空间权重矩阵。基于局部 Moran's I 指数，对各城市的区域空间依赖性绘制直观的局部散点图。局部散点图中四个不同象限分别反映区域不同的空间依赖性关系，其中第一象限（HH）、第三象限（LL）分别表现出高高集聚、低低集聚的特征，第二象限（LH）、第四象限（HL）分别表现出低高和高低的分散特征。

（2）政府强制性规制影响食品质量安全水平的空间效应模型

考虑到食品质量安全可能存在空间相关关系，本部分研究在检验 Moran'sI 指数的基础上引入空间权重矩阵建立了空间计量模型并展开相应分析，探究政府和消费者等多元主体协同监管对地区食品质量安全水平的影响。现有空间计量研究中使用的计量模型主要包括空间自回归模型（SAR）和空间误差模型（SEM）和空间杜宾模型（SDM）三种。其中空间自回归模型假定相邻地区间因变量可能存在相互依赖关系，本地个体观测值的行为决策受周边邻近地区个体行为决策的影响，用个体间的相关性来刻画空间关系，如式（4.5）所示。

$$Y_{it} = \rho W_{ij} Y_{it} + \beta X_{it} + \gamma C_{it} + \varepsilon_{it} \tag{4.5}$$

空间误差模型主要是为了解决遗漏变量所带来的偏误，假定扰动项存在空间相关性，用随机扰动项来刻画空间关系，如式（4.6）所示。

$$\begin{cases} Y_{it} = \rho W_{ij} Y_{it} + \beta X_{it} + \gamma C_{it} + \varepsilon_{it} \\ \varepsilon_{it} = \lambda M_{ij} \varepsilon_{it} + \mu_{it} \end{cases} \tag{4.6}$$

空间杜宾模型综合前两类模型的特征，不仅同时考虑了因变量和自变量的空间相关性，而且能够有效消除遗漏变量所带来的误差，如式（4.7）所示。

$$Y_{it} = \rho W_{ij} Y_{it} + \beta X_{it} + \delta D_{ij} X_{it} + \gamma C_{it} + \varepsilon_{it} \tag{4.7}$$

其中，Y 为因变量，表示政府食品质量安全抽检不合格率；$X_{it} = (\text{law}_{it}, \text{freq}_{it}, \text{fine}_{it})$ 为一系列政府强制性食品质量安全规制手段，包括政府颁布的地方性法规数量、政府抽检强度、政府处罚力度等；C 为控制变量，表示政府规制手段外其他可能影响地区食品质量安全水平的因素。W_{ij}、M_{ij}、D_{ij} 分别代表空间矩阵，三个矩阵可以相同；ρ 为空间自回归系数，用于度量因变量空间滞后项的系数大小；λ 为空间误差系数，衡量了邻近地区不可观测的随机冲击对地区的影响大小；β、δ、γ 分别为自变量、自变量空间滞后项和控制变量回归系数；ε_{it} 为残差项。考虑到空间杜宾模型同时覆盖了空间误差和空间自回归模型的特点，且没有限制潜在空间溢出效应的规模（Elhorst，2010），本研究采用空间杜宾模型展开后续一系列分析。

4.1.3 描述性分析

(1)新增政府地方性法规的分布情况

对于全国各地区政府地方性法规的平均颁发数量分布来看（见表 4.2），2015 年至 2017 年间政府地方性法规文件的颁布情况较为稳定，但 2018 年后有了较大幅度的减少。可能的原因在于 2018 年上半年国务院办公厅颁布的《关于加强行政规范性文件制定和监督管理工作的通知》（简称《规范性通知》）中对于规范执法程序、严控发文数量等相关要求降低了各地一味追求发文数量的低效监管行为，2018 年后政府新增地方性法规的颁布更加注重实效性。

表 4.2 政府地方性法规数量对数值的区域分布

区域范围	2015 年	2016 年	2017 年	2018 年	2019 年
东部地区	2.535	2.494	2.457	1.807	1.847
中部地区	2.470	2.461	2.606	2.021	1.492
西部地区	2.395	2.265	2.285	1.958	1.191
全国	2.468	2.409	2.452	1.928	1.515

进一步划分地理区域来看，也表现出了同样的发展变化趋势，在国家提出规范行政法规文件要求后，各地区短期内都表现出了法规数量大幅减少的现象，这种下降趋势在中部地区和西部地区持续到了 2019 年，而东部地区的地方性法规文件数量相较 2018 年有所回升。由于《规范性通知》中要求对于已颁布且仍然适用的文件不得重复发文，中部和西部地区发文数量的持续降低更有可能是因为其食品质量安全监管创新思路有限，新颁布的实效性文件数量递减；而东部地区由于资源禀赋和经济产业发展优势，近年来在绿色新

发展理念上不断创新，颁发的食品质量安全的新实效性文件较其他地区更多。

从地方性法规颁布数量与食品质量安全不合格率的相关关系来看，由二者散点图和拟合曲线可知（见图4.1），2015年至2019年间食品质量安全不合格率随地方性法规数量增大呈现先增后降的趋势，表明在样本期内我国各地地方性行政法规数量的堆叠有助于改善食品质量安全状况，食品质量安全的保障需要一定程度的地方性法规的约束。

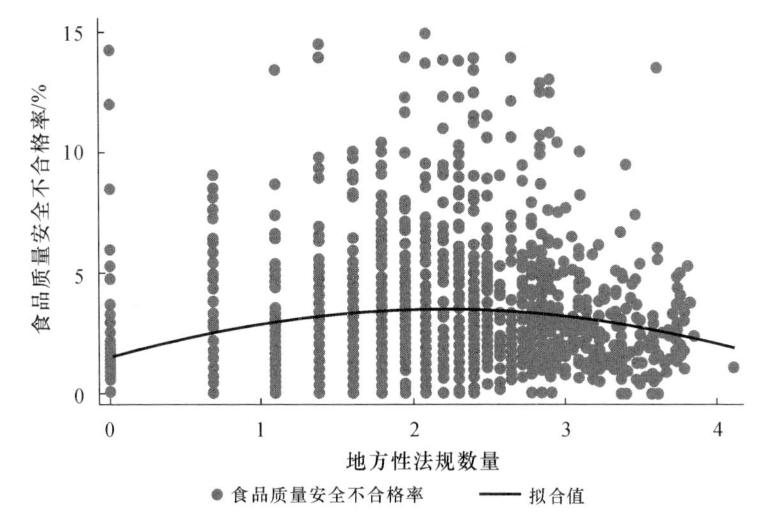

图4.1 政府地方性法规数量对数值与食品质量安全不合格率的相关关系

（2）抽检强度分布情况

表4.3报告了全国及分区域平均政府抽检强度的时间变化趋势，可以发现在全国及各区域范围内食品质量安全抽检强度不断提高。

表4.3 政府抽检强度的区域分布

区域范围	2015年	2016年	2017年	2018年	2019年
东部地区	0.446	0.693	0.862	0.855	1.603
中部地区	0.249	0.368	0.499	0.566	0.920
西部地区	0.210	0.425	0.383	0.617	1.180
全国	0.303	0.497	0.585	0.680	1.236

从样本期政府抽检强度与食品质量安全不合格率的相关关系来看，通过二者散点图和拟合曲线可以发现（见图4.2），2015年至2019年间食品质量安

全不合格率随抽检强度增大呈现先降后升的趋势，在每千人五批次左右对于食品质量安全的改善作用开始平缓，拐点在每千人九批次左右。这一结果表明我国现行每千人四抽检批次数的抽检强度计划对于改善我国食品质量安全执法效率而言较为科学。在监管资源有限的情况下，一味提升抽检强度，不仅成本高昂，而且只能收获有限的治理效率，我国的食品质量安全治理在依托于政府执法规制的同时也亟须引入其他多元的规制手段。

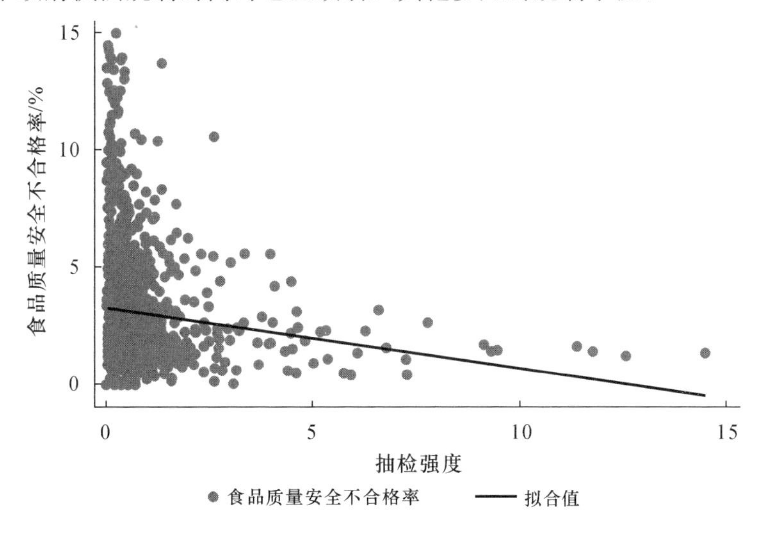

图 4.2 政府抽检强度与食品质量安全不合格率的相关关系

(3)处罚力度分布情况

表 4.4 显示了上年度政府行政处罚数量对数值的全国及区域平均变化趋势。同抽检强度一致，我国行政处罚力度逐年上升，且在各地区都表现出相同的变化趋势，执法力度整体表现为东部地区强于中部地区强于西部地区的趋势。

表 4.4 上年度政府行政处罚数量对数值的区域分布

区域范围	2015 年	2016 年	2017 年	2018 年	2019 年
东部地区	0.255	0.533	0.685	1.027	1.995
中部地区	0.291	0.460	0.383	0.886	1.744
西部地区	0.087	0.258	0.359	0.910	1.365
全国	0.213	0.420	0.477	0.942	1.707

从样本期政府处罚力度与食品质量安全不合格率的相关关系来看，通过二者散点图和拟合曲线可以发现(见图 4.3)，2015 年至 2019 年间食品质量安全不合格率随抽检强度增大呈现不断下降的趋势，行政处罚的强化有助于实现对生产经营企业的强烈威慑，抑制食品企业的机会主义行为。

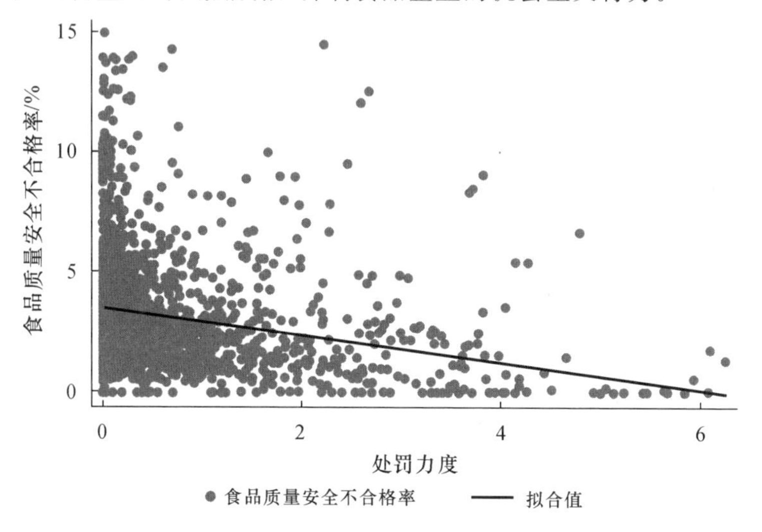

图 4.3 政府行政处罚数量对数值与食品质量安全不合格率的相关关系

4.1.4 基准结果分析

(1)食品质量安全的空间相关性检验

不同空间权重矩阵下全局 Moran's I 指数如表 4.5 所示。可以看出，无论是在地理特征还是社会经济地理特征所构建的空间权重矩阵衡量下，2015—2019 年食品质量安全不合格率均存在显著的正向空间自相关性(其中空间距离权重矩阵系数在 0.080—0.165 之间波动，经济地理权重矩阵在 0.121—0.228 之间波动，两类空间矩阵均通过了 1% 显著性概率检验)，表明五年间我国食品质量安全不合格率在空间分布上具有明显的正相关关系，食品质量安全违规情况的发生与其他具有相近空间特征城市的食品质量安全水平密切相关，并在不同地理空间上都表现出了空间集聚的结果。

表 4.5 城市食品质量安全不合格率的全局 Moran's *I* 指数值

权重矩阵	指标	2015 年	2016 年	2017 年	2018 年	2019 年
地理距离权重矩阵	Moran's *I*	0.160***	0.165***	0.134***	0.088***	0.080***
	Z 统计值	9.119	9.377	7.710	5.120	4.634
经济地理权重矩阵	Moran's *I*	0.220***	0.228***	0.204***	0.158***	0.121***
	Z 统计值	5.894	6.119	5.500	4.272	3.292

注：***、**、*分别代表在 1%、5%、10%的置信水平下显著。

局部 Moran's *I* 指数分布情况如图 4.4 所示。可以发现，局部 Moran's *I* 散点图对食品质量安全不合格率在空间分布上的局部特征进一步展开说明，探究食品质量安全水平在空间上的集聚情况。图 4.4 分别绘制了两类权重矩阵下 2015 年和 2019 年的局部 Moran's *I* 散点图，表明了在两种空间权重矩阵下大部分城市均处于第一象限(高高集聚)和第三象限(低低集聚)，进一步证明了我国城市食品质量安全不合格率存在显著的正相关性，大部分城市与

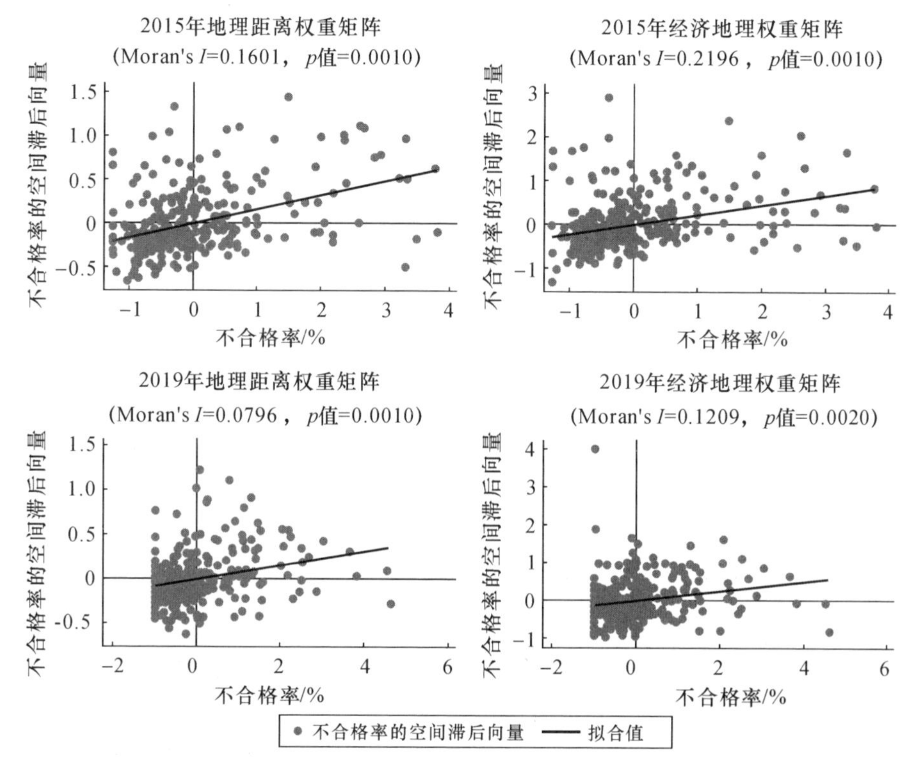

图 4.4 城市食品质量安全不合格率的局部 *Moran's I* 指数分布

其邻近城市都表现出了相似的空间集群特征，地方食品质量安全的风险水平与其存在相近空间特征的地区食品质量安全水平息息相关。

(2)政府强制性规制对食品质量安全的空间效应

为探究政府规制工具组合对食品质量安全的影响，本部分首先对各变量间的多重共线性进行检验(见表4.6)，结果表明各变量之间相关系数都不高，方差膨胀因子也都在1.1—2.4，表明变量间不存在严重多重共线性。

在此基础上，表4.7分别汇报了在市级层面上不同权重矩阵设置下的静态[列(1)和列(3)]和动态[列(2)和列(4)]空间面板杜宾模型估计结果，其中，动态空间面板模型由于引入了因变量滞后一期数值，样本量减少。具体来说，静态空间面板模型相较于普通面板模型考虑了各变量空间相关特征影响，模型估计结果更加准确；而食品质量安全治理作为连续、动态的系统性活动，除了本研究所涉不同形式规制手段影响，还受到其他重要潜在影响因素(如市场环境、社会组织参与等)等难以量化的因素的作用，因变量时间滞后项的添加有助于将影响食品质量安全治理效率的潜在因素从空间结构因素的影响中分离出来，解决可能存在的遗漏变量问题；同时也反映了食品质量安全违规具有路径依赖性的经济特征。从表4.7估计结果中，可以得出以下结论。

对于空间系数而言，各模型中空间自相关系数ρ均大于零且均通过1%的显著性检验，本研究设定空间面板杜宾模型探究不同政府规制手段对于食品质量安全治理效果的影响是合理的，我国城市食品质量安全水平和与其存在相近空间特征的地区存在较强的空间依赖关系。从两类权重矩阵的特征来看，食品质量安全不合格率在地理和经济关系上都存在集聚和溢出效应，地理邻近或经济发展水平相当的地区间食品质量安全不合格水平对本地食品质量安全的不合格水平具有显著的正向影响。而从空间自相关系数大小来看，城市间的地理距离对地区食品质量安全水平的空间依赖性影响最大，空间地理距离对地区间食品质量安全水平的相关关系影响，比经济关联对其影响更大。

对于政府的不同强制性规制手段而言，两类空间权重矩阵下不同政府规制手段也表现出一定程度的空间滞后特征，具体而言，两类空间权重矩阵下处罚力度对地区食品质量安全不合格率的空间滞后项均显著为正，而地方性法规数量的空间滞后项仅在空间经济地理权重矩阵下显著为正，这些结果表明周边地区相关政策规制手段的实施将对本地食品质量安全水平造成不利的溢出影响，空间溢出的负外部性降低了政府规制的效率。相应结果在引入

表 4.6 变量间相关系数及方差膨胀因子

变量	法规数量	抽检强度	处罚力度	政务微博影响力	食品支出	受教育水平	地区生产总值	人口密度	VIF
法规数量	1								1.13
抽检强度	0.097**	1							1.16
处罚力度	−0.217***	−0.105***	1						1.25
政务微博影响力	−0.019***	0.192***	0.272***	1					1.93
食品支出	−0.025	0.212***	0.224***	0.314***	1				1.32
受教育水平	0.121***	0.132***	0.179***	0.233***	0.304***	1			1.31
地区生产总值	0.143	0.299***	0.170***	0.647***	0.387***	0.413***	1		2.35
人口密度	0.192***	0.231***	0.015***	0.481***	0.356***	0.353***	0.577***	1	1.72

注：***、**、*分别代表在1%、5%、10%的置信水平下显著。

因变量空间滞后项后较为稳健。政府食品质量安全的有效规制不仅应聚焦于本地市场,更要关注在地理范围上邻近或是经济联系密切的相关市场,从风险溢出特征出发展开治理,对症下药。

表 4.7 政府强制性规制对食品质量安全影响的空间面板杜宾系数估计结果

变量	不合格率			
	地理距离权重矩阵		经济地理权重矩阵	
	(1)	(2)	(3)	(4)
滞后一期不合格率		0.0942*** (0.0274)		0.0898*** (0.0275)
法规数量	−0.0032** (0.0016)	−0.0028* (0.0017)	−0.0049*** (0.0014)	−0.0046*** (0.0015)
抽检强度	−0.0120*** (0.0015)	−0.0100*** (0.0017)	−0.0114*** (0.0015)	−0.0094*** (0.0016)
处罚力度	−0.0091*** (0.0008)	−0.0094*** (0.0009)	−0.0085*** (0.0008)	−0.0091*** (0.0009)
$w\times$法规数量	0.0031 (0.0036)	0.0025 (0.0037)	0.0047** (0.0021)	0.0044* (0.0023)
$w\times$抽检强度	0.0067 (0.0045)	0.0048 (0.0047)	−0.0003 (0.0031)	−0.0029 (0.0034)
$w\times$处罚力度	0.0097*** (0.0029)	0.0106*** (0.0030)	0.0030* (0.0015)	0.0039** (0.0016)
政务微博影响力	−0.0243*** (0.0057)	−0.0197*** (0.0072)	−0.0265*** (0.0058)	−0.0189*** (0.0073)
食品支出	0.0111 (0.0237)	−0.0165 (0.0255)	0.0168 (0.0239)	−0.0086 (0.0257)
受教育水平	0.0090* (0.0054)	0.0138** (0.0057)	0.0091* (0.0055)	0.0148** (0.0058)
地区生产总值	0.0024 (0.0059)	0.0004 (0.0068)	0.0010 (0.0057)	−0.0006 (0.0066)
人口密度	0.0052 (0.0073)	0.0068 (0.0093)	0.0048 (0.0074)	0.0051 (0.0094)
ρ	0.4346*** (0.0697)	0.4246*** (0.0774)	0.1639*** (0.0380)	0.1880*** (0.0423)
$Sigma^2$	0.0004*** (0.0000)	0.0004*** (0.0000)	0.0004*** (0.0000)	0.0004*** (0.0000)

续表

变量	不合格率			
	地理距离权重矩阵		经济地理权重矩阵	
	(1)	(2)	(3)	(4)
N	1475	1180	1475	1180
R^2	0.063	0.120	0.130	0.133
Log L	3709.839	3051.469	3702.772	3050.042

注：***、**、*分别代表在1%、5%、10%的置信水平下显著，括号内为系数估计的稳健标准差。

对于动态模型中因变量滞后期而言，滞后一期不合格率的系数在两个空间权重矩阵中均在1%的置信水平上显著为正，表明地区前期的食品质量安全问题加剧了当期的食品质量安全违规水平，食品质量安全违规具有明显的路径依赖性和时间累积效应，食品质量安全治理需要长期的坚持。对于具体的政府规制手段，两类空间权重矩阵下地方性法规、抽检强度、处罚力度等政府规制手段都有效缓解了地区食品质量安全问题。

对于控制变量而言，社会经济等控制变量也在不同程度上对本地食品质量安全水平产生影响。其中，在动态模型中，政务微博影响力的加强显著降低了食品质量安全不合格率，政府政务信息的公开强化了政府与市场主体的互动和联系，对市场主体的质量安全控制行为构成了一定的约束。食品消费支出的提高一定程度上加大了消费者对于购买产品的安全诉求，倒逼企业进行质量安全控制，但估计系数并不显著。受教育程度的提升反而提高了地区食品质量安全的不合格率，这可能是因为地方受教育水平的整体提高意味着生产经营主体知识水平也相应提高，食品质量安全违规行为愈发隐蔽，食品质量安全治理难度相应提升。地区生产总值在两类权重矩阵中均不存在显著的质量安全提升作用，这可能与政府可能存在的政策性负担有关，一方面地区生产总值的提高可能促进政府其他各类公共服务的投入资本，另一方面政府在以经济发展为主导的绩效评价体系下，为提高本地经济发展水平而形成的政策性负担也可能降低政府的食品质量安全治理激励，致使食品质量安全水平下降，二者综合作用下经济发展水平对食品质量安全的影响得到中和。

由于空间面板杜宾模型的系数并不包含反馈效应，即某因素对其他地区产生的影响会反过来影响该地区，直接基于系数的效应评估无法准确反映变量的直接效应及间接溢出效应。因此，本研究利用偏微分方法对静态和动态估计下关键变量的直接、间接和总效应进行计算和分解，结果如表 4.8 和表 4.9 所示。

表 4.8 静态估计下政府规制对食品质量安全影响的效应分解

变量	不合格率					
	地理距离权重矩阵			经济地理权重矩阵		
	总效应	直接效应	间接效应	总效应	直接效应	间接效应
法规数量	0.0001	−0.0032**	0.0034	−0.0002	−0.0048***	0.0046**
	(0.0047)	(0.0015)	(0.0054)	(0.0019)	(0.0014)	(0.0023)
抽检强度	−0.0096	−0.0118***	0.0023	−0.0140***	−0.0114***	−0.0027
	(0.0078)	(0.0015)	(0.0075)	(0.0041)	(0.0015)	(0.0035)
处罚力度	0.0014	−0.0090***	0.0104**	−0.0064***	−0.0085***	0.0020
	(0.0052)	(0.0008)	(0.0053)	(0.0018)	(0.0008)	(0.0018)

注：***、**、*分别代表在1%、5%、10%的置信水平下显著，括号内为系数估计的稳健标准差。

表 4.9 动态估计下政府规制对食品质量安全影响的效应分解

变量	不合格率					
	地理距离权重矩阵			经济地理权重矩阵		
	总效应	直接效应	间接效应	总效应	直接效应	间接效应
	短期效应					
法规数量	−0.0007	−0.0026*	0.0019	−0.0003	−0.0043***	0.0040*
	(0.0046)	(0.0015)	(0.0052)	(0.0020)	(0.0014)	(0.0023)
抽检强度	−0.0086	−0.0100***	0.0014	−0.0150***	−0.0096***	−0.0054
	(0.0085)	(0.0016)	(0.0084)	(0.0046)	(0.0016)	(0.0042)
处罚力度	0.0018	−0.0093***	0.0111**	−0.0064***	−0.0090***	0.0026
	(0.0052)	(0.0008)	(0.0051)	(0.0020)	(0.0008)	(0.0018)
	长期效应					
法规数量	−0.0008	−0.0028*	0.0020	−0.0004	−0.0047***	0.0043*
	(0.0055)	(0.0017)	(0.0062)	(0.0023)	(0.0015)	(0.0025)
抽检强度	−0.0103	−0.0110***	0.0007	−0.0169***	−0.0106***	−0.0062
	(0.0104)	(0.0018)	(0.0102)	(0.0052)	(0.0017)	(0.0047)
处罚力度	0.0022	−0.0102***	0.0124**	−0.0072***	−0.0099***	0.0027
	(0.0063)	(0.0009)	(0.0062)	(0.0022)	(0.0009)	(0.0021)

注：***、**、*分别代表在1%、5%、10%的置信水平下显著，括号内为系数估计的稳健标准差。

第一，就政府完善食品质量安全相关法规文件的治理手段而言，相关标准、制度的完善有助于降低本地食品质量安全违规水平，标准制度的完善对于提高食品质量安全水平存在显著积极影响。而其空间溢出效应在不同权重矩阵中的影响存在差异。食品安全相关地方性标准、制度的完善对于地理邻近地区的食品质量安全治理不存在显著的外溢作用，但对于经济发展水平较为接近的地区而言，周边地区食品安全相关法规数量的提升将对本地食品质量安全不合格率的提高产生正向溢出。可能的原因在于，政府属地治理的现实使得本地地方性法规文件的颁布对其他地区企业不存在约束，而经济发展水平的相似往往意味着消费者消费结构的类同（孙顶强和郑颂承，2017）。因此，当经济发展水平相似的周边地区地方性食品质量安全标准提高时，低质量企业为避免实施新标准带来的额外生产经营成本、维持原有收益，有动机将生产经营地点转移到本地市场，致使本地食品质量安全水平的下降。

第二，政府抽检强度的直接效应在两类空间权重矩阵下均在1%的置信水平显著为负，这表明本地政府监管强度的提高有助于降低本地食品质量安全不合格率，提升本地产品质量，政府可通过加强抽检强度的形式来对食品生产经营企业形成威慑，进而实现其保障食品质量安全的监管职能。但从间接效应看，虽然近年来地方政府时常开展区域间抽检的联合执法活动，但由于现有联合抽检缺乏稳定的合作机制，地区抽检强度的强化尚未对周边地区产生显著有效的溢出效应。

第三，政府处罚力度的提高在两类权重矩阵下均对本地食品质量安全不合格率存在负向影响，且影响在1%的置信水平下显著。处罚力度的加大可通过提高生产经营主体违规预期损失的途径对相关主体行为构成震慑，从而抑制其违法违规行为动机。此外，地理距离权重矩阵下政府处罚力度也在5%的置信水平下对食品质量安全不合格率产生正向空间溢出，而这在经济地理权重矩阵中并不显著。地理邻近地区政府处罚力度的提高使得违规企业为规避重大损失而做出就近转移行为。

此外，比较表4.9动态模型中各规制手段的短期效应和长期效应的具体系数可以发现，无论是直接还是间接效应，长期效应下各类规制手段的安全提升作用或是溢出系数均大于短期。这一结果也进一步验证了政府强制性规制对食品质量安全影响的持续性。

总体而言，政府不同的规制手段对食品质量安全不合格率都存在直接的负向影响，与之相应的是在空间地理和经济地理邻近地区，地方性法规颁布和处罚力度加大带来了显著的正向溢出效应，政府治理手段对周边地区存在负外部性，降低了规制的有效性。

4.1.5 区域异质性讨论

不同区域政府规制对食品质量安全的空间效应估计结果如表 4.10[①]所示。

第一，各区域空间自相关系数均较为显著，东部地区、中部地区和西部地区食品质量安全不合格率的空间自相关系数在两类权重矩阵下均在 1%的置信水平下显著，各区域食品质量安全水平和与其存在相近空间特征的地区存在较强的空间依赖关系。

第二，根据直接效应不难发现，不同政府规制对食品质量安全不合格率均在不同置信水平下存在显著负向影响；不同区域内，各类政府规制手段的质量安全提升作用存在差异，东部地区政府抽检的直接效应最大，而中部地区和西部地区中抽检强度和处罚力度的规制效果较为显著。在相对较为稀缺的监管资源约束下，可能更加倾向于采用严苛的处罚来抑制相关主体的机会主义行为。

第三，三类政府规制手段的间接溢出效应均存在较大差异。东部地区各类规制手段不存在显著的间接溢出效应。中部地区抽检强度存在显著的负向溢出，周边地区抽检强度的提高有助于进一步降低本地食品质量安全不合格率，其中抽检强度在地理邻近和经济邻近地区间间接溢出效应占总效应比例分别达 54.3%和 45%，中部地区内抽检的溢出效应并不会随地理距离的扩大而大幅度降低。此外，经济地理权重矩阵下地方性法规数量的增多也对邻近地区食品质量安全造成了负外部性。西部地区政府规制手段中仅法规数量在地理邻近地区间存在较为显著的正向溢出效应，法规制定在对本地形成高效治理的同时，由于地区间信息的不畅通，周边地区未能有效接收本地公示的质量安全信息，而存在企业跨域转移风险的可能。

① 考虑到篇幅影响，正文中仅报告直接效应、间接效应和总效应估计结果，面板空间杜宾模型的系数估计结果详见附录二。

表 4.10 不同区域静态估计下多元主体协同对食品质量安全影响的效应分解

变量	不合格率					
	地理距离权重矩阵			经济地理权重矩阵		
	总效应	直接效应	间接效应	总效应	直接效应	间接效应
东部地区						
法规数量	−0.0159***	−0.0076**	−0.0084	−0.0095**	−0.0114***	0.0018
	(0.0060)	(0.0032)	(0.0071)	(0.0038)	(0.0028)	(0.0042)
抽检强度	−0.0067	−0.0116***	0.0050	−0.0137***	−0.0115***	−0.0023
	(0.0066)	(0.0018)	(0.0061)	(0.0047)	(0.0018)	(0.0039)
处罚力度	−0.0025	−0.0078***	0.0053	−0.0047*	−0.0076***	0.0029
	(0.0048)	(0.0013)	(0.0046)	(0.0027)	(0.0013)	(0.0024)
中部地区						
法规数量	0.0054	−0.0042*	0.0096	0.0041	−0.0067***	0.0108***
	(0.0051)	(0.0025)	(0.0062)	(0.0027)	(0.0023)	(0.0037)
抽检强度	−0.0422***	−0.0193***	−0.0229*	−0.0360***	−0.0198***	−0.0162**
	(0.0142)	(0.0032)	(0.0125)	(0.0090)	(0.0031)	(0.0076)
处罚力度	−0.0105*	−0.0114***	0.0009	−0.0129***	−0.0112***	−0.0017
	(0.0067)	(0.0013)	(0.0064)	(0.0030)	(0.0013)	(0.0029)
西部地区						
法规数量	0.0086	−0.0048*	0.0134*	0.0025	−0.0047*	0.0071*
	(0.0063)	(0.0028)	(0.0075)	(0.0031)	(0.0026)	(0.0038)
抽检强度	−0.0056	−0.0097**	0.0041	−0.0042	−0.0085**	0.0043
	(0.0200)	(0.0038)	(0.0185)	(0.0109)	(0.0037)	(0.0095)
处罚力度	0.0006	−0.0099***	0.0105	−0.0082**	−0.0087***	0.0005
	(0.0069)	(0.0018)	(0.0070)	(0.0035)	(0.0018)	(0.0035)

注：***、**、*分别代表在1%、5%、10%的置信水平下显著，括号内为系数估计的稳健标准差。

第四，鉴于间接溢出效应在不同地区间存在较大异质性，三个区域受三类政府规制手段影响的总效应也存在较大差异。具体而言，东部地区和中部地区的政府规制效率明显优于西部地区，其中东部地区以法规约束和抽检强度为主；中部地区以抽检执法为主；而西部地区在经济地理权重矩阵下处罚力度总效应的显著结果表明，西部地区以违规处罚为主，由于监管资源和投入在三个地区间最为稀缺，对于食品质量安全抽检等资源投入较大的规制行为依赖性低于其他两个地区，更加倾向于通过严格的处罚来加大违规处罚，形成威慑。

4.2 政府强制性规制对生鲜果蔬质量安全的影响

随着人们生活水平的提高和膳食结构的升级，消费者对优质食物的需求日益增加。作为营养丰富的高质量健康食品，生鲜果蔬可提供人体必需的多种维生素和矿物质等营养物质，深受消费者的喜爱，在保障市场供应、促进农业结构的调整等方面发挥了重要作用。目前，中国城乡居民果蔬消费持续增加，在消费增加的刺激带动下，全国果蔬产量也不断增加，蔬菜产量从2012年的61624万吨增长至2021年的77549万吨，年均增长2.6%；水果产量年均增长3.4%。“菜篮子”“果盘子”更加充实，极大丰富了居民的膳食选择。然而，在产量和消费量逐年增加的同时，农药残留已成为制约生鲜果蔬质量安全水平同步提升的最关键因素（Qin et al.，2016；王永强和解强，2017）。生鲜果蔬作为农药残留风险水平最高的产品之一（Zhou et al.，2015），其质量安全受农药残留尤其是高毒农药使用残留的影响尤为严重，极大危害居民的身体健康（董舟和田千喜，2010；Zhang et al.，2017）。近年来，“毒韭菜”“毒豇豆”“毒草莓”等生鲜果蔬农药残留质量安全事件频发，不仅引起了公众的不适和恐慌，而且还带来了出口限制和贸易壁垒等一系列不利影响（Zhou et al.，2019b；邵宜添，2021b；郭林宇等，2022）。针对禁用政策、低毒农药补贴等政策工具对农药残留风险的规制效果研究已成为保障我国生鲜果蔬质量安全的关键。因此，本部分研究在前文研究基础上，围绕生鲜果蔬产品，对政策工具进一步细化，深入探究政府强制性规制对生鲜果蔬农药残留风险水平的影响效应。

4.2.1 政策背景

为维护生产者和消费者利益、稳定市场，我国采取了一系列控制农药残留风险水平的政府规制手段。2009年以来，我国先后颁布并实施《农药管理条例》《农产品质量安全法》《食品安全法》作为农药残留风险控制的法律依据，并出台了《食品中农药最大残留限量》工作文件作为农药残留限量标准。2010年3月，农业部成立国家农药残留标准审评委员会，负责审评农药残留国家标准、审议农药残留国家标准体系建设规划，加快制定残留限量、检测方法和技术规程，清理《食品安全法》实施前的农药残留限量标准，同时建成涵盖各级农药管理部门、科研院所和高等院校等不同领域，涉及农业、环境、卫生、营养等不同学科，从事农药管理、残留试验、风险评估、标准制定、残留监测等工作的技术力量队伍。2013年3月，国务院机构进一步对食品安全监管体制做出重大改革，将负责食品安全的七个主要部门整合为国家食药总局、农业部和国家卫计委三个部门。2018年，进一步整合国家食品药品监督管理总局、国家质量监督检验检疫总局、国家工商行政管理总局、国务院反垄断委员会办公室、商务部以及国家发展和改革委员会等机构相关职责，成立国家市场监督管理总局，执行食品质量安全监督管理职能。目前，我国基本形成了以《食品安全法》和《农产品质量安全法》为基本法律，以《农药管理条例》《农药管理条例实施办法》等为基本法规，结合各监管部门相应部门规章进行农药残留管理的监管体系。其中，蔬菜和水果作为深受消费者喜爱的重要农产品，农药残留限量、禁用标准尤其严格。

我国蔬菜、水果农药残留限量标准最早可以追溯到1977年颁布的《GBn53-77》号文件，1981年卫生部依据《食品卫生法》制定《粮食、蔬菜等食品中六六六、滴滴涕残留限量标准》，明确规定蔬菜、水果中"六六六"残留量不得超过0.2毫克/公斤，"滴滴涕"残留量不得超过0.1毫克/公斤。2005年，我国颁布《食品中农药最大残留限量》(GB2763—2005)，对136种农药的主要用途、残留物、每日允许摄入量(ADI)、最大残留限量等指标做出明确规定，以替代1977—2005年间有关农药残留限量的各类文件。在《食品安全法》颁布前，我国农业部和卫生部先后制定了873项农药残留限量规定(叶纪明和宋稳成，2013)。然而，不同标准和规定之间存在重复、交叉等问题，如农药甲基对硫磷在苹果中的限量，国家标准GB2763—2005规定为0.01mg/kg，而农业行业标准NY1500.32.1—2008则规定为0.02mg/kg。《农产品质量安全法》和《食品安全法》的颁布和实施有力推动了农药残留标准的清理和修订。《食品安全国家标准 食品中农药最大残留限量》(GB2763—2012)重点处理了旧标准之间交叉、重复、过时和不协调问题，并依据膳食暴露风险评估结果对部分限量做了相应修改，成为我国食品安全监管过程中农药残留唯一强制性国家标准，为加强农产品质量安全监管提供了有力支撑。2021年，农业农村部同国家卫生健康委、市场监管总局共同发布的最新版《食品安全国家标准 食品中农药最大残留限量》(GB2763—2021)规定了564种农药10092项最大残留限量，完成了国务院批准的《加快完善我国农药残留标准体系的工作方案》中农药残留标准达到10000项的目标(见表4.11)。

表 4.11 我国食品中农药最大残留限量标准文件

名称	农药品种/种	限量数量/个
《GBn53—77》	—	—
《粮食、蔬菜等食品中六六六、滴滴涕残留限量标准》(GB2763—1981)	2	—
《食品中农药最大残留限量》(GB2763—2005)	136	—
《食品安全国家标准 食品中农药最大残留限量》(GB2763—2012)	322	2293
《食品安全国家标准 食品中农药最大残留限量》(GB2763—2014)	387	3650
《食品安全国家标准 食品中农药最大残留限量》(GB2763—2016)	433	4140
《食品安全国家标准 食品中农药最大残留限量》(GB2763—2019)	483	7107
《食品安全国家标准 食品中农药最大残留限量》(GB2763—2021)	564	10092

最新版农药残留限量标准主要有四个特点：第一，农药品种和最大残留限量数量大幅增加。2021 年新版标准与 2019 年版相比，涵盖的农药品种增加了 81 个，增幅为 16.7%；农药残留限量增加 2985 个，增幅为 42%。第二，加强对禁用农药限量值的标准制定。2021 版标准对 29 种禁用农药设定了 792 项限量值，对 20 种限用农药设定了 345 项限量值。第三，完善生鲜农产品残留限量标准。针对社会关注度较高的蔬菜、水果等生鲜农产品，残留限量标准共 5766 项，占目前限量总数的 57.1%。第四，标准制定与国际接轨。《食品安全国家标准 食品中农药最大残留限量》(GB2763—2021)涵盖的农药品种和限量数量已达到国际食品法典委员会相关标准的两倍左右，并且为了加强进口农产品监管，新标准制定了 87 种未在我国登记使用农药的残留限量。

目前，我国在清理完成《食品安全法》颁布实施前的农药残留限量国家标准和农业行业标准基础之上，颁布了《食品安全国家标准 食品中农药最大残留限量》作为我国食品安全监管过程中农药残留唯一强制性国家标准，制定了《用于农药最大残留限量标准制定的作物分类》《农药每日允许摄入量制定指南》等技术规范，提出了《食品中农药最大残留限量豁免名单》草案，实施了多批《农药合理使用准则》国家标准，基本形成以国家标准为主，行业标准、地方标准等为辅，由安全标准和配套支撑标准共同组成的农药残留标准体系，为保障居民“舌尖上的安全”发挥了重要作用。

4.2.2 变量选择及来源

本部分变量涉及生鲜果蔬质量安全、政府强制性规制工具及控制变量三大类，相关变量定义及数据来源见表 4.12。

表 4.12 变量定义及描述性统计

变量类型	变量名称	变量定义	平均值	标准差
因变量	生鲜果蔬高毒违禁农药检出率	检出高毒违禁农药数量占抽检总数量的比例(%)①	0.809	1.579
	生鲜果蔬低毒农药残留超标率	检出低毒农药残留超标数量占抽检总数量的比例(%)②	1.432	3.267
自变量	高毒农药禁用政策	城市上一年是否有高毒农药禁用地方性法规或政府规章(1=是;0=否)	0.212	0.409
	农药使用培训政策	城市上一年是否有农药使用培训地方性法规或政府规章(1=是;0=否)	0.179	0.384
	低毒农药补贴政策	城市上一年是否有低毒农药补贴地方性法规或政府规章(1=是;0=否)	0.140	0.347
	政府处罚力度	城市上一年农药残留风险事件行政处罚案件数的对数值	0.243	0.601
	政府抽检强度	城市当年生鲜果蔬抽检批次数的对数值	4.950	1.653
控制变量	生产主体追溯水平	城市上一年生产主体追溯水平总得分③与总抽检数的比值	0.991	1.256
	消费者监督水平	城市上一年“农药残留”关键词的百度搜索指数的对数值	1.312	3.069
	地区生产总值	城市生产总值(亿元)的对数值	7.354	1.075
	总人口	城市年末总人口(万人)的对数值	5.874	0.744
	受教育水平	城市所在省份未过上学(0 年)、小学(6 年)、初中(9 年)、高中(12 年)、大专及以上(16 年)人口比重乘以各阶段受教育年限的加权计算	9.206	0.628

① 高毒违禁农药判断方法,即依据农业农村部(原农业部)2000 年以来颁发的禁限用农药名录及有关法规条例,高毒违禁农药检出率计算范围包括以下 23 种:滴滴涕、六六六、甲胺磷、甲基对硫磷、甲基异柳磷、甲拌磷、克百威、久效磷、对硫磷、狄氏剂、涕灭威、灭线磷、氯唑磷、氟虫腈、毒死蜱、三唑磷、硫丹、乙酰甲胺磷、乐果、水胺硫磷、灭多威、氧乐果、杀扑磷。

② 低毒农药超标风险因素判断方法,即依据农业农村部(原农业部)2000 年以来颁发的禁限用农药名录及有关法规条例,低毒残留超标率计算范围包括以下 43 种:啶虫脒、联苯菊酯、多菌灵、氯氟氰菊酯和高效氯氟氰菊酯、灭蝇胺、敌敌畏、溴氰菊酯、苯醚甲环唑、敌百虫、氰戊菊酯、草甘膦、马拉硫磷、腐霉利、丙溴磷、吡虫啉、噻虫胺、噻虫嗪、腈苯唑、二甲戊灵、哒螨灵、嘧霉胺、氟硅唑、吡唑醚菌酯、嘧菌酯、唑虫酰胺、烯酰吗啉、甲氰菊酯、百菌清、阿维菌素、乙螨唑、戊唑醇、涕灭威、氯氰菊酯和高效氯氰菊酯、2,4-滴和 2,4-滴钠盐、噻嗪酮、腈菌唑、戊菌唑、抑霉唑、异丙威、联苯肼酯、三唑酮、辛硫磷、倍硫磷。

③ 生产主体追溯水平总得分依据生产者可追溯水平计算,第一责任主体未知=0;省级=1;市级=2;区县级=3;详细地址=4;具体名称=5。

(1)生鲜果蔬质量安全衡量

抽检不合格率作为生产者在多方共同规制下的行为选择结果，能够在一定程度上反映地区生鲜果蔬农药残留风险水平，而“禁用药物不能用、常规药物不乱用”是解决农药残留问题的关键(农业农村部，2021)。因此本部分研究在样本中筛选出生鲜蔬菜和生鲜水果子样本，选取生鲜果蔬高毒违禁农药检出率和低毒农药残留超标率作为被解释变量，衡量生鲜果蔬农药残留风险水平。

(2)政府强制性规制工具衡量

第一，农药残留相关政府地方性法规文件发布。《中共中央、国务院关于深化改革加强食品安全工作的意见》指出，必须深化改革创新，用最严谨的标准、最严格的监管、最严厉的处罚、最严肃的问责，进一步加强食品安全工作，确保人民群众“舌尖上的安全”。在“四个最严”要求下的政府强制性规制手段中，政策文件是防范食品质量安全风险、提高食品质量安全水平的重要手段。目前，针对农药残留规制政策的研究仍然以理论分析和定性研究为主(如宋稳成等，2014；张连辉，2020；邵宜添，2021a)，而针对农药残留规制政策的定量研究较少。近年来，部分学者从农户安全施药行为采纳的角度对农药残留规制政策定量研究进行了有益尝试。例如，王建华等(2015)使用政府明令禁止施用高毒农药政策、农药施用知识与技术培训政策等变量研究了政府监管对农户农药施用行为选择的影响；黄祖辉等(2016)更为全面地考虑了激励相容机制作用，对命令控制政策、宣传培训政策以及激励政策对农户过量施用农药等不科学施药行为的影响进行了实证研究。然而，上述实证研究农药残留规制政策变量是从受访农户认知层面来度量的，缺乏对农药残留规制政策的客观文本梳理，对于农药残留政策的分类量化研究更是缺乏。本部分研究聚焦高毒农药禁用政策、农药使用培训政策以及低毒农药补贴政策三类政策，对政府地方性法规文件发布情况进行衡量。

一是高毒农药禁用政策。高毒农药禁用政策是保障农产品质量安全、人畜安全和环境安全的强制性规范措施。高毒农药禁用政策以政策文本形式对生产者的农药安全施用行为做出重要规范，并为地方政府加强农药残留监管提供依据(姜长云，2021)。此外，高毒农药禁用政策也是消费者了解生鲜果蔬农药残留风险重要来源，从而为进一步判断农药残留风险水平提供依据。

二是农药使用培训政策。农药使用培训政策是指导地区开展科学使用农药培训的重要手段,对加强农药培训并且规范农药培训方式具有指导作用。通过开展农药技术培训,向农户普及过量施用农药危害,能够增强农户对高毒禁用农药以及限用农药的认识,从而推动生产者提升科学安全用药意识(Khan et al., 2015;李昊等,2017)。

三是低毒农药补贴政策。低毒农药补贴政策是通过资金补贴等方式提高农户经济收益预期,提高低毒低残留农药使用率,从而有效控制农药残留风险的重要手段(沈昱雯等,2020;石志恒和符越,2022)。考虑到中国的农药残留规制政策较少以法律形式出现,而多以行政法规和部门规章的形式存在,从行政法规和部门规章的角度度量农药残留规制政策是构造农药残留规制政策变量的一个可行方法。

由于中央法规对全国各省市和地区具有普适性规制效力,因此,本部分研究依据各省份和省辖地级市地方性法规和地方政府规章的累计数对高毒农药禁用政策、农药施用指导培训政策、低毒农药补贴政策三类农药残留规制政策变量进行衡量。考虑到规制政策的效果往往具有一定的滞后性,因而,本部分研究将三类农药残留规制政策变量做滞后一期处理,这在一定程度上减轻了互为因果导致的内生性问题。

第二,政府处罚力度。科学合理的行政处罚措施是政府规制农药残留问题的有效手段,对农药使用行为具有重要影响(李中东和张在升,2015;黄祖辉等,2016)。加大对不合理使用农药的惩罚力度是加强农药残留风险监管的关键措施(武文涵和孙学安,2010),而农药残留行政处罚案件数在一定程度上反映了政府对于农药残留风险的治理力度。鉴于行政处罚的案件数一定程度上也与本地食品质量安全抽检情况相关,且行政处罚属于"事后"规制,本部分研究选取上一年农药残留风险事件行政处罚案件数作为政府处罚力度的代理变量。

第三,政府抽检强度。食品安全监督抽检是政府进行农产品质量安全监管的关键手段。从政府角度来看,政府食品安全监督抽检能够帮助监管部门及时发现农药残留质量安全问题、防控农药残留风险;从消费者角度来看,执法监管过程和抽检信息公示环节有助于降低市场信息不对称水平。增加抽检数量是加强农药残留风险监管的有效措施(邓波等,2013)。我国食品质量安全抽检工作主体分为国家市场监督管理总局和地方政府市场监督管理局。抽检流程为国家市场监督管理总局根据《中华人民共和国食品安全法》发布全国食品质量安全抽检监测计划,明确当年食用农产品监督抽检的食品品种、抽检环节以及抽检批次，并对中央和省局抽检任务做出明确规定。各省（区、市）市场监督管理局根据当地常住人口数量、日常监管情况等确定各市、县局的食用农产品抽检批次。因而，当年抽检批次数量较高地区的生产主体可能会因为规避抽检不合格被处罚而减少农药残留违规行为。为测算政府抽检强度，本部分研究选取当年抽检数量作为地区生鲜果蔬农药残留治理的政府抽检强度的代理变量。

（3）控制变量

控制变量主要包括消费者监督水平、地区生产总值、总人口以及受教育水平。具体而言：①消费者监督水平。消费者作为生鲜果蔬销售终端和食用者，是参与农药残留社会共治的重要力量。一方面，消费者能够依据现实经验和具体问题提高政府部门监管和执法的针对性和有效性，缓解政府部门监管压力；另一方面，消费者通过调整购买决策发挥监督作用。农药残留是影响消费者食品购买决策的重要因素之一（黄季焜等，2006；仇焕广等，2007），消费者更偏好未喷洒农药或低农药残留的生鲜果蔬产品，并愿意为之支付更高的价格（Cai et al.，2019；杨志龙等，2021）。通过检索百度指数数据库，本部分研究获取了2016年1月1日至2020年12月31日关于"农药残留"的百度搜索指数，由于舆论影响对安全农药生产行为影响存在滞后作用，因此将上一年百度指数值作为消费者参与农药残留监督行为的代理变量。②地区生产总值。经济发展水平较高的地区往往拥有更大的财政投入优势以加强农药残留监管，完善配套监管机制。与此同时，经济发达地区农业集约化程度相对较高，提高土地产出水平的目标可能驱使农药的过量使用。此外，经济发达地区的都市公共卫生农药用量更大，导致环境介质中农药残留检出率较高，提高了农药残留潜在风险。③总人口。人口众多的地区生鲜果蔬品类需求更为丰富，为满足本地居民生鲜果蔬消费需求，本地果蔬集散中心的果蔬流通规模也相对更大，加大了农药残留风险存在的可能性。④受教育水平。一方面，因为受教育水平较高地区的生物农药技术更容易推广，农药残留风险相对容易控制，从而对农药残留风险水平具有正向影响效应；另一方面，受教育水平的整体提高意味着农户更了解农药杀虫效果的快速有效性，基于对经济利益的追求，施用生物农药的意愿反而更低，对农药残留风险水平产生负向影响效应（朱淀等，2014）。

4.2.3 模型构建

为了探究政府强制性规制对生鲜果蔬农药残留风险水平的影响，本研究基于2016—2020年SAMR生鲜果蔬质量安全抽检数据，利用双向固定效应模型进行计量回归，评估政府强制性规制对生鲜果蔬农药不合格率的影响，见式(4.8)。

$$Y_{it}=\theta+\beta X_{it}+\gamma C_{it}+\alpha_i+\lambda_t+\varepsilon_{it} \tag{4.8}$$

在式(4.8)中，被解释变量Y_{it}表示i市t年生鲜果蔬农药残留风险水平，包括高毒违禁农药检出率以及低毒农药残留超标率两个衡量指标。解释变量$X_{it}=(\text{ban}_{it-1},\text{training}_{it-1},\text{Subsidy}_{it-1},\text{Penalty}_{it-1},\text{Inspection}_{it})$表示一系列政府强制性规制向量，分别为上一年高毒农药禁用政策、上一年农药技术培训政策、上一年低毒农药补贴政策、上一年政府处罚力度以及本年度政府抽检强度。控制变量$C_{it}=(\text{consumer}_{it-1},\text{gdp}_{it},\text{population}_{it},\text{education}_{it})$表示上一年消费者监督水平、地区生产总值、总人口以及受教育水平。α_i是市(区)虚拟变量，控制地区固定效应；λ_t是年份虚拟变量，控制时间固定效应，ε_{it}为残差项。

4.2.4 描述性分析

(1)政府规制政策的分布情况

高毒农药禁用政策的时空分布见表4.13。在研究范围期间，全国高毒农药禁用政策平均水平呈现逐年上升趋势。分地区来看，西南地区和西北地区高毒农药禁用政策的覆盖率上升幅度较大，华南地区和东北地区高毒农药禁用政策覆盖情况较为平稳。

表4.13 上一年高毒农药禁用政策的时空分布

地区	2017年	2018年	2019年	2020年
华北地区	0.29	0.27	0.31	0.35
东北地区	0.14	0.18	0.18	0.18
华东地区	0.16	0.16	0.18	0.22

续表

地区	2017年	2018年	2019年	2020年
华中地区	0.17	0.19	0.24	0.24
华南地区	0.18	0.20	0.20	0.21
西南地区	0.12	0.21	0.32	0.41
西北地区	0.14	0.21	0.29	0.30
全国	0.17	0.19	0.23	0.26

农药使用培训政策的时空分布见表4.14。全国上一年农药使用培训政策平均水平呈逐年上升趋势。其中，华东地区农药使用培训政策覆盖率最高，其次是华南地区，华东和华南地区农药使用培训政策覆盖水平始终高于全国平均水平。东北、西南和西北地区农药使用技术培训政策平均水平较低。

表4.14 上一年农药使用培训政策的时空分布

地区	2017年	2018年	2019年	2020年
华北地区	0.13	0.15	0.19	0.35
东北地区	0.06	0.13	0.16	0.15
华东地区	0.14	0.21	0.27	0.36
华中地区	0.05	0.07	0.14	0.31
华南地区	0.13	0.17	0.23	0.32
西南地区	0	0.09	0.18	0.28
西北地区	0.07	0.07	0.13	0.17
全国	0.09	0.14	0.20	0.29

低毒农药补贴政策的时空分布见表4.15。全国上一年低毒农药补贴政策平均水平整体趋于平稳，变化幅度小于农药禁用政策和农药培训政策。其中，华东地区农药补贴政策平均水平明显高于全国平均水平，可能是因为华东地区财政资金相对充裕，在低毒农药补贴领域的财政投入上更具优势。西南地区低毒农药补贴等地方性法规或政府规章整体水平较低。

表 4.15 上一年低毒农药补贴政策的时空分布

地区	2017 年	2018 年	2019 年	2020 年
华北地区	0.04	0.04	0.04	0.04
东北地区	0.00	0.00	0.18	0.21
华东地区	0.36	0.36	0.36	0.35
华中地区	0.00	0.00	0.02	0.02
华南地区	0.08	0.09	0.09	0.08
西南地区	0.00	0.00	0.00	0.00
西北地区	0.00	0.00	0.29	0.30
全国	0.11	0.11	0.17	0.17

(2)政府处罚力度的分布情况

表 4.16 报告了上一年农药残留风险事件行政处罚案件数对数值的时空分布情况。整体来看,全国滞后一期行政处罚公示数呈上升趋势,2016 年全国平均水平为 0.06,2020 年全国平均水平为 0.49,增长了 7 倍多,反映了近年来关于农药残留风险事件行政处罚案件的处罚力度逐年加大,农药残留风险事件行政处罚案件数不断增加。在空间分布上,华东地区行政处罚案件数均高于全国水平,华南地区和华北地区行政处罚案件数近年增长速度较快,其他地区行政处罚案件数始终低于全国平均行政处罚案件数。

表 4.16 上一年行政处罚案件数对数值的时空分布

地区	2017 年	2018 年	2019 年	2020 年
华北地区	0.08	0.13	0.34	0.76
东北地区	0.02	0.05	0.20	0.26
华东地区	0.17	0.24	0.63	0.66
华中地区	0.00	0.04	0.10	0.17
华南地区	0.02	0.16	0.38	1.02
西南地区	0.00	0.02	0.02	0.13
西北地区	0.00	0.00	0.13	0.28
全国	0.06	0.11	0.30	0.49

(3)政府抽检强度的分布情况

抽检数量的时空分布,见表 4.17。在时间分布上,从相同区域比较的情况来看,全国各区域生鲜果蔬抽检数量整体呈逐年上升趋势。在空间分布上,华东地区、华南地区、华中地区抽检数量平均水平整体较高,均高于全国水平。东北地区、西南地区和西北地区抽检数量平均水平始终低于全国平均水平。生鲜果蔬政府抽检数量的地区分布存在较大差异。

表 4.17　抽检数量对数值的时空分布

地区	2017 年	2018 年	2019 年	2020 年
华北地区	4.10	5.22	5.34	5.56
东北地区	4.32	4.76	5.06	5.50
华东地区	5.13	5.39	5.46	5.98
华中地区	5.05	5.16	5.51	5.95
华南地区	5.33	5.55	5.43	6.11
西南地区	4.54	4.50	5.19	5.60
西北地区	4.11	4.24	3.89	4.09
全国	4.77	5.03	5.22	5.66

抽检数量的样本来源分布,见表 4.18。通过分析生鲜蔬菜和生鲜水果样本占比发现,生鲜蔬菜抽检数均高于生鲜水果抽检数,生鲜蔬菜抽检量占比约为生鲜水果抽检量占比的 2 倍以上。

表 4.18　抽检数量的样本来源分布

类型	2016 年	2017 年	2018 年	2019 年	2020 年
生鲜蔬菜	66.94%	73.40%	70.40%	69.00%	69.59%
生鲜水果	33.06%	26.60%	29.60%	31.00%	30.41%

(4)生鲜果蔬农药残留风险的分布情况

第一,从总体变化趋势看,中国生鲜果蔬农药残留不合格情况整体呈现稳中向好态势,但年际间波动情况较大。如图 4.5 所示,随着抽检总数的增加,中国生鲜果蔬农药残留抽检记录不合格率自 2016 年起逐年上升,在 2018 之后呈现波动下降趋势。其中,高毒违禁农药检出率从 2018 年的 1.74%下降到2020年的0.88%；低毒农药残留超标率从2018年的2.33%下降到2020年的0.75%。生鲜果蔬两类抽检不合格率的历年变动结果表明，随着生鲜果蔬农产品质量安全政策监管力度的不断加大，抽检总数不断增加，农药残留抽检记录不合格率总体呈下降趋势，生鲜果蔬"治违禁、控药残"治理成效较为明显。

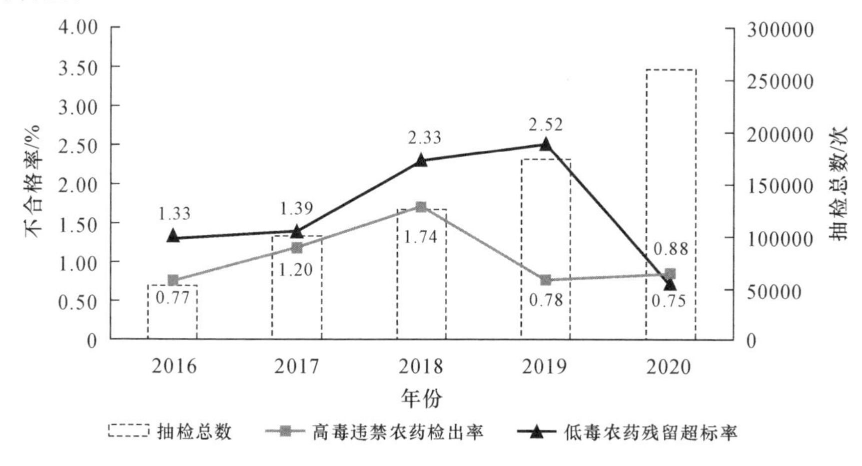

图4.5 生鲜果蔬抽检不合格率变化趋势

第二，从空间分布看，生鲜果蔬抽检强度较高的省份主要分布于东南沿海经济发达地区以及果蔬生产大省(见表4.19)。广东、山东、广西、江苏和重庆抽检强度位居前五位，抽检记录总数分别为95659批次、83590批次、70836批次、59085批次以及59947批次。中西部地区以及非果蔬主产区的省份抽检记录总数相对较少，抽检总量最少的五个省份和地区是西藏、天津、内蒙古、宁夏以及新疆，生鲜果蔬抽检记录数分别为1915批次、5817批次、6004批次、6289批次以及6753批次。

表4.19 全国各省份果蔬产量

地区	水果产量/万吨	蔬菜产量/万吨	果蔬产量/万吨
山东	2938.91	8434.7	11373.61
河南	2563.43	7612.4	10175.83
江苏	974.17	5728.1	6702.27
河北	1424.36	5198.2	6622.56
广西	2785.74	3830.8	6616.54

续表

地区	水果产量/万吨	蔬菜产量/万吨	果蔬产量/万吨
四川	1221.3	4813.4	6034.7
广东	1882.57	3706.8	5589.37
湖南	1150.75	4110.1	5260.85
湖北	1066.83	4119.4	5186.23
陕西	2070.55	1957.7	4028.25
贵州	548.11	2990.9	3539.01
云南	961.58	2507.9	3469.48
新疆	1660.39	1714.9	3375.29
安徽	741.52	2330.9	3072.42
辽宁	851.29	1960	2811.29
浙江	755.27	1945.5	2700.77
重庆	514.82	2092.6	2607.42
福建	764.58	1630.2	2394.78
江西	712.82	1642.7	2355.52
甘肃	778.96	1478.5	2257.46
山西	909.77	861.2	1770.97
内蒙古	238.7	1075.1	1313.8
海南	495.63	572.8	1068.43
黑龙江	170.09	674.3	844.39
宁夏	204.45	566.4	770.85
吉林	146.55	464.9	611.45
天津	56.39	266.5	322.89
上海	43.94	252.9	296.84
北京	53.81	137.9	191.71
青海	2.91	151.4	154.31
西藏	2.16	84.3	86.46

细分高毒违禁农药检出率和低毒农药残留超标率，其中，生鲜果蔬高毒违禁农药检出率平均水平最高的五个省份是辽宁、甘肃、海南、湖南以及新疆，平均检出率分别为 2.81%、2.17%、1.74%、1.70%、1.43%（见图 4.6）。以上省份主要分布在中西部地区，表明中西部地区仍然存在较高的高毒农药残留风险。生鲜果蔬高毒违禁农药检出率平均水平最低的五个省份是西藏、重庆、湖北、福建、山西，平均检出率分别为 0%、0.24%、0.31%、0.49%、0.55%，其中西藏生鲜果蔬质量安全抽检未检出高毒违禁农药可能是因为抽检总量较低。

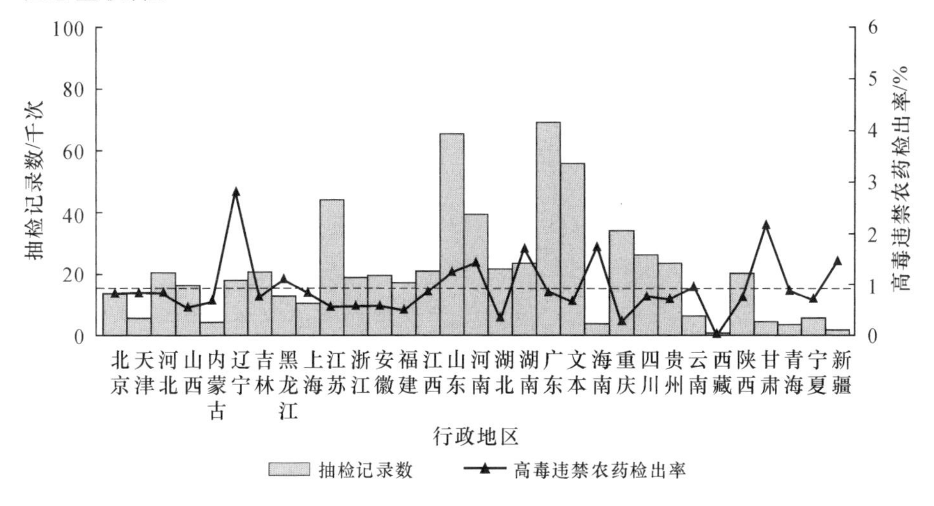

图 4.6 生鲜果蔬高毒违禁农药残留风险水平空间分布

低毒农药残留主要集中在果蔬产量大省。低毒农药残留超标率平均水平最高的五个省份是青海、河南、山东、河北和江苏，平均检出水平分别为 3.58%、2.89%、2.60%、1.82%和 1.81%（见图 4.7）。根据 2020 年国家统计局数据，山东是果蔬产量第一大省，河南、江苏和河北果蔬总产量分别位居全国果蔬总产量第二至第四。果蔬主产区低毒农药残留风险较高一方面原因是果蔬主产区生产的果蔬种类繁多，病虫害情况较为复杂，因而需要投入更多的农药，农户由于缺乏科学施药知识，可能施用非理性均衡下的农药数量（朱淀等，2014）；另一方面可能是因为果蔬主产区生产者总量较大，生产主体更为分散，生产主体在机会主义驱动下，倾向于施用农药来提升果蔬产量，分散的小农生产为政府质量安全监管带来较大的阻力。

第三，从风险环节看，我国生鲜果蔬流通环节多，“从农田到餐桌”经过生产、流通、销售和消费等环节，主要涉及生产企业、批发市场、农贸市场、零售

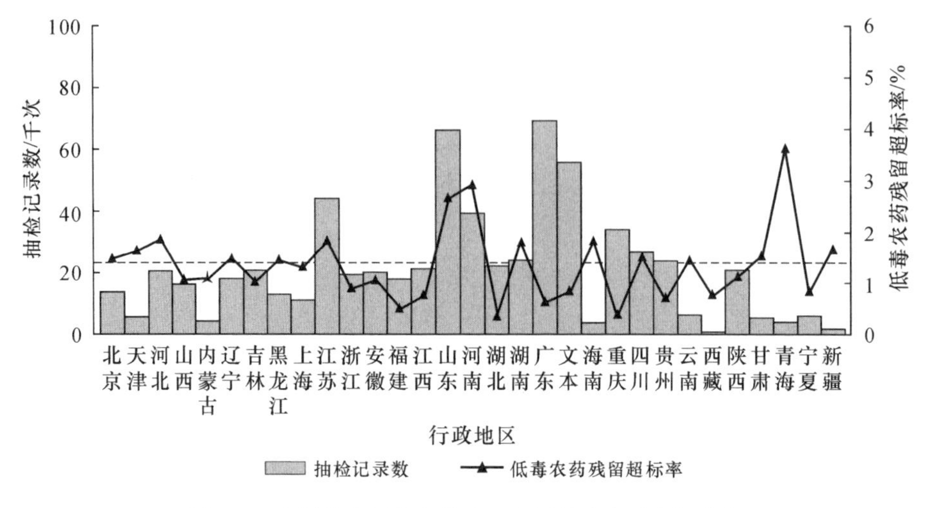

图 4.7 生鲜果蔬低毒农药残留超标风险水平空间分布

店、超市、餐饮场所、电商平台七个风险环节，各风险环节及对应主体的风险发现频次如表 4.20 所示。可以发现，销售环节是风险发现的高危环节。2016 年 1 月至 2020 年 12 月全国生鲜果蔬农药残留风险主要发现在销售环节，其中超市检测不合格数占比最多。

表 4.20 生鲜果蔬农药残留风险环节分布

环节	被抽检单位类型	抽检数占比/%	不合格数占比/%	高毒违禁农药检出数占比/%	低毒农残超标检出数占比/%
生产环节	生产企业	1.457	0.084	0.024	0.010
流通环节	批发市场	6.275	0.262	0.181	0.086
流通/销售环节	批发市场/农贸市场	27.762	0.991	0.540	0.221
	批发市场/零售店	5.507	0.213	0.125	0.052
销售环节	农贸市场	7.613	0.600	0.353	0.144
	超市	43.479	1.722	1.087	0.440
	电商平台	0.334	0.010	0.004	0.002
消费环节	餐饮场所	7.572	0.236	0.140	0.058
总计		100	4.119	2.455	1.013

4.2.5 基准结果分析

(1)政府强制性规制对生鲜果蔬高毒违禁农药检出率的影响

表4.21展示了政府强制性规制对生鲜果蔬高毒违禁农药检出率的影响，其中列(1)—(5)分别检验了高毒农药禁用政策、农药使用培训政策、低毒农药补贴政策、政府处罚力度以及政府抽检强度对高毒违禁农药检出率的估计结果，结果如下。

就政府规制政策而言，不同规制政策对高毒违禁农药检出率的治理效果存在差异。具体来看，第一，高毒农药禁用政策对高毒违禁农药检出率不存在显著负向作用。这一结果表明禁用政策对高毒农药"屡禁不止"的现象没有取得预期治理效果。可能的原因是，一种高毒农药的禁用往往成为另一种高毒农药使用的激励措施(Möhring et al.,2020)，农药禁用政策的增加成为农药残留监管低效的无奈之举(Boyd,2018)。第二，农药使用培训政策对高毒违禁农药检出率存在显著负向影响。上一年度发布农药使用培训地方性法规或政府规章的地区，当年高毒违禁农药检出率将下降0.67%。这一结果验证了农药使用培训政策的颁布是从生产源头控制农药残留风险的有效举措，可通过提升种植农户质量安全意识和生产规范水平来降低高毒违禁农药的使用，有助于降低高毒农药残留检出率，提升生鲜果蔬质量安全水平。第三，低毒农药补贴政策对高毒违禁农药检出率不存在显著的负向效应。可能的原因包括两方面，一是相关部门制定的农药补贴政策难以满足农户的真实需求，存在一定程度上的滞后性；二是由于缺乏相应的事中监督和事后验收机制，补贴政策未能得到有效执行和实施，从而导致农药残留治理领域惠农政策治理效果不理想。

就政府处罚力度而言，农药残留风险事件行政处罚案件数在1%的显著性水平下对高毒违禁农药检出率产生负向影响。根据列(4)，上一年行政处罚案件数每上升1%，高毒违禁农药检出率将下降0.28个百分点。这一结果表明，政府加大处罚力度提高了农药残留超标的违规成本，这有助于对生产主体使用禁用农药和过量施用农药的违规行为形成有力威慑。

就抽检数量而言，抽检数量每增加1%，将在5%的显著性水平下对高毒农药残留检出率产生0.15个百分点的负向影响。这一结果表明增加抽检数量作为"事后"规制手段能够降低高毒违禁农药残留风险水平。

表 4.21 政府强制性规制对生鲜果蔬高毒违禁农药检出率的影响

变量	(1)	(2)	(3)	(4)	(5)	(6)
高毒农药禁用政策	−0.233 (0.429)					−0.087 (0.463)
农药使用培训政策		−0.668** (0.300)				−0.656** (0.315)
低毒农药补贴政策			−0.644 (0.502)			−0.567 (0.475)
政府处罚力度				−0.282*** (0.103)		−0.273*** (0.098)
政府抽检强度					−0.149** (0.063)	−0.146** (0.062)
消费者监督水平	−0.133** (0.054)	−0.147*** (0.050)	−0.134** (0.054)	−0.104* (0.054)	−0.131** (0.053)	−0.126** (0.049)
生产总值	−0.097 (0.172)	−0.087 (0.171)	−0.136 (0.168)	−0.134 (0.170)	−0.097 (0.174)	−0.137 (0.171)
总人口	−0.209 (0.382)	−0.263 (0.388)	−0.233 (0.389)	0.000 (0.376)	−0.184 (0.361)	−0.129 (0.375)
受教育水平	1.048** (0.412)	1.022** (0.411)	1.082*** (0.404)	1.077*** (0.414)	1.152*** (0.410)	1.257*** (0.411)
常数	−6.763 (4.888)	−6.244 (4.907)	−6.640 (4.870)	−8.071* (4.874)	−7.201 (4.787)	−8.088* (4.851)
地区固定效应	控制	控制	控制	控制	控制	控制
年份固定效应	控制	控制	控制	控制	控制	控制
N	1100	1100	1100	1100	1100	1100

注：***、**、*分别代表在1%、5%、10%的置信水平下显著，括号内为系数估计的稳健标准差。

在控制变量中,消费者监督水平对高毒农药残留检出率存在显著负向影响,表明消费者监督是延伸政府规制触角的有效途径。值得关注的是,受教育水平的显著提升提高了高毒农药残留检出率,这一结果与普遍认知中受教育水平的提高能够降低高毒禁用农药使用存在偏差。这可能是因为地区受教育水平的提升意味着生产经营主体的知识水平也相应提高,从而导致农药违规使用行为愈发隐蔽,农药残留风险事件的治理难度更大。

就政府强制性规制手段的联合检验而言,上述回归结果依然是稳健的。表 4.21 的列(1)—(5)中,仅使用单一政府规制措施来衡量政府强制性规制水平,并考察其对地区高毒农药残留检出率的影响,而没有同时考虑上述规制手段的作用。表 4.21 列(6)将高毒农药禁用政策、农药使用培训政策、低毒农药补贴政策、政府处罚力度以及政府抽检强度作为政府强制性规制解释变量,同时纳入回归模型中,考察上述回归结果的稳健性。列(6)回归结果显示,农药使用培训政策和政府抽检强度两个变量的回归系数在 5%显著性水平下显著为负,政府处罚力度在 1%显著性水平下显著为负,高毒农药禁用政策和低毒农药补贴政策均不存在显著影响。回归结果与列(1)—(5)一致,再次验证了农药使用培训政策、政府抽检强度和政府处罚力度对降低高毒农药残留风险的有效治理能力。

(2)政府强制性规制对生鲜果蔬低毒农药残留超标率的影响

表 4.22 显示了政府强制性规制对生鲜果蔬低毒农药残留超标率的影响,其中列(1)—(5)分别检验了高毒农药禁用政策、农药使用培训政策、低毒农药补贴政策、政府处罚力度以及政府抽检强度对低毒农药残留超标率的估计结果,结果如下。

就政府规制政策而言,农药使用培训政策在 1%的显著性水平下对低毒农药残留超标率产生负向影响,上一年有农药使用培训政策使得当年低毒农药残留超标率下降 1.55%。这一结果与培训政策对高毒农药残留检出率的影响一致,表明农药使用培训政策是治理农药残留风险的有效手段。因此,政府可通过进一步完善、落实农药使用培训政策的方式加强农药残留风险规制效力。农药补贴政策对低毒农药残留超标率不存在显著影响,可能的原因是农药投入属于隐性生产行为,在农药补贴政策实际落实和补贴力度不足的情况下,农药补贴政策难以发挥其降低农药残留风险的预期规制作用(展进涛等,2020)。

表 4.22 政府强制性规制对生鲜果蔬低毒农药残留超标率的影响

变量	(1)	(2)	(3)	(4)	(5)	(6)
高毒农药禁用政策	−1.037 (0.945)					−0.664 (0.978)
农药使用培训政策		−1.548*** (0.525)				−1.479*** (0.547)
低毒农药补贴政策			−0.697 (1.019)			−0.564 (1.023)
政府处罚力度				0.311 (0.259)		0.327 (0.243)
政府抽检强度					−0.275*** (0.104)	−0.277*** (0.101)
消费者监督水平	−0.265** (0.109)	−0.291*** (0.108)	−0.257** (0.111)	−0.281** (0.112)	−0.253** (0.107)	−0.331*** (0.111)
生产总值	−0.096 (0.335)	−0.083 (0.329)	−0.158 (0.327)	−0.088 (0.330)	−0.110 (0.327)	−0.048 (0.326)
总人口	−0.031 (0.698)	−0.110 (0.708)	0.018 (0.714)	−0.136 (0.696)	0.074 (0.672)	−0.419 (0.700)
受教育水平	0.634 (0.949)	0.524 (0.932)	0.592 (0.944)	0.472 (0.951)	0.766 (0.919)	0.818 (0.890)
常数	−3.326 (10.416)	−1.955 (10.396)	−2.928 (10.521)	−1.451 (10.564)	−3.929 (10.287)	−1.540 (10.237)
地区固定效应	控制	控制	控制	控制	控制	控制
年份固定效应	控制	控制	控制	控制	控制	控制
N	1100	1100	1100	1100	1100	1100

注：***、**、*分别代表在1%、5%、10%的置信水平下显著，括号内为系数估计的稳健标准差。

就行政处罚力度而言，农药残留风险事件的行政处罚案件数与低毒农药残留超标率不存在显著影响，这一结果与高毒农药残留检出率存在差异。可能的原因是低毒农药残留问题相较于高毒农药残留更为普遍，处罚力度相对较轻，因而对生产者农药残留机会主义行为的威慑作用较低。

就抽检数量而言，政府抽检数量每增加1%，将对低毒农药残留超标率产生0.28个百分点的负向影响，且影响在1%的显著性水平下显著。政府抽检力度的加大有效抑制了生鲜果蔬低毒农药残留超标水平的增长。

在控制变量中，与高毒违禁农药检出率影响效应不一致的是，受教育水平的提升对低毒农药残留超标率的提高不存在显著作用。可能的原因是，受教育水平整体较高地区的高毒农药违规经营和使用行为更加隐蔽，从而提高了高毒农药残留的潜在风险。

就政府强制性规制手段的联合检验而言，上述回归结果依然是稳健的。表4.22列(6)将高毒农药禁用政策、农药使用培训政策、低毒农药补贴政策、政府处罚力度以及政府抽检强度作为政府强制性规制解释变量，同时纳入回归模型中，考察上述回归结果的稳健性。列(6)估计结果显示，农药使用培训政策和政府抽检强度两个变量的回归系数依然在1%显著性水平下显著为负，高毒农药禁用政策、低毒农药补贴政策和政府处罚力度不存在显著影响。回归结果与列(1)—(5)一致。

总体而言，农药使用培训政策、政府抽检强度显著负向影响农药残留不合格率，有效缓解了农药残留风险问题。政府行政处罚力度对高毒违禁农药检出率具有显著负向作用，高毒农药禁用政策以及低毒农药补贴政策对农药残留风险治理效应不明显。

4.2.6　生产主体追溯水平的调节效应分析

为响应国家严格治理农药残留超标问题的要求，全国各市制定和颁布了一系列相关政策文件、实施行政处罚以及政府抽检等强制性规制来加强农药残留监管工作。然而，各市对农药残留风险水平的规制效果差异明显(祝文峰和李太平，2018)，这一定程度上是因为地方政府尽管出台了相关政策法规、落实行政处罚和抽检计划的要求，但是各地区生产主体追溯水平参差不齐，对生产者溯源追责能力存在较大差异，使得政府强制性规制的治理效果不同。因此，如式(4.9)所示，利用调节效应模型来验证生产主体追溯水平对政府强制性规制影响农药残留不合格率的调节情况。

$$Y_{it}=\theta+\beta X_{it}+\sigma M_{it-1}+\xi X_{it}\times M_{it-1}+\upsilon C_{it}+\alpha_i+\lambda_t+\varepsilon_{it} \tag{4.9}$$

模型(4.9)在基准回归模型(4.8)的基础上加入生产主体追溯水平 M_{it-1} 以及政府强制性规制和追溯水平的交乘项 $X_{it}\times M_{it-1}$。如式(4.10)所示，政府强制性规制作用$\frac{\partial Y_{it}}{\partial X_{it}}$是追溯水平 M_{it-1} 的函数，如果 ξ 在统计上显著，则称观察到了显著的调节效应。

$$\frac{\partial Y_{it}}{\partial X_{it}}=\beta+\xi M_{it-1} \tag{4.10}$$

(1)生产主体追溯水平对高毒农药禁用政策的调节效应

表 4.23 展示了生产主体追溯水平对高毒农药禁用政策的调节效应检验结果。列(1)和列(3)结果显示，在不考虑追溯水平的情况下，高毒农药禁用政策对农药残留超标率未能发挥有效治理作用。列(2)和列(4)加入生产主体追溯水平与高毒农药禁用政策交互项进行回归分析，交乘项回归系数均显著为负。这一结果表明生产主体追溯水平能够通过追溯生产主体的方式提高政府强制性规制的治理精度，是高毒农药禁用政策的有效规制手段组合。

表 4.23 生产主体追溯水平对高毒农药禁用政策的调节作用

变量	高毒违禁农药检出率		低毒农药残留超标率	
	(1)	(2)	(3)	(4)
高毒农药禁用政策	−0.233 (0.429)	−0.009 (0.452)	−1.037 (0.945)	−0.347 (0.988)
生产主体追溯水平×高毒农药禁用政策		−0.294* (0.152)		−0.870*** (0.332)
生产主体追溯水平		−0.115** (0.050)		−0.096 (0.109)
常数	−6.763 (4.888)	−5.212 (4.989)	−3.326 (10.416)	−1.000 (10.727)
控制变量	控制	控制	控制	控制
地区固定效应	控制	控制	控制	控制
时间固定效应	控制	控制	控制	控制
N	1100	1100	1100	1100

注：***、**、*分别代表在1%、5%、10%的置信水平下显著，括号内为系数估计的稳健标准差。

调节效应检验表明高毒农药禁用政策发挥规制作用是有可能的，但是这一可能性取决于地区生产主体追溯水平。因此，政府应当在加强政府强制性规制手段的同时，进一步完善生产主体追溯管理，推动相关法规规章能够更好地发挥政策效用。

(2)生产主体追溯水平对农药使用培训政策的调节效应

表4.24展示了生产主体追溯水平对农药使用培训政策的调节效应检验结果。列(1)和列(3)估计结果显示，在不考虑追溯水平的情况下，农药使用培训政策能够显著降低农药残留超标率。列(2)和列(4)加入生产主体追溯水平与农药使用培训政策交互项进行回归分析，交乘项回归系数均显著为负。这一结果表明农药使用培训政策对农药残留风险的治理效应随生产主体追溯精度的提高而增强。值得关注的是，在考虑追溯水平因素后，农药使用培训政策对高毒违禁农药检出率的回归系数在统计意义上不再显著。这一结果说明地方政府如果不注重追溯水平的提高，只批量推出农药使用培训政策，对高毒违禁农药的治理则可能收效甚微。

本部分研究同样对低毒农药补贴政策、政府处罚力度以及政府抽检强度的调节作用进行了检验，但估计结果表明生产主体追溯水平三类政府强制性规制手段的调节效应并不成立，相应估计结果详见附录三。

表4.24 生产主体追溯水平对农药使用培训政策的调节作用

变量	高毒违禁农药检出率		低毒农药残留超标率	
	(1)	(2)	(3)	(4)
农药使用培训政策	−0.668** (0.300)	−0.476 (0.315)	−1.548*** (0.525)	−1.114** (0.548)
生产主体追溯水平×农药使用培训政策		−0.268** (0.134)		−0.604* (0.335)
生产主体追溯水平		−0.132*** (0.050)		−0.163 (0.106)
常数	−6.244 (4.907)	−4.498 (4.982)	−1.955 (10.396)	0.732 (10.598)
控制变量	控制	控制	控制	控制
地区固定效应	控制	控制	控制	控制
时间固定效应	控制	控制	控制	控制
N	1100	1100	1100	1100

注：***、**、*分别代表在1%、5%、10%的置信水平下显著，括号内为系数估计的稳健标准差。

4.2.7 异质性讨论

(1)政府强制性规制对农药残留风险水平的行业异质性影响

由于蔬菜和水果的生物学特性、农药施用种类和方式不同,不同种类果蔬的农药残留风险存在较大差异(杨江龙,2014;Zhang et al.,2017)。由于对部分蔬菜而言,农药直接喷洒在蔬菜表面,容易被吸收,以及生长期短导致的用药安全间隔期要求难以达到(张秀玲,2013),使得蔬菜的农药残留风险高于水果(Li et al.,2021;田耿智等,2022)。当生鲜蔬菜与生鲜水果农药残留风险差异较大时,聚焦生鲜果蔬农药残留风险水平的研究可能导致政府强制性规制的治理效果存在较大偏差。为探究政府强制性规制对于蔬菜行业和水果行业的异质性影响,本部分研究进一步分离出生鲜蔬菜与生鲜水果样本,控制年份固定效应、地区固定效应以及相关控制变量进行分组回归,回归结果见表4.25。

表4.25 行业异质性对规制效果的影响估计

变量	高毒违禁农药检出率			低毒农药残留超标率		
	生鲜蔬菜 (1)	生鲜水果 (2)	全样本 (3)	生鲜蔬菜 (4)	生鲜水果 (5)	全样本 (6)
高毒农药禁用政策	0.141 (0.749)	0.269 (0.238)	−0.087 (0.463)	−0.966 (0.681)	0.400 (0.765)	−0.664 (0.978)
农药使用培训政策	−1.307*** (0.498)	−0.113 (0.177)	−0.656** (0.315)	−1.295* (0.669)	−1.768** (0.760)	−1.479*** (0.547)
低毒农药补贴政策	−1.144 (0.807)	−0.068 (0.280)	−0.567 (0.475)	−1.193 (1.301)	−0.193 (0.967)	−0.564 (1.023)
政府处罚力度	−0.377** (0.154)	0.005 (0.080)	−0.273*** (0.098)	0.369 (0.305)	0.179 (0.283)	0.327 (0.243)
政府抽检强度	−0.253*** (0.096)	−0.077 (0.048)	−0.146** (0.062)	−0.295** (0.119)	−0.314** (0.157)	−0.277*** (0.101)
常数	−6.240 (7.268)	0.098 (4.423)	−8.088* (4.851)	8.265 (12.217)	7.688 (13.812)	−1.540 (10.237)
控制变量	控制	控制	控制	控制	控制	控制
地区固定效应	控制	控制	控制	控制	控制	控制
年份固定效应	控制	控制	控制	控制	控制	控制
N	1079	1018	1100	1079	1018	1100

注:***、**、*分别代表在1%、5%、10%的置信水平下显著,括号内为系数估计的稳健标准差。

就高毒违禁农药检出率而言，列(1)—(3)展示了政府强制性规制对生鲜蔬菜、生鲜水果以及全样本高毒违禁农药检出率的影响。结果显示，政府强制性规制对生鲜蔬菜高毒违禁农药检出率存在显著负向作用，对生鲜水果高毒违禁农药检出率作用不显著。具体而言，农药使用培训政策、政府处罚力度以及政府抽检强度估计系数方向与全样本回归估计系数一致，估计系数大小大于全样本回归估计系数。这一结果表明颁布农药使用培训政策、加大农药残留风险事件行政处罚力度以及提高政府抽检强度有效缓解了生鲜蔬菜的高毒违禁农药残留问题，但是对生鲜水果高毒农药残留风险尚未显示出较好的治理效果。从安全生产意愿角度来看，这可能是因为生鲜水果的经济价值更高，利润相对更大，生产者受到短期收益驱使，使用违禁农药的机会主义行为增加(Zhang et al.,2017)，从而加大了生鲜水果农药残留治理难度。从安全生产行为角度来看，由于水果所含糖分较高，同时发生多种病害和虫害的可能性较大，加大了农户盲目施药的可能性，造成农药残留风险上升(龚久平等，2017)，这同时也对政府强制性规制的精准性提出了更高要求。

就低毒农药残留超标率而言，列(4)—(6)展示了政府强制性规制对生鲜蔬菜、生鲜水果以及全样本低毒农药残留超标率的影响。结果显示，农药使用培训政策和政府抽检对生鲜蔬菜和生鲜水果低毒农药残留超标率均存在显著负向影响，且对生鲜水果的影响作用大于其对生鲜蔬菜的影响，果蔬分组回归结果与全样本回归结果基本一致。

总体而言，政府强制性规制措施有效缓解了生鲜蔬菜行业高毒违禁农药残留问题，而对生鲜水果行业高毒违禁农药残留风险尚未有明显治理效果。在低毒农药残留超标风险的治理效应中，生鲜蔬菜和生鲜水果未体现出明显的行业异质性。

(2)政府强制性规制对农药残留风险水平的地区异质性影响

中国幅员辽阔，社会经济发展水平地区差异明显，不同地区果蔬农药残留风险情况有所不同(张亚莉等，2021；卢珍萍和田英，2022)。一方面，不同地区的种植结构、病虫害程度、农药产销渠道不同，直接影响生产者农药施用行为(侯博等，2010)；另一方面，不同地区食品质量安全监管执行力度和监管效果存在巨大差异(刘鹏和刘志鹏，2014；张红凤等，2019)，使得政府强制性规制对农药残留风险水平的治理效果可能存在区域异质性。本部分依据中国七大行政地理分区，将全国划分为华北地区、东北地区、华东地区、华中地区、华南地区、西南地区和西北地区七大区域，探究区域异质性对政府强制性规制效果的影响。

表 4.26 展示了政府强制性规制在七大行政分区中对相应生鲜果蔬高毒违禁农药检出率的异质性影响结果。观察各地区子样本的回归结果可以发现,在不同地区的子样本回归中,政府强制性规制治理效果存在明显差异性。

就高毒农药禁用政策而言,东北地区和西北地区样本回归系数显著,表明东北地区和西北地区对于高毒农药禁用政策具有更高的响应水平,而其他地区高毒农药禁用政策则没有表现出显著作用,与全国样本回归结果一致。产生这一结果可能的原因是北方地区高毒农药违规使用倾向相对较低(祝文峰和李太平,2018),从而在一定程度上提升了违禁农药禁用政策的效力。

就农药使用培训政策而言,东北地区和华东地区农药使用培训政策的估计系数显著为负,且系数大于全国样本平均水平。而西北地区的农药使用培训政策反而提高了高毒违禁农药残留风险。可能的原因在于当地平均受教育水平以及生产者参与培训意愿影响农药使用培训效果(李昊等,2017),而西北地区农民平均受教育水平相对较低,从而导致政策执行与政策目标之间存在偏差。

就低毒农药补贴政策而言,华东地区和华中地区的低毒农药补贴政策对高毒违禁农药检出率产生显著负向作用,而全国样本下低毒农药补贴政策对高毒违禁农药残留风险没有显著影响。这表明相较于全国平均水平,农药使用培训政策对华东地区和华中地区高毒违禁农药残留风险治理有更强的带动作用。这可能是因为华东和华中地区农药使用量高于其他地区(蔡荣,2010),因而完善与落实低毒农药补贴政策,实现从生产源头减少高毒违禁农药投入的任务更加迫切,从而提升了低毒农药补贴政策的规制效果。

就政府处罚力度而言,华东地区和西北地区分样本回归系数显著,表明这两个地区对农药残留风险事件行政处罚的区域整体敏感度更高,其他地区回归系数虽然均为负,但是并不显著。

就政府抽检强度而言,西南地区和西北地区政府抽检对本地农药残留风险规制具有显著的促进效应,其他地区政府抽检强度对高毒违禁农药检出率没有表现出显著负向效应。

表 4.27 展示了政府强制性规制对生鲜果蔬低毒农药残留超标率的异质性影响结果。将七大行政分区的模型结果进行对比,可以发现,政府强制性规制在不同地区对生鲜果蔬低毒农药残留超标率同样存在不同影响。其中,华东地区、华北地区以及西北地区多个规制手段显著降低了低毒农药残留风

表 4.26 地区异质性对生鲜果蔬高毒违禁农药检出率的影响估计

变量	华北地区 (1)	东北地区 (2)	华东地区 (3)	华中地区 (4)	华南地区 (5)	西南地区 (6)	西北地区 (7)	全国 (8)
高毒农药禁用政策	−0.182	−0.713*	−0.108	0.951	0.154	0.964	−4.590**	−0.087
	(0.350)	(0.409)	(0.686)	(1.010)	(0.701)	(0.856)	(1.887)	(0.463)
农药使用培训政策	−0.951	−3.633*	−1.323***	−0.715	0.599	1.042	2.738**	−0.656**
	(0.941)	(1.920)	(0.477)	(0.587)	(1.177)	(0.673)	(1.178)	(0.315)
低毒农药补贴政策	0.000	−0.802	−5.811***	−1.976***	0.000	0.000	0.474	−0.567
	(.)	(0.597)	(0.280)	(0.376)	(.)	(.)	(0.825)	(0.475)
政府处罚力度	−0.353	−0.115	−0.314**	−0.627	−0.135	−0.085	−1.312**	−0.273***
	(0.287)	(0.316)	(0.147)	(0.390)	(0.200)	(0.451)	(0.544)	(0.098)
政府抽检强度	−0.262	−0.059	−0.121	−0.257	−0.114	−0.586**	−0.293**	−0.146**
	(0.202)	(0.159)	(0.121)	(0.177)	(0.130)	(0.269)	(0.126)	(0.062)
常数	2.080	35.958*	−14.523*	0.115	−42.315*	23.424	−18.649	−8.088*
	(18.924)	(19.213)	(8.434)	(19.247)	(21.082)	(15.338)	(17.559)	(4.851)
控制变量	控制	控制	控制	控制	控制	控制	控制	控制
地区固定效应	控制	控制	控制	控制	控制	控制	控制	控制
年份固定效应	控制	控制	控制	控制	控制	控制	控制	控制
N	102	151	297	167	146	133	104	1100

注：***、**、*分别代表在1%、5%、10%的置信水平下显著，括号内为系数估计的稳健标准差。

表 4.27　地区异质性对生鲜果蔬低毒农药残留超标率的影响估计

变量	华北地区 (1)	东北地区 (2)	华东地区 (3)	华中地区 (4)	华南地区 (5)	西南地区 (6)	西北地区 (7)	全国 (8)
高毒农药禁用政策	−1.731*	−0.776	−3.401	1.127	1.782	3.527**	−8.815*	−0.664
	(0.913)	(0.527)	(2.204)	(1.095)	(1.513)	(1.380)	(4.378)	(0.978)
农药使用培训政策	−3.625**	−5.453	−1.501*	−2.280**	−1.590	1.725	1.593	−1.479***
	(1.741)	(4.191)	(0.800)	(0.979)	(1.348)	(1.043)	(1.046)	(0.547)
低毒农药补贴政策	0.000	−1.164	−14.571***	−0.770	0.000	0.000	1.611	−0.564
	(.)	(0.967)	(0.744)	(0.972)	(.)	(.)	(1.584)	(1.023)
政府处罚力度	−0.061	0.525	0.931*	−0.371	0.073	1.344	−1.304**	0.327
	(0.756)	(0.342)	(0.475)	(0.782)	(0.209)	(0.835)	(0.586)	(0.243)
政府抽检强度	−0.714	0.286*	−0.239*	−0.378	−0.129	−1.638***	−0.193	−0.277***
	(0.521)	(0.165)	(0.128)	(0.270)	(0.173)	(0.591)	(0.250)	(0.101)
常数	−52.249	13.096	28.915	−32.407	−89.400**	68.610**	−50.918*	−1.540
	(89.018)	(26.858)	(20.443)	(44.922)	(41.534)	(27.313)	(27.104)	(10.237)
控制变量	控制	控制	控制	控制	控制	控制	控制	控制
地区固定效应	控制	控制	控制	控制	控制	控制	控制	控制
年份固定效应	控制	控制	控制	控制	控制	控制	控制	控制
N	102	151	297	167	146	133	104	1100

注：***、**、*分别代表在1%、5%、10%的置信水平下显著，括号内为系数估计的稳健标准差。

险水平，东北地区和华南地区的政府强制性规制对低毒农药残留超标率均不存在显著负向作用。

综合政府强制性规制对生鲜果蔬高毒违禁农药检出率和低毒农药残留超标率的地区异质性分析结果，华东地区政府强制性规制对农药残留风险水平的治理效应更明显，华南地区则收效甚微。可能的原因是华东地区社会经济发展水平较高，监管资源禀赋优势更大，并且社会共治力量强，从而有效延伸了政府强制性规制的触角。而华南地区可能由于热带果蔬农药管理体系不完善等因素（王佳新等，2017），尚未形成统一且有效的区域农药残留风险规制手段。

4.3 本章小结

基于前文对于我国政府监管体制机制变革和食品质量安全风险特征的梳理，本章分别对全品类食品样本和生鲜果蔬子样本下政府多种规制手段影响食品质量安全不合格率的情况进行了识别，分析了可能存在的时间滞后性影响以及区域异质性，并得出以下结论。

对于全品类食品样本而言，第一，政府的地方性法规完善、抽检强度、处罚力度等不同政府强制性规制手段均能有效缓解本地食品质量安全问题，但各类治理手段作用效果存在差异，执法类规制工具的质量提升效应大于法规标准类政策工具。第二，周边地方政府的不同治理手段对本地食品质量安全存在差异化溢出效应。由于区域间缺乏有效的政策协同，单个地区治理提升在改进本地食品质量安全水平的同时也将促使相关生产经营主体通过风险转移的方式规避违规成本，致使不同政府强制性规制手段对食品质量安全风险的溢出方向存在差异。具体而言，当企业以减少额外成本、维持原有收益为目标应对严格的法规标准时，企业倾向于选择经济结构较为相似的同质地区进行转移；而当企业以规避违规处罚为目标应对严格的执法处罚时，其业务转移更加倾向于到地理邻近地区。而对于协同度指标而言，利益相关主体的协同对邻近地区具有显著的正外部性影响。第三，从食品质量安全协同治理的总效应看，空间溢出降低了各主体行为治理效率。虽然各类治理手段有助于降低食品质量安全不合格率，但由于地区间缺乏有效区域协同机制，地理邻近地区间的差异化溢出使得各类治理手段对食品质量安全不合格率均不存在显著作用;而在经济地理联系紧密地区间,虽然抽检和处罚等执法类规制的总效应显著为负,但在经济邻近地区的负外部性作用下执法效率有所降低。食品质量安全有效治理的实现,一方面需要推动区域协同发展来降低跨地区风险规避行为,另一方面也需强化市场公众的有效参与。第四,从食品质量安全协同治理的区域异质性影响看,治理手段的空间溢出效应存在区域异质性。不同规制手段的直接效应结果表明各类政府强制性规制手段的食品质量安全治理效果较为类似,政府强制性规制手段的应用均能显著缓解食品质量安全问题。而不同规制手段的空间溢出效应存在较大差异,其中,东部地区各类规制手段不存在显著的间接溢出,中部地区抽检强度存在显著的负向溢出,西部地区法规数量对周边地区食品质量安全不合格率具有显著的正向溢出效应。此外,食品质量安全具有明显的空间相关性和路径依赖性。周边地区食品质量安全问题的增多会促使本地食品质量安全违规水平的提高,本地过往的食品质量安全问题也会提高当期的食品质量安全违规水平,食品质量安全治理具有长期性和艰巨性。

对于生鲜果蔬子样本而言,第一,政府强制性规制有效降低了生鲜果蔬农药残留风险水平。具体来说,农药使用培训政策和政府监督抽检能够提升高毒违禁农药和低毒农药残留风险治理水平,政府对农药残留风险事件的行政处罚仅对降低高毒违禁农药检出率表现出显著效应,而高毒农药禁用政策和低毒农药补贴政策没有取得预期治理效果。农药使用培训政策和政府监督抽检分别是生产源头和流通消费环节控制农药残留风险的有效举措,是提升生鲜果蔬质量安全水平作用的重要措施。第二,政府强制性规制对生鲜果蔬农药残留风险的治理效应依赖于地区生产主体追溯水平。在基准回归中,高毒农药禁用政策对农药残留超标率未能发挥有效治理作用,而在考虑生产主体追溯水平的情况下,高毒农药禁用政策与农药使用培训政策对农药残留风险的影响显著。生产主体追溯水平能够通过溯源果蔬生产主体来明确风险来源,提高政府强制性规制的治理效度,因而在重视高毒农药禁用政策与农药使用培训政策的同时,加强生产主体追溯水平是抑制农药残留风险水平提升的有效规制工具组合。第三,政府强制性规制对生鲜果蔬农药残留风险的治理效应在蔬菜行业更加明显。具体来说,颁布农药使用培训政策、加大农药残留风险事件行政处罚力度以及提高政府抽检强度有效缓解了生鲜蔬菜的高毒违禁农药残留问题,但是相关规制措施对生鲜水果高毒农药残留风险尚未显示出显著的治理作用。第四,政府强制性规制在不同区域对生鲜果蔬农药残留风险的治理效应存在较大差异。通过对政府强制性规制的地区异质性分析可知,华东地区政府强制性规制的治理效应相较于其他地区更为明显。可能的原因是华东地区的社会经济发展水平较高,监管资源禀赋优势更大,其农药残留风险治理机制也相对更为完善。

5 政府规制组合对食品质量安全控制行为的影响研究

5.1 省级层面下政府规制组合对认证行为的影响

5.1.1 理论框架

(1)政府规制组合的重要性

食品的经验品和信任品特征使得食品的质量安全风险难以识别,现代科技的发展更是加剧了这种风险的不确定性,各种食品添加剂、防腐剂等违规要素的使用远远超出消费者的认知范围,仅仅通过消费经验和社会资本交流获取产品额外信息的消费者无法有效保障自身权益(谢康等,2017a),这就为信息工具治理提供了环境。在当前信息严重不对称的食品市场中,信息公示实现了利益相关主体对于主体、行业或地区所需质量安全信息的可获性,通过信息的公示、收集和整合汇集成声誉载体来对相关主体行为产生影响,其声誉载体具有强烈的信号传递作用(Bartikowski and Walsh, 2011)。信息公示水平的提高帮助完善了市场声誉机制,提高了声誉传递信息的准确性。

由于食品质量安全信息具有公共物品的属性,政府理应承担起传递食品质量安全信息的重要责任(赵学刚,2011)。政府对相关产品的质量安全信息公示是公众获取食品安全信息的重要渠道,也是食品生产经营主体采取质量安全控制行为的主要外部激励。食品质量安全监督抽检作为我国政府监管部门保证食品安全的重要规制手段之一(李中东和张在升,2015),其抽检结果是对一定时期内食品行业整体产品质量安全水平的有效衡量。当监管部门将抽检结果进行公示,政府抽检规制与信息工具形成的规制组合,在政府权威性影响下，可得到我国公众较高的信任度（冯忠泽等，2008）。基于政府抽检规制和信息公示的政府规制组合向包括生产者与消费者在内的利益相关者传递了可以影响决策的重要信号。

（2）政府规制组合对生产经营主体质量安全控制行为的影响机理

就食品质量安全治理来看，当前政府监管规制主要有强制性控制和市场激励两方面（谭珊颖，2007；白丽等，2011）。其中，强制性控制表现为政府监管下法律和行政法规的要求，通过使用抽检、监测等强制性规制手段和处罚来提升生产经营主体的机会主义成本，进而促使利益主体提高食品质量安全水平，这是目前我国食品质量安全治理的最主要手段。而市场激励则来自企业实施质量安全控制行为后的收益预期，当生产经营主体具有良好声誉时，良好声誉带来的溢价有助于主体提升在信任品市场中的竞争优势，形成正向激励（Bartikowski and Walsh，2011）。反之，声誉下降导致的消费者支付意愿降低，一方面将通过降低声誉主体经营收入对其质量安全行为产生负向激励，另一方面也可能激励相关生产经营主体通过其他可信渠道传递质量安全信号（王常伟，2016）。考虑到公众对于政府信息公示具有较高的信任水平，基于政府抽检规制的信息公示所形成的声誉变化，尤其是声誉下降，将对食品生产经营企业的质量安全控制行为决策产生重要影响。

由于个别生产经营主体的质量安全问题暴发后可能对相关行业内其他主体产生传染效应，生产经营主体为弥补传染效应下的消费者信任损失，往往需要采取其他质量传递措施。结合文献及实际，生产经营主体的质量信号传递手段主要有质量保证合同、主动信息公示和第三方认证三种（周波，2010）。其中，质量保证合同和主动信息公示都是食品生产经营主体基于自身信息优势而主动向消费者传递质量信号的过程，传染效应下这两类由主体自主披露的质量安全控制措施对于行业负面溢出的矫正作用有限；而生产经营主体的第三方认证行为引入了第三方认证机构，通过主动向第三方披露产品质量来实现向消费者传递产品质量安全信息的目的（Goedhuys and Sleuwaegen，2013），第三方认证行为传递的质量安全信号较为客观准确，消费者对这类控制行为的信任水平将相对更高。第三方认证是反映生产经营主体质量安全提升行为的重要变量。因此，本研究首先重点聚焦第三方认证这一质量安全控制行为。

对于生产经营主体而言，其是否采用某一产品认证取决于认证后的成本与收益（Segerson，2010）。已有研究表明，食品生产经营主体的质量安全控制行为决策受到内部驱动与外部驱动两方面因素的影响，外部环境因素主要有当地的经济发展水平、消费者对食品安全的重视程度、政府监管规制等(冯忠泽等，2008；刘彬等，2012；周洁红等，2015)；而内部对决策的影响主要来自企业规模、生产者受教育程度、管理者与员工对于认证的认知、企业创新能力、实施与培训成本等(Ehiri et al.，1995；Henson et al.，1999；Vela et al.，2003；Khatri et al.，2007；Violaris et al.，2008；陈雨生等，2009；王志刚等，2014)。同时，不同生产行业与产品的特征的不同也是影响生产经营主体是否采取质量安全控制行为的重要因素，如肉制品与水产品等这类加工工艺较复杂的行业，其HACCP的实施难度会大于食品罐头加工这种仅有少数几个关键控制点的行业(Mortlock et al.，1999)。因此，生产经营主体的质量安全控制行为决策受到多方因素的综合影响，是外部环境激励、企业可用资源以及行业特征的函数。

具体到本部分研究关注的政府规制组合，可能会通过直接和间接的方式影响生产经营主体的第三方认证行为。政府规制组合下不合格产品质量信息的披露向生产经营主体(尤其是劣质产品生产者)传递了监管部门严格监管的信号，而采取HACCP体系等第三方认证有助于提高产品质量，减少生产经营主体因产品不合格而面临惩罚的风险。政府规制组合下不合格信息公示对主体第三方认证行为的间接影响，则是通过向消费者以及整体行业传递信号产生。一方面，政府公示的不合格质量信息向消费者传递了重要的质量安全风险信号，促使消费者在采取购买决策时更加关注产品本身传递的质量信息，如是否有体系认证、企业声誉如何等，并愿意为优质产品支付更高的金额。有研究表明，对食品质量安全风险感知越强的消费者，对优质产品有更高的支付意愿(刘军弟等，2009)。另一方面，政府加强对于食品不合格质量信息的公示，有助于食品行业优质生产者的资本积累，促进食品行业确立以质量为核心的竞争，完善市场激励机制，从而提高消费者对优质产品的支付意愿(龚强等，2013)。因此，政府抽检规制与信息工具的规制组合既可能直接影响生产经营主体的产品质量安全水平并传递质量信息，也可能会通过改变消费者对于优质产品的支付意愿，进而间接影响生产者的HACCP等认证行为。具体的影响关系见图5.1。据此，本部分研究提出第一个假说。

假说一：政府规制组合下不合格产品数量的增加会对生产经营主体的认证行为产生正向激励。

食品的跨域流通导致供应链上下游空间位置发生大范围变迁，食品的生

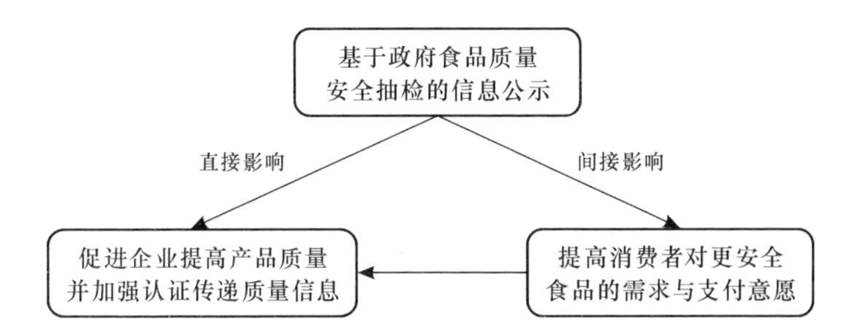

图 5.1 基于政府食品质量安全抽检的信息公示对企业认证行为的影响路径

产与销售往往存在地域分离的情况。生产经营主体出于品牌影响力与市场拓展等考虑，为了主体的生存与在更大的市场站稳脚跟，其对于政府规制组合下抽检的本地公示与异地公示的敏感程度可能存在差异。由于质量信息公示结果会对消费者的产品需求产生显著的影响（Dranove and Jin，2010），生产经营主体可能会对其产品主要销售地的质量信息公示结果更加敏感。同时，消费地的消费者和政府对于监管的介入意愿会更加强烈，这也可能会使异地公示与异地监管的效果更明显（苏成雪等，2005）。所以在“异地监督”的情况下，政府规制组合对于生产者认证行为的影响可能会存在一定的差异。因此，本部分研究提出第二个假说。

假说二：异地公示的本地不合格产品信息对生产者的认证行为有更显著的激励效果，本地公示本地不合格产品信息和本地公示异地不合格产品信息的激励效果依次减弱。

由于我国幅员辽阔，不同地区的区域性特征差异明显（周民良，1997；徐建华等，2005），相应的食品生产者对于政府规制组合的反应也可能存在一定的异质性。已有研究发现，地区农产品的生产现状、宏观经济发展状况以及地区公众受教育状况等因素都会影响到区域内的整体认证水平（刘彬等，2012；张彩萍等，2014）。当地公众对于认证的认知程度以及当地政府对于认证的态度等外部激励因素，都会显著影响没有参与 HACCP 等第三方认证的生产经营主体行为决策（Jin et al.，2008）。地区间政府、消费者与生产经营主体的特征差异，也可能会影响到政府规制组合对生产者认证行为的影响效果，因此有必要区分地区进行比较分析。由此，本部分研究提出第三个假说。

假说三：不同地区政府规制组合对生产者认证行为的影响存在显著的差异。

5.1.2 变量选择及来源

本部分变量涉及食品质量安全抽检数据、食品加工企业 HACCP 认证数据及控制变量三部分数据,相关变量定义及来源见表 5.1。

表 5.1 变量定义与数据来源

变量	定义	数据来源
新增认证数	新增肉制品生产者认证 HACCP 数量	CNCA
公示不合格数	本省公示所有不合格肉制品数量	SAMR
本地公示本地产品	本省公示本省生产的不合格肉制品数量	SAMR
本地公示异地产品	本省公示其他省生产的不合格肉制品数量	SAMR
异地公示本地产品	其他省公示本省生产的不合格肉制品数量	SAMR
肉类产品产量	全省肉类产品产量/百万吨	中国农村统计年鉴
肉类生产比重	肉类产品生产占全省生产总值比例	中国农村统计年鉴
肉类产品消费价格指数	全省肉类产品居民消费价格指数/%	中国统计年鉴
肉类产品生产价格指数	全省肉类产品生产价格指数/%	中国统计年鉴
生产总值	全省生产总值/万亿元	中国统计年鉴
教育	全省高中及以上学历人口比例	中国统计年鉴
地区	东部地区为 1,中部地区为 2,西部地区为 3,东北地区为 4①	国家统计局

(1)食品质量安全抽检信息

本部分的食品质量安全抽检信息包括 2015—2018 年期间,来自全国 31 个省级行政区(不包含我国台湾、香港和澳门地区)公示的 52561 例食品质量安全抽检不合格产品信息,数据来源于 SAMR。

(2)食品加工企业 HACCP 认证信息

本部分的食品加工企业 HACCP 认证信息包括 2015 年第三季度至 2018

---

① 本部分研究中,东部地区包括北京、福建、广东、海南、河北、江苏、山东、上海、天津、浙江;中部地区包括安徽、河南、湖北、湖南、江西、山西;西部地区包括甘肃、广西、贵州、内蒙古、宁夏、青海、陕西、四川、西藏、新疆、云南、重庆;东北地区包括黑龙江、吉林、辽宁。

年第四季度期间，中国食品农产品认证信息系统（CNCA）公示的全国范围内认证 HACCP 体系的 14580 家食品生产企业信息。

根据国家认证认可监督委员会《出口食品生产企业备案管理规定》，用于出口的罐头类、水产品类（活品、冰鲜、晾晒、腌制品除外）、肉及肉制品类、速冻蔬菜、果蔬汁、含肉或水产品的速冻方便食品以及乳及乳制品类食品生产企业必须验证实施 HACCP 体系，这部分样本的存在会扭曲模型结果，所以本部分研究将包含出口这些类别食品的生产加工企业从样本中进行剔除处理，剔除后 2015 年第三季度至 2018 年第四季度的新增认证 HACCP 体系生产者数量为 11565 例。由于 HACCP 的认证存在滞后两期的处理，与认证数据对应的监管部门抽检的各批次食用农产品公示数据时期为 2015 年第一季度至 2018 年第二季度，公示总数为 48170 例。考虑到各类食品行业特性差异较大，无法一概而论，本研究特别聚焦于以认证 HACCP 相对频繁且较有认证意义的肉类产品为研究对象，评估政府质量安全抽检信息公示对于肉类产品生产者认证决策的影响，仅保留肉及肉制品行业后，生产者新增认证 HACCP 体系数量为 2473 家，抽检不合格产品公示数量为 3359 例。

(3)控制变量

本部分的控制变量主要包含地区肉类生产和消费情况、地区宏观发展情况以及公众认知水平三个维度：①省份肉类生产和消费情况。省份肉类产品生产规模、肉类产品生产消费价格水平与肉类产品生产的发展状况是影响生产者认证的主要外部驱动因素，因此参考张彩萍等（2014），将各省份肉类产品产量、肉类产品生产价格指数、肉类产品居民消费价格指数、省内肉类生产占全省生产总值的比重引入模型，相关数据来源于《中国农村统计年鉴》《中国统计年鉴》。②省份宏观发展情况。地区经济发展水平情况也会影响到生产者的认证行为，借鉴刘彬等（2012）的研究经验，对地区生产总值进行控制，相关数据来源于国家统计局。③公众的认知水平。受教育水平的提高有助于提升公众对食品安全风险的认知水平以及对食品安全风险信息的获取能力。因此，本部分研究将高中及以上学历人口比例作为认知程度的控制变量引入模型，相关数据来源于国家统计局。

5.1.3 模型构建

本部分研究中将政府对肉类产品抽检的不合格公示结果作为政府规制

组合的外生变量引入模型，探究其对肉类生产者认证决策的影响，基本模型构建如式(5.1)所示。

$$C_{(i+2)j} = \mathrm{Frd}_{ij}\beta + \sum_{q} Q_q \delta_q + \sum_{p} P_p \theta_p ++ \mathrm{Edl}_{ij}\pi + \mathrm{Mpc}_{ij}\rho + \mathrm{Ra}_{ij}\sigma + \varepsilon_{ij} \tag{5.1}$$

其中，Frd_{ij} 代表了第 i 个季度在 j 省份所公示的不合格肉类产品数量；Q_q 是季度虚拟变量，当 $i = q$ 时取值为1，否则取值为0($q = 2, 3, 4, \cdots, 14$)；P_p 是省份虚拟变量，当 $j = p$ 时取值为1，否则取值为0($p = 2, 3, 4, \cdots, 31$)；Edl_{ij} 表示省份宏观发展情况；Mpc_{ij} 代表了一组肉类产品生产和消费情况变量；Ra_{ij} 则表示省份公众的认知水平变量。此外，模型对季度层面和省级层面固定效应进行了控制。

由于食品生产加工企业对抽检公示结果的反应存在一定的滞后性，包括生产者的决策思考时间与 HACCP 认证的申请审批时间。根据相关政策①，HACCP 认证申请需要一个季度的体系实施考察时间，因此本部分研究对生产者 HACCP 认证时间进行滞后处理的做法为：除去了考察时间后再进行一季的滞后处理，即食品生产者 HACCP 认证行为是对两个季度之前的各影响因素所做出的反应。因此，$C_{(i+2)j}$ 代表了经过 $i+2$ 季滞后处理的 j 省份新增采取 HACCP 认证企业数量。

考虑到食品生产者对于本地公示的本地产品不合格信息、本地公示的异地产品不合格信息以及异地公示的本地产品不合格信息可能存在的异质性反应，本研究根据不合格肉类产品的产地以及政府食品安全信息的公示地，进一步将抽检不合格信息分为“本地公示本地产品”“本地公示异地产品”“异地公示本地产品”三类，讨论异地监督对食品生产者认证行为激励作用的差异性，由此可得式(5.2)。

$$\begin{aligned} C_{(i+2)j} = {} & \mathrm{Lld}_{ij}\beta_1 + \mathrm{Lod}_{ij}\beta_2 + \mathrm{Old}_{ij}\beta_3 + \sum_{q} Q_q \delta_q + \sum_{p} P_p \theta_p \\ & + \mathrm{Edl}_{ij}\pi + \mathrm{Mpc}_{ij}\rho + \mathrm{Ra}_{ij}\sigma + \varepsilon_{ij} \end{aligned} \tag{5.2}$$

其中，Lld_{ij} 和 Lod_{ij} 分别代表了第 i 个季度在 j 省份公示的本地肉制品不合格数量以及外地肉制品不合格数量。而 Old_{ij} 则表示第 i 个季度，除 j 省以外其他省份公示的 j 省生产的肉制品不合格数量。

---

① 中国合格评定国家认可委员会(China National Accreditation Service for Conformity Assessment)：CNAS-WI13-02-21C2 文件系统符合性检查单(HACCP 体系)。

5.1.4 描述性分析

表5.2是实证分析所用到变量的描述性统计，样本包括31个省级行政区14个季度的数据。从全国样本的平均情况来看，单个省份一季度的新增HACCP认证数约为5.70。单个省份一季度约有7.74例不合格肉类产品被公示，其中本地公示数量约为4.99例，异地公示数量约为2.75例。其余变量均为控制变量，包含全省肉类生产和消费情况、省宏观发展情况和全省公众认知水平三个维度。

表5.2 描述性统计

变量	样本数	均值	标准差	最小值	最大值
新增认证数	434	5.698	6.1650	0	38
公示不合格数	434	7.740	10.1600	0	75
本地公示本地产品	434	4.993	6.8490	0	51
本地公示异地产品	434	2.747	3.8250	0	39
异地公示本地产品	434	2.747	3.5330	0	21
肉类产品产量	434	0.641	0.4980	0.0312	2.165
肉类生产比重	434	0.026	0.0215	0.0004	0.104
肉类产品消费价格指数	434	100.800	5.3810	83.15	117.9
肉类产品生产价格指数	434	100.900	7.7740	86.56	117.5
生产总值	434	2.701	2.1240	0.103	9.728
教育	434	0.306	0.0964	0.0657	0.669
地区	434	2.258	1.016	1	4

(1)新增认证生产者的分布状况

从表5.3分地区比较的情况来看，样本期内共有2473家企业或合作社新参与了HACCP体系的认证，其中东部地区的生产者占比超过一半，达到了1386家。HACCP新增认证主要集中在东部和西部地区，新增认证数量由高到低依次是东部、西部、中部、东北，具体占比分别为56.05%、13.67%、21.07%、9.21%。

表 5.3 新增认证的地区分布情况

地区	HACCP 新增认证数/个	HACCP 新增认证数占比/%
东部	1386	56.05
中部	338	13.67
西部	521	21.07
东北	228	9.21
全国	2473	100.00

(2)公示不合格产品的分布状况

根据表 5.4 的统计结果,抽检不合格的产品共有 3359 例。其中,东部和西部地区发生的公示不合格产品数最多,两地共有近 70%的不合格产品公示数量。东部、中部、西部和东北四个地区的抽检公示不合格产品数量占比分别为 35.10%、24.98%、33.85%、6.07%。

将不合格产品信息分为本地公示本地产品、本地公示异地产品以及异地公示本地产品三类后可以发现,本地公示的肉类不合格产品数量要多于异地公示数量。西部地区的本地公示本地产品数量要高于其他三个地区,占总量的 36.73%。而在本地公示异地产品以及异地公示本地产品中,东部地区都占到了最大的份额。这种情况可能是由东部地区经济发展水平较高、人口较为稠密且食品生产加工业较为发达所产生的:东部地区既是肉类产品的主要消费地区,同时又是肉类产品的主要加工地区,因此东部地区接收了很多来自中西部肉类主产区如四川、湖南、河南等地的肉类产品,同时又将众多的肉类加工产品销往中国各地。因此,在政府抽检公示结果中,东部地区的本地公示异地产品和异地公示本地产品的数量都较其他地区来说较高,其在两类公示中的占比分别达到了 39.68%和 45.89%。而我国西部地区则可能由于地区内肉类产品的自给水平较高、地区农产品生产技术水平相对较低,其抽检中本地公示的本地生产不合格产品数量较多。

表 5.4 各地区抽检不合格及公示情况

地区	公示不合格数/次	占比/%	本地公示本地产品数/次	占比/%	本地公示异地产品数/次	占比/%	异地公示本地产品数/次	占比/%
东部	1179	35.10	706	32.58	473	39.68	547	45.89
中部	839	24.98	536	24.74	303	25.42	183	15.35
西部	1137	33.85	796	36.73	341	28.61	355	29.78
东北	204	6.07	129	5.95	75	6.29	107	8.98
全国	3359	100.00	2167	100.00	1192	100.00	1192	100.00

(3)新增认证与不合格产品公示的空间分布相关状况

从空间分布看,新增 HACCP 认证生产者与抽检公示的不合格产品都主要分布在东南沿海地区,其中新增产品认证总体呈现出自东向西认证数量递减的趋势,且与抽检公示不合格情况在地理分布上存在较强的一致性,即公示不合格产品数量多的省份同时也是认证数量较多的省份,这从统计上证明了地区政府不合格信息公示与认证存在相关性,可能的原因在于东部地区相比于其他地区政府监管较强、政府对于食品安全问题的重视程度较高,如浙江近几年大力推进的食品安全县市的建立,体现了该地区政府对于食品安全问题的高度重视,因此东部地区对不合格食用农产品的公示曝光也更加频繁。同时,相比于中西部和东北,东部地区的总体经济发展水平较高,肉类产品生产者平均生产规模较大,且地区内人口整体教育水平较高,这都为 HACCP 认证的增加提供了有利的条件。

5.1.5 基准结果分析

表 5.5 给出了基础模型的回归结果,列(8)展现的是控制了季度固定效应、省份固定效应,以及省份的宏观发展水平、肉类生产和消费情况和公众认知水平的模型结果。结果表明,政府规制组合下本地公示不合格产品数量的增加确实与本地采取认证的生产者数量有正向的联系,本省公示的不合格肉类产品数量每增加 100 例,就将带动 10.6 家肉制品生产加工企业采取 HACCP 认证,且结果显著。上述结果,有力地证实了本部分研究的假说一。

表 5.5　政府公示不合格信息对生产者 HACCP 认证影响的估计

变量	新增 HACCP 认证数							
	(1)	(2)	(3)	(4)	(5)	(6)	(7)	(8)
公示不合格数	0.169*** (8.19)	0.120*** (5.67)	0.124*** (5.91)	0.126*** (5.93)	0.113*** (5.29)	0.106*** (4.97)	0.106*** (4.97)	0.106*** (5.02)
年份固定效应	未控制	控制	控制	控制	控制	控制	控制	控制
地区固定效应	未控制	未控制	控制	控制	控制	控制	控制	控制
季度固定效应	未控制	未控制	未控制	控制	控制	控制	控制	控制
省份固定效应	未控制	未控制	未控制	未控制	控制	控制	控制	控制
省份宏观发展情况	未控制	未控制	未控制	未控制	未控制	控制	控制	控制
省份肉类生产和销售情况	未控制	未控制	未控制	未控制	未控制	未控制	控制	控制
公众认知水平	未控制	未控制	未控制	未控制	未控制	未控制	未控制	控制
R^2	0.1644	0.1690	0.3914	0.4111	0.7019	0.7101	0.7144	0.7187
N	434	434	434	434	434	434	434	434

注：***、**、* 分别代表在 1%、5%、10% 的置信水平下显著，括号内为系数估计的稳健标准差。

进一步观察各模型的回归结果可以发现，在列(2)中，当把年份虚拟变量纳入模型后，本省不合格肉类产品公示数量的系数有一个较大幅度的下沉，表明年份间的固有差异可能是影响生产者认证行为的重要因素，随着年份的增加，新采取 HACCP 认证的肉类产品生产者可能存在固有的上升趋势。列(3)—(4)的结果表明，在分别进一步控制了地区间（东部、中部、西部和东北）以及季度间的固有差异时，本省不合格肉类产品公示数量的系数并没有产生较大改变，说明地区间诸如地形、气候等固有差异并不会对生产者的认证采取行为产生较大的影响。而在控制年份固定效应的基础上进一步控制季度固定效应，结果发现同年中四个季度间的固有差异并未对生产者的认证行为有明显的影响。从列(5)可以看出，在控制了地区固定效应后进一步控制省份固定效应时，本省不合格肉类产品公示数量的系数再一次发生了相对较大的变动，说明相邻市场间的固有差异可能是影响生产者认证决策的重要因素。列(6)—(8)依次将省份宏观经济发展情况、肉类生产和消费情况以及公众认知水平纳入模型，这些既随时间变化又随区域变化的变量中，仅有省份宏观发展情况对结果产生了小幅的影响，其余两组控制变量加入后模型结果趋于稳定。这种情况可能是由于省份间的肉类生产与销售情况以及公众认知程度，在时间上的变化可能呈现出平行趋势，因此这两组控制变量的影响实际已被先前模型中的时间和空间固定效应所控制，从而没有表现出对结果显著的影响。

5.1.6 异质性讨论

(1)公示异质性对认证行为的影响

表 5.6 给出了政府规制组合下“本地公示本地产品”“本地公示异地产品”“异地公示本地产品”三类不合格肉类产品信息公示的异质性影响结果。观察列(8)可以发现，三类不合格信息的公示中，仅有“本地公示本地产品”和“异地公示本地产品”与认证 HACCP 的肉类产品生产者数量有显著的正向关系，“本地公示异地产品”不合格信息公示的系数较低，且并未通过显著性检验。同时，“异地公示本地产品”对肉类产品生产者 HACCP 认证行为影响的系数，要大于“本地公示本地产品”以及表 5.6 中本地公示所有不合格产品数量的系数。以上结果表明，肉类产品生产者可能更加看重其他省份对于本省生产的肉类产品不合格信息的公示情况，其次是本省对于本省生产肉类产品

表 5.6 异地公示对生产者 HACCP 认证的异质性影响估计

变量	新增 HACCP 认证数							
	(1)	(2)	(3)	(4)	(5)	(6)	(7)	(8)
本地公示本地产品	0.119** (2.57)	0.0877* (1.92)	0.101** (2.25)	0.105** (2.36)	0.101** (2.30)	0.0980** (2.24)	0.103** (2.38)	0.105** (2.41)
本地公示异地产品	0.152* (1.82)	0.136* (1.65)	0.117 (1.44)	0.129 (1.60)	0.102 (1.28)	0.0937 (1.18)	0.0849 (1.08)	0.0795 (1.01)
异地公示本地产品	0.444*** (6.92)	0.361*** (5.48)	0.341*** (5.28)	0.364*** (5.60)	0.307*** (4.66)	0.279*** (4.20)	0.289*** (4.38)	0.287*** (4.32)
年份固定效应	未控制	控制	控制	控制	控制	控制	控制	控制
地区固定效应	未控制	未控制	控制	控制	控制	控制	控制	控制
季度固定效应	未控制	未控制	未控制	控制	控制	控制	控制	控制
省份固定效应	未控制	未控制	未控制	未控制	控制	控制	控制	控制
省份宏观发展情况	未控制	未控制	未控制	未控制	未控制	控制	控制	控制
公众认知水平	未控制	未控制	未控制	未控制	未控制	未控制	控制	控制
省份肉类生产和销售情况	未控制	未控制	未控制	未控制	未控制	未控制	未控制	控制
R^2	0.3291	0.3135	0.4702	0.4968	0.7180	0.7230	0.7270	0.7321
N	434	434	434	434	434	434	434	434

注：***、**、*分别代表在 1%、5%、10%的置信水平下显著，括号内为系数估计的稳健标准差。

的不合格产品公示数量，而在本省公示的来自其他省份的不合格肉类产品则对本省肉类产品生产者认证行为的影响可能很小。这表明肉类产品生产者可能仅仅关注与自身关系更为密切的本省生产的不合格产品公示状况，且同样在本省生产产品的不合格公示中，来自异地的公示更易影响到肉类产品生产者的 HACCP 认证决策，这种异质性影响可能是由于生产者有市场拓展的倾向以及出于企业发展的角度思考决策所产生的。

在列(1)—(8)中，本研究同样逐一加入了控制变量观察时间固定效应、空间固定效应，以及既随时间改变又随空间改变的控制变量对于模型结果的影响，发现各变量加入后的影响与表 5.5 中的情况相似，年份的固有差异和省份的固有差异对本研究所关注的三个关键自变量的系数产生了较为明显的影响，并且模型结果在逐一纳入既随时间改变又随空间改变的三组控制变量的过程中逐渐趋于稳定。

(2)地区异质性对认证行为的影响

表 5.7 展现了政府规制组合下"本地公示本地产品""本地公示异地产品""异地公示本地产品"三类不合格肉类产品信息公示在东部、中部、西部以及东北四个地区间的异质性影响结果。

表 5.7 不同地区不合格产品公示的异质性影响估计

变量	新增 HACCP 认证数				
	全国	东部	中部	西部	东北
本地公示本地产品	0.105** (2.41)	0.252** (2.34)	0.180* (1.86)	0.0247 (0.64)	0.0363 (0.13)
本地公示异地产品	0.0795 (1.01)	0.0348 (0.21)	0.0279 (0.18)	−0.0735 (−0.83)	−0.205 (−0.56)
异地公示本地产品	0.287*** (4.32)	0.303* (1.78)	0.305* (2.03)	0.195*** (3.27)	0.156 (0.99)
季度固定效应	控制	控制	控制	控制	控制
省份固定效应	控制	控制	控制	控制	控制
省份宏观发展情况	控制	控制	控制	控制	控制
公众认知水平	控制	控制	控制	控制	控制
省份肉类生产和销售情况	控制	控制	控制	控制	控制
R^2	0.7321	0.7175	0.6578	0.7011	0.9165
N	434	140	84	168	42

注：***、**、* 分别代表在 1%、5%、10% 的置信水平下显著，括号内为系数估计的稳健标准差。

在东部地区和中部地区的子样本回归中,"本地公示本地产品"以及"异地公示本地产品"这两项关键自变量都通过了显著性检验,且两者的系数都高于全样本回归中的平均结果,这表明东部地区和中部地区的肉类产品生产者不论对于本省公示的本省不合格产品还是其他省份公示的本省不合格产品,都具有更高的敏感性,相比于其他地区,这两类公示数量的提升对于东部和中部生产者的认证有更强的带动作用。这种情况可能是由于东部地区与中部地区是肉类产品生产和加工的主要地区,出于竞争压力,这两地的生产者会更加关注其市场拓展的竞争力,当异地的不合格信息公示提高时,他们会更倾向于通过采取认证等方式提高自己的市场竞争水平。同时,由于人口密度与经济发展水平较高,东部和中部地区又是肉类产品的主要消费地,销往本省的产品被公示出不合格对于本省的肉类产品生产者同样非常重要,相比于其他地区,这两地的生产者可能会更加看重本地的市场。此外,"本地公示异地产品"在这两个地区中依然没有通过显著性检验。

在西部地区子样本回归中,仅有"异地公示本地产品"这一个关键变量通过了显著性检验,且该变量的系数要小于全样本回归的平均系数。这种情况可能表明,对于西部地区的肉类产品生产者来说,其主要的销售市场可能并不是本地,所以该地区的生产者会更加关注来自本省以外的主要肉类产品销售地的不合格产品公示数量;而东北地区的子样本回归中三类不合格信息公示均未通过显著性检验,这表明政府的不合格信息公示并不是东北地区肉类产品生产者采取 HACCP 认证的主要影响因素。

5.2 企业层面下政府规制组合对认证行为的影响

在前文研究基础上,本部分进一步从微观视角出发,探究抽检与信息公示这一政府规制组合对企业认证行为的影响效应。由于生产经营主体是食品质量安全问题的直接责任人,其实施认证等食品质量安全管理的行为是决定食品质量安全水平的关键(文晓巍和刘妙玲,2012),而与个体经营户相比,食品企业基于契约关系和交易规模而建立的流通渠道和分销渠道将远远广于个体,企业组织化程度相较个体也要更高,这使得企业暴发食品安全事件时引发大规模食品安全恐慌的可能性也相对较高(Rhee and Haunschild,2006; 吴元元,2012)。这种情况下,企业调整相应生产经营行为的动机也要更大。因此,本部分研究将从企业层面探究抽检规制手段与信息揭示手段组合对第三方质量安全认证行为的影响效应。

5.2.1 理论框架

对于政府抽检信息的公示来说,抽检违规信息的品类内容可通过向消费者传递产品质量信号来补充消费者对同类乃至同行业产品不可观测风险的预期,政府信息公示完全情况下,违规信息越少的企业所对应的消费者质量预期将越高,这将有助于企业获得竞争优势,进而对企业财务绩效和合作关系建立产生积极的影响;而对于违规信息较多的企业,抽检信息的公示严重降低了消费者对于相关食品的信任水平,导致消费者"用脚投票",通过降低支付意愿乃至拒绝购买的形式,来对声誉主体产生惩治效应(Roberts and Dowling, 2002; Walsh et al., 2009; Gatzert, 2015; Makarius et al., 2017)。企业声誉的建立有助于矫正消费者的质量安全风险感知偏差,间接地提升消费者参与食品质量安全治理的程度,激励企业提升食品质量安全水平。

基于政府抽检情况的信息公示不仅向利益相关主体传递了特定企业的违规情况,对于各个行业信息的公开也将通过影响集体行业的声誉水平而作用于企业行为决策。一方面,行业内相似性较高的企业往往难以在集体中突出个体特征,对于生产低质量食品的企业而言,行业集体声誉下降导致的消费者支付意愿下降若无法抵消因改进食品质量安全水平而增加的成本,企业将缺乏质量安全提升的动力,这种情况下,行业集体声誉对企业食品质量安全水平存在负面的溢出效应。另一方面,市场竞争激烈情况下集体声誉的损失可能激励企业(尤其是高质量合规企业)通过改进生产经营模式、自我公示、第三方认证等手段来提升产品质量安全水平并释放质量安全信息,这种情况下集体声誉损失对企业改进食品质量安全水平形成了积极的溢出效应(Van Heerde et al., 2007; Siomkos et al., 2010)。

此外,食品的跨地区流通特点使得食品的主要生产、消费及周边地区都随着食品的流通而表现出风险高发的特性,地区食品质量安全表现出明显的空间依赖关系(李清光等,2016; 宋英杰等,2017; Lee et al., 2019)。随着抽检规制的不断进行,信息公开程度的加深、消费者参与形象响应程度的提升,将有利于在本地区范围内形成一定的群体意识,这种群体意识将以外部治理需求的形式作用于周边地区的食品质量安全治理，进而推动周边地区相关行业企业实施认证行为。Jouanjean 等(2015)在讨论美国边境违规情况的声誉溢出效应研究中也证实了周边地区违规情况对于本地行为存在显著的正向影响。因此，邻近地区集体声誉的变化也可能对本地企业食品质量安全的风险水平存在揭示效应。

对于政府规制组合对企业质量安全认证行为的影响机理，结合前文内容，本部分参考 Schaar 和 Zhang(2015)及陈艳莹和平靓(2020)关于声誉与认证相关关系的理论研究，探究市场中企业认证行为与消费者监督行为的决策选择。理论模型关键前提如下。

首先，假设市场中仅存在生产合规产品(q_H)和违规产品(q_L)的两种类型企业(分别简称为“合规企业”和“违规企业”)，其中合规产品的质量安全水平较高，符合国家相关食品质量安全标准，违规产品的质量安全水平较低，与国家相关食品质量安全标准存在一定差异，但企业可通过额外投资来改进产品质量安全水平使其转变为生产合规产品的企业，单位投资成本为 σ，合规成本为 $\sigma(q_H-q_L)$。此外，企业边际生产成本均为 c，销售价格为 p。

其次，假设消费者在市场中仅存在一期，消费者对于食品的支付意愿完全取决于市场公开质量信息构成的企业个体声誉及集体声誉，企业综合声誉越高时消费者相应支付意愿也越高。其中，考虑到食品安全风险跨域流通的现实特征以及潜在的声誉溢出效应(李清光等，2016；Jouanjean et al.，2015)，这里假设行业集体声誉可进一步细分为本地行业集体声誉和外地行业集体声誉，二者对消费者支付意愿产生不同程度的影响。当市场信息不对称时，消费者无法准确识别合规企业与违规企业，此时，市场中消费者对于任一企业的支付意愿为 $\alpha_i=\delta\phi_i^f+\beta\phi^{lc}+(1-\delta-\beta)\ \phi^{oc}$，$(i=H;L)$。$\phi_i^f$ 为企业个体声誉，δ 代表消费者对于企业个体声誉的信任程度；φ^{lc} 为本地行业集体声誉，为企业所处地区内所有同行业企业个体声誉的总和，β 为消费者对本地行业集体声誉的信任程度；ϕ^{oc} 为本地行业集体声誉，为企业所处地区外所有同行业企业个体声誉的总和；合规企业和违规企业在市场中共享集体声誉。考虑到集体内个别企业违规而导致的集体声誉下降对于集体内其他企业而言属于外生冲击，研究假定集体声誉 φ^c 是外生的。此外，模型设定满足 $\alpha_H\geqslant\alpha_L$，$\phi_H^f$、$\phi_L^f$、$\phi^{lc}$、$\phi^{oc}$、$\alpha_i$、$\delta$、$\beta$ 的取值均在 0—1 之间。

再次，假设合规企业实施第三方认证的概率为 θ_H，认证成本为 k；违规企业只有通过提高产品质量安全水平才可以通过第三方机构认证，故违规企业实施第三方认证的概率为 θ_L，认证成本为 $k+\sigma(q_H-q_L)$；假设合规企业的认证动机高于违规企业，$1>\theta_H>\theta_L>0$。获得第三方认证的企业往往会将认证信息通过包装、宣传等途径向消费者传递，但考虑到不同消费者对认证的了解及信任程度存在差异，假设消费者对于企业第三方认证的信任程度为 λ（$0<\lambda<1$）。对于这部分消费者而言，接收认证信息后能够提高对于企业整体声誉的判断和预期，致使消费者支付意愿提高。此时，消费者支付意愿为 $\alpha_i^*=\alpha_i+\lambda(1-\alpha_i)$，$i=(H;L)$。

最后，基于以上前提假设，当市场中食品企业均不存在第三方认证时，市场信息不完全，消费者只能依赖信息公示所形成的声誉对企业食品质量安全水平进行判断。此时，消费者无法准确识别企业的质量安全水平的高低，对于消费者而言，合规企业与违规企业基本同质，消费者对产品的质量预期如式(5.3)所示。

$$E^{NC}=\varphi\alpha_H+(1-\varphi)\alpha_L \tag{5.3}$$

此时，为避免逆向选择问题的出现，合规企业可能会有动机通过第三方认证等形式来显示自身产品质量安全水平，相应地，违规企业也可通过提升产品质量安全水平并实施第三方认证的途径来保障在市场中的生存空间。因而当市场中食品企业存在第三方认证情况下，消费者对产品的质量预期如式(5.4)所示。

$$\begin{aligned}E^C&=\theta_H\varphi\alpha_H^*+(1-\theta_H)\varphi\alpha_H+\theta_L\varphi\alpha_L^*+(1-\theta_L)(1-\varphi)\alpha_L\\&=\theta_H\varphi[\alpha_H+\lambda(1-\alpha_H)]+(1-\theta_H)\varphi\alpha_H+\theta_L(1-\varphi)[\alpha_L+\lambda(1-\alpha_L)]\\&\quad+(1-\theta_L)(1-\varphi)\alpha_L\\&=E^{NC}+\theta_H\varphi\lambda(1-\alpha_H)+\theta_L(1-\varphi)\lambda(1-\alpha_L)\end{aligned} \tag{5.4}$$

由 $\theta_H\varphi\lambda(1-\alpha_H)>0$、$\theta_L(1-\varphi)\lambda(1-\alpha_L)>0$，可得 $E^C>E^{NC}$，第三方认证可通过对认证信息的揭示来提高消费者对于食品企业的质量预期。假定消费者仅在产品价格不高于质量预期时才会做出购买决策。因此，研究假定产品价格 $p=E_i$，企业未实施第三方认证时的预期利润净现值如式(5.5)所示。

$$\Pi^{NC}=\int_0^{(+\infty)}(E^{NC}-c)\mathrm{e}^{-\rho t}\,\mathrm{d}t=\frac{1}{\rho}(E^{NC}-c) \tag{5.5}$$

企业实施认证时，两类企业的预期利润净现值分别为式(5.6)和式(5.7)。

$$\Pi_H{}^C=\int_0^{+\infty}(E^C-c)\mathrm{e}^{-\rho t}\,\mathrm{d}t-k=\frac{1}{\rho}(E^C-c)-k \tag{5.6}$$

$$
\begin{aligned}
\Pi_H^C &= \int_0^{+\infty} (E^C - c)\ e^{-\rho t}\ \mathrm{d}t - [k + \sigma(q_H - q_L)] \\
&= \frac{1}{\rho}(E^C - c) - [k + \sigma(q_H - q_L)]
\end{aligned} \tag{5.7}
$$

比较式(5.3)—(5.5),企业认证前后的预期利润净现值与消费者质量预期密切相关,消费者质量预期的提高使得认证企业可收取的均衡价格相应提升,实现了企业收益的上涨。但由于认证成本及合规成本的存在,不同类型企业利润净现值的变化存在差异,具体表现如式(5.8)和式(5.9)所示。

$$
\begin{aligned}
\Delta\Pi_H =& \frac{1}{\rho}\theta_H\varphi\lambda[1-\delta\phi_H^f-(1-\delta)\ \phi^c]+\frac{1}{\rho}\theta_L(1-\varphi)\lambda[1-\delta\phi_L^f+(1-\delta)\ \phi^c] \\
&-\frac{c}{\rho}-k
\end{aligned} \tag{5.8}
$$

$$
\begin{aligned}
\Delta\Pi_L =& \frac{1}{\rho}\theta_H\varphi\lambda[1-\delta\phi_H^f-(1-\delta)\ \phi^c]+\frac{1}{\rho}\theta_L(1-\varphi)\lambda[1-\delta\phi_L{}^f+(1-\delta)\ \phi^c] \\
&-\frac{c}{\rho}-k-\sigma(q_H-q_L)
\end{aligned} \tag{5.9}
$$

围绕式(5.8)和式(5.9)企业认证前后利润净现值变化,为探究声誉变化对企业认证激励的作用效果,研究分别对企业个体声誉 $\phi_i{}^f$ 和集体声誉 ϕ^c 求一阶导数,根据 $\rho>0$、$0<\delta<1$、$\lambda>0$、$0<\varphi<1$、$\theta_i>0$,可得式(5.10)—(5.12)。

$$\frac{\partial\Delta\Pi_H}{\partial\phi_H{}^f}=-\frac{1}{\rho}\lambda\delta\theta_H\varphi<0 \tag{5.10}$$

$$\frac{\partial\Delta\Pi_L}{\partial\phi_L{}^f}=-\frac{1}{\rho}\lambda\delta\theta_L(1-\varphi)<0 \tag{5.11}$$

$$\frac{\partial\Delta\Pi_i}{\partial\phi^c}=-\frac{1}{\rho}\lambda(1-\delta)[\theta_H\varphi+\theta_L(1-\varphi)]<0 \tag{5.12}$$

式(5.10)—(5.12)结果表明,无论食品企业在初期生产经营产品质量安全水平是否符合相关食品质量安全标准,企业个体声誉及集体声誉的下降都提高了企业实施第三方认证增加的利润净现值水平。当企业个体声誉或两类集体声誉受损时,消费者支付意愿和质量预期明显降低,致使企业申请第三方认证后获得的价格溢价提升,收益上涨。因此,声誉损失越大,企业越有动力实施第三方认证。据此,本部分研究提出以下三个假说。

假说一:个体声誉的损失有助于激励企业实施第三方认证。

假说二:本地行业集体声誉的损失有助于激励企业实施第三方认证。

假说三:周边地区行业集体声誉的损失有助于激励企业实施第三方认证。

5.2.2 变量选择及来源

(1)变量选择

本部分以企业为研究对象，从声誉角度出发，探讨企业层面下规制组合对企业质量安全生产水平及其机制展开讨论，相关变量的定义及描述性统计结果如表 5.8 所示。

表 5.8 变量定义及描述性统计结果

变量类型	变量名称	变量定义	数据来源	均值	标准差	最小值	最大值
因变量	是否认证	企业是否存在认证：1=是；0=否	CCAD	0.116	0.320	0	1
	认证次数	企业现有认证数量	CCAD	0.146	0.441	0	5
自变量	企业上年违规数量	企业过去一年违规次数的对数值	SAMR	0.018	0.126	0	2.079
	本地行业上年违规数量	企业过去一年所涉行业违规次数的对数值	SAMR	1.561	1.253	0	6.712
	周边地区上年违规数量	企业过去一年所涉行业在接壤城市违规次数总和的对数值	SAMR	5.268	1.216	0	7.982
控制变量	经营年限	企业经营年限：1=5 年以下；2=5—10 年；3=10—20 年；4 = 20 年以上	CCAD	2.125	0.941	1	4
	资产负债率	负债总额/资产总额	CCAD	0.852	9.712	−349.725	663.433
	企业规模	企业员工人数的对数值	CCAD	2.300	1.400	0	8.269
	总资产收益率	净利润/平均资产总额	CCAD	0.085	6.596	−218.412	327.251

第一，企业食品质量安全声誉。作为政府抽检规制和信息工具的载体，本部分研究的食品质量安全声誉完全基于政府检测信息，并认为政府抽检信息公示所形成的声誉机制是对企业食品质量安全状况的真实反映（王常伟，2016），基于政府抽检的统计结果是衡量食品质量安全水平的有效代理变量；政府抽检的信息公开具有相对较高的可信度和较广的覆盖范围，能有效反映

企业声誉。具体而言,Kreps 和 Wilson(1982)和 Fudenberg 和 Levine(1989)的研究结果均表明,即使是少量的不完善信息,也足以产生并维持声誉效应,进而对声誉主体行为产生影响。因此,政府食品质量安全抽检信息的公开将有助于市场相关利益主体形成对食品企业的声誉感知。因此,本部分研究将往期政府食品质量安全抽检的违规结果用于衡量食品企业质量安全声誉。考虑到产品复杂度、食品企业众多以及消费者记忆的有限性,消费者基于记忆的信息处理和风险感知受时间效应的影响,消费者因过去负面事件对企业产生的信任度下降及消费意愿降低等负面响应在事件发生一年后存在明显减弱(Vassilikopoulou et al., 2009; Castriota and Delmastro, 2014)。本部分研究认为基于负面信息公示形成的声誉影响主要集中在事件暴发后的未来一年,因此利用上一年度企业违规情况、本地行业违规情况及邻近地区行业违规情况用以衡量相关个体及集体声誉,讨论协同治理对企业第三方认证行为的影响。

第二,企业第三方认证。第三方认证是基于政府认可的专业且权威的第三方监督机构对生产经营主体的一种评估认证,认证过程不仅有助于提升生产经营主体的质量安全水平,而且可以利用认证向消费者发送产品质量信号,降低利益主体间的信息不对称,为企业带来一定溢价(王常伟,2016)。由于认证机构的客观性和独立性,食品质量安全事件暴发时消费者对于第三方认证的信任程度将远远高于企业自我公示和质量保证协议等信息传递途径(陈艳莹和平靓,2020)。因此,食品企业的第三方认证行为是企业实施安全控制行为、改善生产经营产品安全水平的重要途径。本部分研究中企业第三方认证行为决策通过是否认证和认证数量两个指标来分别衡量。具体而言,本部分研究中企业认证行为范围包括食品质量认证(QS)、危害分析与关键控制点认证(HACCP)、食品安全管理体系认证(FSMS)、有机产品认证、绿色食品认证、良好农业规范(GAP)和良好生产规范认证(GMP)等七类认证。

第三,控制变量。本部分研究中控制变量主要为企业层面的相关影响变量。一是企业经营年限。企业经营年限的提高不仅有助于企业风险识别能力的提升,降低接收风险产品的可能性,而且可以通过历史经营积累社会资本,降低与消费者间的信息不对称程度(赵杨和吕文栋,2011;蒋薇薇和王喜,2012)。企业经营年限的长短对企业风险控制能力和行为决策可能存在影响。二是资产负债率。负债比率高时企业为保证长期稳定的收入、规避潜在的处罚成本,可能会倾向于减少违规生产(张辉等,2016)。本部分研究使用资产负债率指标来衡量企业的负债情况。三是企业规模。食品质量安全事件爆发后，由于规模较小的企业退出和进入市场的成本相对较低，相较于采取一定措施显示自身产品质量、形成个体声誉，规模较小的企业往往缺乏采用认证等私人标准的激励(Fagotto，2013)。本部分研究参照《统计上大中小微型企业划分办法(2017)》中对于企业规模的划分标准，使用企业员工数量的对数对食品企业规模进行衡量。四是总资产收益率。盈利能力越差的企业为提升自身收益，可能更愿意通过申请第三方认证来提升自身竞争力，进而抢占市场份额(陈艳莹和平靓，2020)。本部分研究利用总资产收益率指标来衡量企业盈利能力。

(2)数据来源及处理

本部分研究数据主要来源于两方面，包括国家及省级、市级市场监督管理局网站(SAMR)和中国涉农企业数据库(CCAD)。

一是政府食品质量安全抽检数据，来源于全国相关监管部门网站政府公开数据(SAMR)。全国各省及市县市场监督管理局不定期对食品质量安全抽检信息进行公示，每条抽检数据详细列出了被抽样企业名称、被抽样企业地址、产品名称、生产企业名称、生产企业地址、规格、商标、判定结果等信息。通过对产品名称的识别，本部分研究参考《食品安全国家标准 食品添加剂使用标准》(GB 2760—2014)中的食品分类系统将产品所属产品类别划分为乳及乳制品、脂肪、油和乳化脂肪制品、水果及其制品、蔬菜及其制品、豆类制品、坚果和籽类产品、粮食和粮食制品、焙烤食品、肉及肉制品、水产及其制品、蛋及蛋制品、调味品、饮料类产品、酒类产品等14类食品种类；通过对被抽样企业名称及地址的识别，本部分研究对企业所在城市与四位行政区划代码相匹配。

二是企业相关信息，包括企业基本信息、认证信息、年报资产信息等，均来源于中国涉农企业数据库(CCAD)。该数据库收集了截至2020年底各级市场监管部门登记在册的农业企业和农业加工业企业的相关信息，具体包括企业成立时间、统一社会信用代码、工商注册号、经营范围、行业门类、注册地址、死亡时间、行政区划代码等工商注册基本信息，认证内容、初次认证时间、认证到期时间等认证信息，以及从业人数、资产总额、负债总额、利润总额、净利润等企业年报资产信息。其中，本部分研究利用企业食品农产品认证信息表中的认证项目、初次认证时间、颁证时间、到期时间，识别样本期间企业认证实施和有效情况；根据企业成立时间计算企业经营年限；根据企业经营范围识别企业所涉食品行业。在此基础上，本部分研究将企业基本信息表、企业食品农产品认证信息表以及企业年报资产信息表进行匹配合并，整理出2015—2019年相关企业数据。根据企业名称及地址等信息，将CCAD中企业数据与食品质量安全抽检数据库进行匹配，剔除控制变量缺失和不符合统计逻辑的样本，最终得到由5520个样本、3005家企业组成的非平衡面板数据。

5.2.3 模型构建

为探究信息化公示规制是否影响企业食品质量安全控制行为，本部分研究以企业自愿性第三方认证作为企业质量安全控制行为的关键代理变量展开分析。C_{it}为控制变量，包括企业经营年限、资产负债率、企业规模和总资产收益率等。因变量为企业是否有实施任一认证的0－1虚拟变量($\text{certi}_{dum_{it}}$)，若有有效的认证，则赋值为1；若没有有效的认证，则赋值为0。考虑到因变量的连续性性态得不到满足，OLS估计结果偏误较大，因此研究利用二元选择的面板Logit模型，探究声誉对企业实施第三方认证行为的概率影响。模型构建如式(5.13)。

$$P(\text{certi}_{dum_{it}}=1\mid Z)=\frac{e^{X'}\beta}{1+e^{X'}\beta} \tag{5.13}$$

其中，$X=(\underbrace{\text{lfr}_{it-1}}_{\text{企业上年违规数量}},\underbrace{\text{lfr}_{indu,it-1}}_{\text{本地行业上年违规数量}},\underbrace{\text{lfr}_{neigh,it-1}}_{\text{周边地区上年违规数量}},C_{it})'$。

在此基础上，有研究显示，为提高消费者的信任水平和预期支付意愿，企业存在叠加认证的情况(幸家刚，2016；陈艳莹和平靓，2020)。因此，本部分研究将式(6.11)中是否实施认证的虚拟变量替换为企业有效的认证数量($\text{certi}_{num_{it}}$)，考虑到认证数量为计数变量，且存在较多零值，本研究使用泊松伪最大似然(PPML)回归对企业认证数量的影响，该模型不仅能够在因变量数据中存在大量零值和存在异方差情况下对模型进行较好估计，而且允许数据不服从泊松分布(Correia et al.，2019)，能够有效规避认证零值和异方差导致的估计结果偏差问题。模型构建如式(5.14)。

$$\begin{aligned}\text{certi}_{num_{it}}=\exp(&\underbrace{\alpha_0\text{lfr}_{it-1}}_{\text{企业上年违规数量}}+\underbrace{\alpha_1\text{lfr}_{indu,it-1}}_{\text{本地行业上年违规数量}}+\underbrace{\alpha_2\text{lfr}_{neigh,it-1}}_{\text{周边地区上年违规数量}}\\&+\beta C_{it}+\gamma_i+\delta_t+\varepsilon_{it})\end{aligned} \tag{5.14}$$

其中，i、t分别代表企业及年份。lfr_{it-1}为企业i在$t-1$年的违规频率，用于衡量企业个体声誉损失；$\text{lfr}_{indu,it-1}$为企业i所在城市内企业所涉产品行业在

$t-1$ 年的违规频率，用于衡量本地行业集体声誉损失；$\mathrm{lfr}_{neigh,it-1}$ 为企业 i 所在地邻近城市在 $t-1$ 年所涉行业的违规次数总和，用于衡量邻近地区行业集体声誉损失，本部分研究将邻近集体定义为与本地城市的所有接壤城市违规次数总和；由于存在零违规的情况，本部分研究中违规情况的衡量均在违规次数加一之后取对数计算。为了避免可能出现的内生性问题，本部分研究在构造行业集体声誉代理变量时扣除了本企业的违规次数。除此之外，还控制了时间效应以及企业个体效应。

5.2.4　描述性分析

针对样本企业认证情况，本部分研究首先对企业认证情况进行了描述性统计。由表 5.9 可知，样本企业认证概率为 11.56%，占比相对较低，大多数企业仍未将第三方认证应用到日常生产经营活动中来传递自身产品质量安全水平。考虑到不同规模企业对认证成本的承受能力存在差异，本部分研究比较了不同规模样本企业认证比例分布，结果表明大中型企业实施认证的比例远高于小微型企业，企业在达到一定经营水平后更有可能通过实施第三方认证的手段来巩固经营。此外，考虑到地区间经济发展水平的不同可能导致地区内相关利益主体对于食品质量安全的重视程度存在差异。与前文对应，本部分研究还划分了东、中、西三个地理区域，比较企业认证行为在地理区域上企业的认证概率差异，结果表明企业认证比例由高到低依次为东部地区、中部地区、西部地区。

表 5.9　企业认证情况统计

所有样本		认证企业数量/个	企业总数/家	认证概率/%
		2577	22292	11.56
分企业规模	大中型企业	1176	4516	26.04
	小微型企业	1401	17776	7.88
分地区发展	东部地区	1064	8319	12.79
	中部地区	929	8330	11.25
	西部地区	584	5643	10.35

在此基础上，研究进一步对企业认证数量的分布进行了描述性统计，结

果如表 5.10 所示。样本中食品企业以单认证为主，企业多重认证比例相对较低，超过四分之三的样本企业仅存在单一认证。进一步按企业员工人数将企业划分为大中型企业和小微型企业后可以发现，随着企业认证数量的增多，大中型企业占比不断提升，表明食品企业的多重认证行为大多集中在大中型企业中，大中型企业依靠其规模优势更有动力和实力去不断增加认证。

表 5.10　企业认证数量分布统计

认证数量/个			1	2	3	4	5
总样本	企业	企业数量/家	2003	498	61	13	2
		占比/%	77.73	19.32	2.37	0.5	0.08
分企业规模	大中型企业	企业数量/家	840	291	34	9	2
		占比/%	41.94	58.43	55.74	69.23	100
	小微型企业	企业数量/家	1163	207	27	4	0
		占比/%	58.06	41.57	44.26	30.77	0
分区域	东部地区	企业数量/家	870	185	9	0	0
		占比/%	43.43	37.15	14.75	0	0
	中部地区	企业数量/家	704	185	32	6	2
		占比/%	35.15	37.15	52.46	46.15	1
	西部地区	企业数量/家	429	128	20	7	0
		占比/%	21.42	25.70	32.79	53.85	0

值得关注的是，在认证概率较高的东部地区，其企业认证数量大多仅存在单认证，多重认证概率均较低；而中部地区和西部地区的食品企业获得多重认证的概率远高于东部地区企业，在市场机制和信息化水平相对更低的中西部地区，其食品企业可能会倾向于通过申请各项认证的途径来传递产品质量安全信息，提升竞争优势。

为进一步比较企业认证与其违规信息公示之间的关系，本部分研究针对在样本期间内已公示的存在过违规的企业，将这些企业第一次违规的时间标准化为 0，绘制了在标准化时间后四年内企业认证与企业违规情况的相关分布，结果如图 5.2 所示。其中，柱状图表示这些企业自首次违规起之后各年份的违规总数，可以发现，样本期内大部分企业仅存在一次违规，连续违规情况较少；实线分别表示企业在经历违规后第三方认证的概率和数量变化。由图

5.2可知，样本期内企业第一次发生违规后的三年内无论是平均的认证概率还是认证数量都呈现上升趋势，说明企业的抽检违规情况可能驱使企业通过实施第三方认证的形式来弥补声誉损失。但违规发生三年之后，企业平均认证概率下降，这可能是因为随着部分认证的过期，部分企业在缺乏负面声誉冲击情况下认证激励下降；但与之相反的是，平均认证数量在三年之后仍呈现上升趋势，表明对于存在多重认证的企业而言，认证对于企业经营效益存在正向激励。

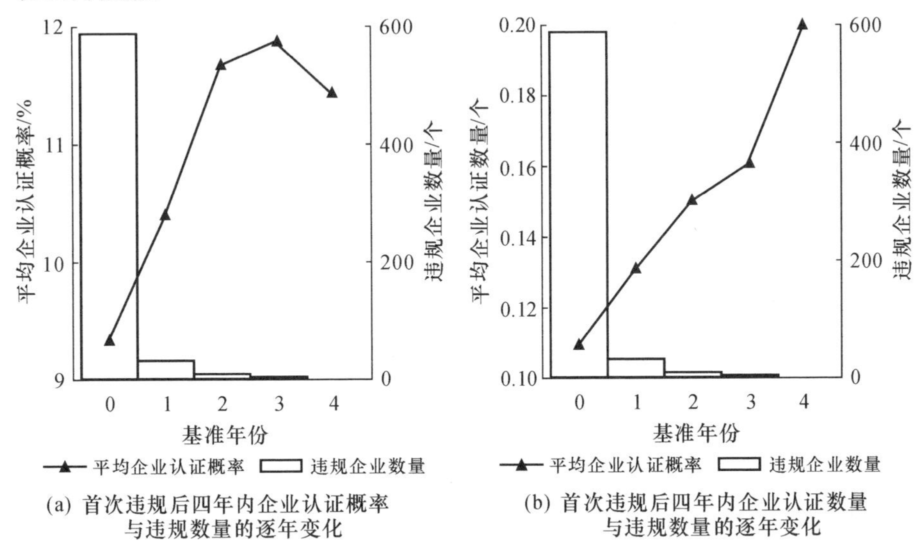

图5.2 首次违规后四年内企业认证与企业违规情况的逐年变化

5.2.5 基准结果分析

本部分重点探究政府规制组合对企业第三方认证决策的影响，揭示政府规制组合的影响效应，其中第三方认证行为分别采用虚拟变量[详见表5.11列(1)至列(2)]以及计数变量[详见表5.11列(3)]进行衡量，分别利用面板Logit和PPML回归讨论声誉对企业实施质量安全控制行为的扩展边际和集约边际影响。由于政府抽检信息的公示精确到具体食品企业，相较于一般食品质量安全事件，消费者对于个体企业的可识别性相对更高，因此研究同时讨论了企业个体声誉和行业集体声誉对企业食品质量安全控制行为的影响。

表 5.11　政府规制组合对企业实施认证行为影响的系数估计结果

变量	是否认证		认证数量
	面板 Logit 系数估计 (1)	面板 Logit 边际效应 (2)	PPML 系数估计 (3)
企业上年违规数量	0.7154 (0.9009)	0.0112 (0.0142)	0.0846 (0.1691)
本地行业上年违规数量	0.3577*** (0.1111)	0.0056*** (0.0018)	0.0770*** (0.0275)
周边地区上年违规数量	−0.8053*** (0.1266)	−0.0126*** (0.0024)	−0.0755** (0.0294)
经营年限	0.4152** (0.1762)	0.0065** (0.0029)	0.1596* (0.0945)
资产负债率	0.0031 (0.0613)	0.0000 (0.0010)	0.0387** (0.0167)
企业规模	2.4230*** (0.1777)	0.0379*** (0.0053)	0.1989*** (0.0559)
总资产收益率	−0.0182 (0.0136)	−0.0003 (0.0002)	−0.0703 (0.0481)
N	5520	5520	725
伪 R^2	—	—	0.136
Wald 检验值	220.49		29.51
Prob＞chi^2	0.000		0.000

注：***、**、*分别代表在1%、5%、10%的置信水平下显著，括号内为系数估计的稳健标准差。

(1)政府规制组合对企业认证行为实施概率的影响及其空间效应

在探究政府规制组合对企业实施认证概率研究中，利用二元选择的面板Logit模型估计政府抽检规制与信息公示协同的政府规制组合的影响系数。由于二元选择模型为非线性模型，其参数估计结果不能反映变量的边际影响，为实现变量间影响效应的比较，本部分研究在表5.11列(1)至列(2)中分别展示了系数估计结果和平均边际效应估计结果，并重点围绕面板Logit模型的边际效应估计结果[见表5.11列(2)]展开详细讨论，梳理结果如下。

第一，本地违规信息公示的强化有助于提高企业实施第三方认证的概率。控制其他变量不变时，本地公示的违规信息数值每增加1%，将在1%的置信水平下以0.56%的概率增加企业实施认证行为的可能性。基于政府抽检规制和信息工具的协同治理对本地食品质量安全具有显著的促进效应，公示违规信息的增多使得消费者对于相关行业的信任水平不断下降，企业为避免受行业危机牵连，恢复消费者对自身产品的消费预期，往往有较大动机做出第三方认证决策来传递产品质量信号、突出自身在行业中质量安全的可识别性。

第二，本地违规信息公示的强化将对周边地区食品企业认证概率产生负向的溢出效应。企业所在周边地区相关行业公示的违规情况每增多1%将导致企业实施认证行为的概率下降1.26%。控制其他条件不变，本地公示的违规信息增多时，本地信任程度的降低直接导致消费者转移到邻近同类市场进行消费(Zhou et al.，2019)。此时，企业无需认证即可扩大消费市场，导致企业实施认证等质量安全控制行为的激励减少。

第三，针对单个企业违规信息的公示并不会对其质量安全第三方认证行为的实施概率产生显著影响。这一结果可能是因为，第三方认证行为的实施更大程度上是作为“柠檬市场”中企业个体质量信息传递的媒介，当行业整体质量声誉下降时，消费者无法准确识别高质量与低质量企业产品，此时认证行为的实施即可作为可靠的信息工具来弥补消费者信息获取的不足。但对于特定低质量违规企业个体而言，由于消费者对于第三方认证的了解以及信任水平较为有限(杨智等，2016)，认证无法挽回企业生产经营产品违规带来的消费者信任下降，致使企业缺乏足够的认证激励。

第四，在企业相关控制变量中，企业经营时间的长短和企业人员规模对提升企业实施第三方认证行为概率具有显著的正向影响。经营时间长、人员规模大的企业，为实现长期稳定的企业发展，提升企业市场竞争优势，将更有动力实施第三方认证等客观的质量安全控制行为。

(2)政府规制组合对企业认证行为实施数量的影响及其空间效应

由于市场中第三方认证种类繁多，部分企业可能会通过增加认证等手段来提升市场竞争能力。因此，本部分研究在分析政府规制组合对质量安全控制行为影响的拓展边际基础上，进一步探究了信息公示对企业认证数量的影响，结果如表5.11列(3)所示。值得注意的是，PPML估计下观测值远低于样本数量，这主要由两方面原因导致。一方面，模型存在一些并未向估计过程传递任何相关信息的分隔观测值(separated observations)，拟合过程中PPML方法将这些观测值进行了剔除(Correia et al.，2019)；另一方面，模型中也存在一定数量的单例组(singletons)，即在固定效应控制下存在由于虚拟变量过多所导致被完全解释的观测值，保留可能导致模型估计结果有偏(Correia，2015)。为实现估计结果的无偏性，PPML方法在估计过程中将剔除相关单例组，此时模型估计的样本观测值减小。

具体来看，企业个体违规信息的公示对于企业增加认证数量存在正向作用，但这种影响并不显著；公示的行业违规信息增多将在1%的水平上显著提升企业实施认证的数量，强调了本地效应对于企业做出安全控制行为决策的重要性。控制其他条件不变时，地区内企业所处行业违规次数每增加10%，企业认证数量增加0.77个。行业整体质量安全水平的下降不仅有助于激励企业提升第三方认证概率，而且对于企业增加认证数量也有显著的正向激励。相应地，周边市场质量安全水平下降带来的市场转移直接促进了企业的交易份额，企业缺乏投入额外成本传递质量信号的激励，政府规制组合对周边企业认证带来了负外部性，致使企业认证数量下降。

5.2.6 稳健性检验

为检验实证结果稳健性，本部分研究构建了不同的实证模型对回归结果的稳健水平进行检验，并在验证结果稳健的基础上，通过替换变量、调整样本大小等方式，对相应研究问题分别使用面板Logit模型以及PPML回归重新进行估计，探究声誉损失对企业是否认证决策以及企业认证数量的影响。

(1)替换实证分析模型的稳健性检验

为探究实证结果的稳健性，本部分构建面板Probit模型来替换面板Logit模型探究政府规制组合与企业认证概率之间的关联，构建面板固定效应模型替换PPML回归探究政府规制组合与企业认证数量之间的关联，通过比较实证分析模型替换前后的边际效应系数结果，来增强模型的可信程度，结果如表5.12所示。与前文类似，面板固定效应模型中受单例组影响，样本估计的观测值有所减少，但由于面板固定效应模型相较PPML估计假设约束相对宽松，被剔除出模型估计的观测值相对较少。表5.12结果显示，不同模型下政府规制组合对企业是否实施第三方认证概率、政府规制组合对企业实施认证数量的影响在符号和显著性上都较为一致，行业集体声誉是影响企业认证行为的主要因素，表明模型设置合理，估计结果较为稳健和可信。

表 5.12 替换实证模型的稳健性检验

变量	是否认证		认证数量
	面板 Probit 系数估计 (1)	面板 Probit 边际效应 (2)	面板固定效应 系数估计 (3)
企业上年违规数量	0.4201 (0.3476)	0.0125 (0.0106)	0.0059 (0.0207)
本地行业上年违规数量	0.2078*** (0.0579)	0.0062*** (0.0020)	0.0106* (0.0058)
周边地区上年违规数量	−0.4801*** (0.0677)	−0.0143*** (0.0032)	−0.0223** (0.0100)
经营年限	0.2455** (0.0968)	0.0073** (0.0032)	−0.0021 (0.0164)
资产负债率	0.0011 (0.0200)	0.0000 (0.0006)	−0.0009* (0.0005)
企业规模	1.4241*** (0.0901)	0.0424*** (0.0077)	0.0408*** (0.0137)
总资产收益率	−0.0107*** (0.0040)	−0.0003** (0.0001)	−0.0020*** (0.0007)
N	5520	5520	3968
调整 R^2	—	—	0.823
Wald 检验值	333.92		—
Prob>chi^2	0.000		—

注：***、**、* 分别代表在 1%、5%、10%的置信水平下显著，括号内为系数估计的稳健标准差。

(2)改变政府规制组合衡量范围的稳健性检验

考虑到前文描述性分析结果表明，政府公示的往期违规信息对平均的企业认证概率和行为影响持续时间较长，本部分研究将信息公示的作用范围由过去一年分别替换为过去两年的违规次数之和与过去三年的违规次数之和做稳健性检验，结果如表 5.13 所示。其中，由于使用历史时期违规次数来衡量声誉损失情况，当使用过去两期、过去三期违规数量来替换过去一期违规数量时，受限于往期样本数据的缺失，拟合的时间范围缩小，致使观测值数量依次下降；相应地，使用 PPML 方法估计声誉损失对认证数量影响时，样本观测值数量减少(Correia et al.，2019)。结果与基准回归的影响方向和显著性较为一致，本地行业上年违规数量对企业认证存在显著激励效应，而周边邻近城市行业上年违规数量对企业认证存在负激励，相似的结果表明文章采用过去一年违规次数用于衡量声誉水平具有合理性。

需要注意的是，当假设信息公示的时效性扩大到三年时，企业过去三年累计的违规次数将有助于激励企业提升产品认证数量，这可能说明了企业在违规信息冲击下的认证激励需要相对较长时间的积累，且主要对企业多重认证的行为决策产生积极影响。

表 5.13 稳健性检验——改变声誉衡量范围

变量	过去一年(基准)		过去两年		过去三年	
	是否认证 (1)	认证数量 (2)	是否认证 (3)	认证数量 (4)	是否认证 (5)	认证数量 (6)
企业上年违规数量	0.0112 (0.0142)	0.0846 (0.1691)	−0.0135 (0.0148)	0.2382 (0.1470)	0.0640 (0.0392)	0.5457* (0.2817)
本地行业上年违规数量	0.0056*** (0.0018)	0.0770*** (0.0275)	0.0095*** (0.0038)	0.1395*** (0.0483)	0.0206*** (0.0069)	0.4002*** (0.1401)
周边地区上年违规数量	−0.0126*** (0.0024)	−0.0755** (0.0294)	−0.0150*** (0.0020)	−0.0996 (0.0919)	−0.0326*** (0.0090)	−0.2885* (0.1642)
控制变量	控制	控制	控制	控制	控制	控制
N	5520	725	2746	378	1257	150
调整 R^2	—	0.136	—	0.133	—	0.117
Wald 检验值	220.49	25.91	129.65	19.13	54.34	17.87
Prob>chi^2	0.000	0.000	0.000	0.008	0.000	0.0126

注：***、**、*分别代表在1%、5%、10%的置信水平下显著，括号内为系数估计的稳健标准差。列(1)、列(3)、列(5)展示的均为面板 Logit 模型的平均边际效应估计结果。

(3)改变邻近地区地理范围的稳健性检验

考虑到邻近地区往期违规情况对企业食品质量安全水平及安全控制行为决策的影响可能受邻近地区范围因素而存在差异，本部分将邻近集体声誉的代理变量由接壤地区违规次数替换为最邻近五个地区的违规次数总和，重新进行相应估计，结果如表 5.14 所示，其结果与表 5.11 的基准回归结果基本一致。对于企业的质量安全控制行为决策，当调整邻近地区范围后，本地行业总体违规次数的增多依旧对企业认证存在显著的正向激励，但最邻近五个地区的行业往期违规次数对企业认证概率的影响变得不显著，地理接壤所带来的溢出效应将更加明显；最邻近五个地区的行业声誉损失相比接壤地区声誉损失对企业质量安全水平和行为决策的影响都相对更弱，这说明邻近集体声誉对于企业食品质量安全水平和行为决策的作用效果可能随地理范围的扩大而表现出一定程度的减弱。

表 5.14 邻接地区替换为最邻近五城市的稳健性分析

变量	是否认证 (1)	认证数量 (2)
企业上年违规数量	0.0105 (0.0152)	0.0782 (0.1610)
本地行业上年违规数量	0.0034* (0.0018)	0.0548** (0.0261)
周边地区上年违规数量	−0.0032 (0.0020)	−0.0621** (0.0251)
控制变量	控制	控制
N	5520	725
伪 R^2	—	0.136
Wald 检验值	228.48	25.08
Prob>chi^2	0.000	0.001

注：***、**、*分别代表在1%、5%、10%的置信水平下显著，括号内为系数估计的稳健标准差。列(1)展示的是面板 Logit 模型的平均边际效应估计结果。

(4)剔除批发市场样本的稳健性检验

考虑到批发市场主体的交易具有吞吐量大、交易时间短等特征，批发市场主体生产经营产品的不确定性相比一般企业可能存在较大差异，合规成本及质量显示成本也相对较大，进而导致批发市场主体在面临历史违规信息冲击时可能做出与其他企业不一致的行为决策(Beestermöller et al.，2018)。因此，研究在剔除批发市场主体样本之后重新对剩余企业样本进行回归，结果如表 5.15 所示。各变量影响的显著性基本一致，本地范围内的往期违规情况促进了企业认证行为，而周边地区往期违规情况降低了企业认证意愿，存在负向的空间外溢。进一步验证了模型估计结果的稳健性。

表 5.15 剔除批发商样本的稳健性分析

变量	是否认证 (1)	认证数量 (2)
企业上年违规数量	0.0118 (0.0148)	0.0902 (0.1698)
本地行业上年违规数量	0.0056*** (0.0019)	0.0669** (0.0271)
周边地区上年违规数量	−0.0132*** (0.0024)	−0.0705** (0.0290)
控制变量	控制	控制
N	5499	715
伪 R^2	—	0.136
Wald 检验值	254.55	27.84
Prob>chi^2	0.000	0.000

注：***、**、* 分别代表在1%、5%、10%的置信水平下显著，括号内为系数估计的稳健标准差。列(1)展示的是面板 Logit 模型的平均边际效应估计结果。

(5)高风险行业样本的稳健性检验

考虑到不同食品行业间质量安全风险存在差异，质量安全风险水平更高的行业对于市场声誉可能更加敏感。因此，研究基于第 3 章食品质量安全发展水平中对于食品风险行业的识别，保留焙烤食品、酒类、饮料类、蔬菜及其制品、坚果和籽类、水产及其制品等六类产品高风险行业样本进行稳健性检验，结果如表 5.16 所示。各类变量的影响方向与基准回归结果较为类似，本地往期违规数量的上升促进本地企业认证行为的同时，也对周边地区企业认证行为产生了负外部性，影响的绝对值均大于基准样本，政府规制组合对于高风险产品的治理效率要更高。在高风险行业中，已认证企业个体声誉的下降将进一步加大企业的认证行为的激励，通过多重认证的手段来不断完善市场信息、挽回消费者信任。

表 5.16 高风险行业样本的稳健性检验

变量	是否认证 (1)	认证数量 (2)
企业上年违规数量	0.0019 (0.0216)	0.3653*** (0.1056)
本地行业上年违规数量	0.0058** (0.0026)	0.1305*** (0.0363)
周边地区上年违规数量	−0.0097*** (0.0033)	−0.0275 (0.0532)
控制变量	控制	控制
N	2821	372
伪 R^2	—	0.124
Wald 检验值	87.90	29.90
Prob>chi^2	0.000	0.000

注：***、**、*分别代表在1%、5%、10%的置信水平下显著，括号内为系数估计的稳健标准差。列(1)展示的是面板 Logit 模型的平均边际效应估计结果。

5.2.7 异质性讨论

基于基准回归及稳健性分析结果，本部分进一步对不同特征下政府规制组合的质量揭示能力以及第三方认证行为激励的异质性进行分析，其中分别使用系统 GMM 方法、面板 Logit 模型以及 PPML 回归探究声誉损失对企业是否认证决策以及企业认证数量的影响。

(1)根据企业规模分类

声誉机制下消费者“用脚投票”行为对不同规模企业造成的负面冲击存在差异。本部分参照《统计上大中小微型企业划分办法(2017)》，按企业员工数量将食品企业划分大中型企业和小微型企业两类，探究违规历史对不同经营规模企业的异质性影响，结果如表 5.17 所示。

表 5.17 分企业规模的估计结果

变量	是否认证		认证次数	
	大企业 (1)	小企业 (2)	大企业 (3)	小企业 (4)
企业上年违规数量	0.3203 (0.7904)	0.0017 (0.0022)	−0.1465 (0.2303)	0.2460 (0.1705)
本地行业上年违规数量	0.0090 (0.0603)	0.0008** (0.0004)	−0.0021 (0.0428)	0.1188*** (0.0353)
周边地区上年违规数量	−0.0258 (0.0423)	−0.0019** (0.0007)	−0.0586 (0.0431)	−0.0833** (0.0393)
控制变量	控制	控制	控制	控制
N	516	5004	193	514
伪 R^2	—	—	0.144	0.123
Wald 检验值	16.58	246.50	20.51	27.5
Prob>chi^2	0.084	0.000	0.005	0.000

注：***、**、* 分别代表在 1%、5%、10% 的置信水平下显著，括号内为系数估计的稳健标准差。列(1)和列(2)中展示的是面板 Logit 模型的平均边际效应估计结果。

结果表明，小微企业受到的违规信息公示冲击明显大于大中型企业，违规信息公示的行为效应在小微企业中更加明显。可能的原因在于，规模较大的企业往往具有相对更高的社会网络地位，其所拥有的社会地位标签可能被消费者当作质量担保信号(吴元元，2012)，致使政府规制组合对该类企业的作用效果被弱化。而小微企业由于缺乏足够的社会资本积累，无法从相似性较高的同类竞争对手中突出个体特征，致使声誉机制作用较为明显。

(2)根据区域分类

不同区域内由于经济发展水平、资源禀赋和市场机制等的不同可能导致不同区域内相关利益主体对于食品质量安全的重视程度存在差异(Grundke and Moser，2019)。同前文，本部分将全国划分为东部地区、中部地区和西部地区三个区域，探究政府规制组合对不同区域食品企业的异质性影响，结果如表 5.18 所示。

表 5.18 分地区发展水平的边际效应估计结果

变量	是否认证			认证次数		
	东部 (1)	中部 (2)	西部 (3)	东部 (4)	中部 (5)	西部 (6)
企业上年违规数量	0.0085 (0.0233)	0.0003 (0.0287)	0.0295 (0.0326)	0.6396*** (0.1440)	1.2227 (1.0712)	−0.3022** (0.1368)
本地行业上年违规数量	0.0069** (0.0031)	0.0044 (0.0034)	0.0060 (0.0047)	0.1343*** (0.0490)	0.0711* (0.0488)	0.0939 (0.0650)
周边地区上年违规数量	−0.0107** (0.0050)	−0.0197*** (0.0054)	−0.0047 (0.0044)	−0.4329*** (0.1079)	−0.0121 (0.0379)	0.0837 (0.0944)
控制变量	控制	控制	控制	控制	控制	控制
N	2521	1904	1095	327	260	137
伪 R^2	—	—	—	0.130	0.148	0.125
Wald 检验值	112.64	77.54	20.60	50.77	6.55	24.51
Prob>chi^2	0.000	0.000	0.024	0.000	0.4766	0.001

注：***、**、* 分别代表在1%、5%、10%的置信水平下显著，括号内为系数估计的稳健标准差。列(1)、列(2)、列(3)中展示的是面板 Logit 模型的平均边际效应估计结果。

结果表明，东部地区食品企业受违规历史冲击明显高于中部地区和西部地区企业，政府规制组合的质量安全控制行为激励主要依托于市场经济下有效声誉机制的构建。这可能是因为，东部等相对经济发达地区的食品质量安全治理体系相对更加健全，治理主体的监管行为更加规范，政府规制的投入更大，致使东部地区相较于中部和西部地区能够基于现有监管信息形成更加有效的政府规制组合，推动食品企业质量实施认证行为。特别的是，表 5.18 列(4)中企业自身违规历史对于企业认证次数的显著影响也从侧面印证了这一观点，由于东部地区信息机制相对完善，消费者能够准确识别企业个体声誉，致使个体声誉下降时企业为避免市场的驱逐式声誉惩罚，有足够动机通过各类第三方认证渠道来向消费者传递产品质量安全水平提升的信号。与之对应下，中部地区和西部地区中相关政府的信息公示尚未形成良好的声誉机制，政府信息公示对生产经营企业认证行为的激励效应有限。

5.3 政府规制组合对可追溯体系建设的影响研究

21世纪初，一系列疯牛病的暴发使得世界各国对建设农产品可追溯系统的关注提升到了前所未有的高度。以欧盟、美国、澳大利亚及日本为代表的发达国家和地区，都将可追溯系统作为国家层面的重点建设目标，加快追溯制度的建设与完善(Filho and Andrade, 2007)。经过近20年的建设，这些发达国家的可追溯系统已经在阻止不安全食品进入供应链中发挥了重要的作用。中国也几乎在同时提出建立食品质量安全的追溯体系，并在2007年的中央一号文件中正式将可追溯系统建立纳入国家重点发展方向。然而到目前为止，占全国农产品生产和流通主体90%以上的个体农户和流通经营户依然没能采纳可追溯行为，追溯系统的推广效果与预期相去甚远，追溯系统面临覆盖面较窄、追溯链较短的问题。

造成这种情况的一个重要的原因在于，中国政府过于依赖单一以负面惩罚机制为核心的质量监管手段以激励经营主体实施质量安全管理，而忽略了多种规制手段配合使用所能带来的效率提升。“十三五”规划提出以来，中国食品安全监管部门在“食品安全事务”上的投入不断增加，由2013年的1079.5万元快速增长至2018年的28458.13万元，其中强度不断提高的质量抽检占据了食品安全事务支出的重要比例。然而，虽然政府抽检具备鲜明的强制性特点，可以利用行政手段直接干预经营主体的质量安全管理行为，但在中国农产品生产经营主体数量多、市场集中度低的现实情况下，抽检强度的提升是以耗费大量的人力与财力为代价的(Zhou et al., 2020)，因此如果单纯依靠抽检手段难免面临规制效率较低的问题。而信息揭示作为直接减少供求双方信息不对称程度的手段，有着占用监管资源少、事前规制以及利用市场机制解决问题等优势(应飞虎和涂永前，2010)，已经被证实对激励经营主体实施可追溯体系等质量安全管理措施有着显著的积极效果(Jin and Leslie, 2003; Ménard and Valceschini, 2005; Dranove and Jin, 2010; Ollinger and Bovay, 2020)，但在中国农产品供应链风险控制的研究中，信息揭示手段的贡献的受关注程度同样较低。在本部分研究中，同样聚焦抽检与信息公示协同的规制组合对食品质量安全的治理效率。

在农产品供应链的众多交易主体中，不同于农产品供应链垂直整合程度较高的发达国家，批发市场是中国农产品供应链中集中程度最高的环节，有超过70%的农产品通过批发市场这一交易市场流通至最终市场(Chen et al.，2006；Ren and An，2010)；不仅如此，Jin等(2021)通过分析原食品药品监督管理局超过260万份的食品抽检报告发现，农产品批发市场既是中国农产品供应链中的高风险环节，也是政府食用农产品风险控制系统中的薄弱点。因此，本部分选择了农产品批发市场作为主要的研究对象，将当前普遍使用的抽检规制手段与信息揭示手段组合，探究以信息揭示手段和抽检规制共同构成的政府规制组合是否可有效推进农产品批发市场中经营户采纳质量安全追溯行为实施。研究不仅有助于以最高的效率覆盖尽可能多的农产品流通路径，还有助于改善农产品供应链监管薄弱环节的监管效果，是实现农产品供应链全过程质量安全追溯的最佳突破口。

5.3.1 理论框架

(1)政府规制组合对经营户采纳可追溯决策的影响机制分析

在经营户采纳可追溯决策的过程中，外部的抽检强度以及信息揭示会通过改变经营户的风险成本与声誉成本从而影响其决策结果。根据《食安法》相关规定，地方食品安全监督管理部门应当对食品进行定期或不定期的抽检，不得实施免检。这意味着食品批发市场中的每位经营户都有被抽检的可能，且通常来说经营户无法保证自己所有的产品是100%合格的，因此其将面临着被抽检出不合格产品而接受监管者惩罚的情况。当其他条件不变时，外部抽检强度的提升将使经营户面临更高的风险成本，即提高了经营户因为产品被抽检出不合格而受到处罚的频率。但是，根据《食安法》相关规定，如果经营户有充分证据证明不知道其采购食品不符合食品安全标准，并能提供产品的可追溯证明，就可以免予处罚，此时监管部门将依据该可追溯证明对供应链上游的卖家进行处罚。因此当抽检强度提高时，经营户将有更大的激励采纳可追溯行为。

当存在信息揭示手段时，经营户近期的抽检不合格情况将会在批发市场醒目处公示，此时被抽检出不合格产品的经营户将面临信息公示所带来的声誉损失。越多的产品被查出不合格，经营户所面临的声誉损失也越大。因此，在其他条件一定的情况下，抽检强度的提升也会通过增加卖家产品被抽检出不合格的频率，对经营户造成更大的声誉损失。而如果经营户采纳了可追溯行为，虽然其在被抽检出不合格产品后依旧会被公示，但公示信息中“免于处罚”的惩罚结果，会使消费者意识到该经营户可以提供可追溯证明且对其经营的不合格产品并不知情，从而排除了消费者对经营户主动采取机会主义行为的怀疑，降低了经营户受到的声誉损失。因此，信息揭示手段的使用可以激励经营户采纳可追溯行为，且抽检强度的变化还会通过声誉成本影响到经营户的可追溯行为采纳。

经营户采纳可追溯行为的影响机制总体如图 5.3 所示。可以发现，抽检强度和信息揭示不仅会通过对风险成本与声誉成本的直接影响，改变经营户采纳可追溯行为的决策。在使用信息揭示手段时，抽检强度的增加还会间接提高经营户的声誉成本，从而影响到经营户采纳可追溯行为的决策，因此两种规制工具在组合使用时将有效提高监管的效率。

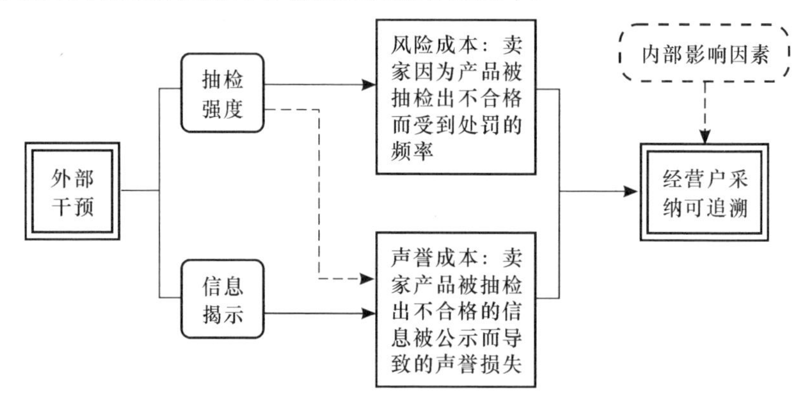

图 5.3　经营户采纳可追溯行为的影响机制分析

(2)理论模型

基于上述影响机制分析，本部分研究建立了质量安全抽检强度与信息揭示两种规制手段组合对经营户采纳可追溯行为影响的理论模型。

经营户 i 对产品 j 的可追溯采纳效用函数为 $u(p,r,C)=u(p,r)-u(C)$，其中 p 为经营户被抽检出不合格产品时面临的惩罚，r 为经营户的声誉水平，C 为经营户实施可追溯体系所要付出的成本($C=0,c$)，对一个确定的经营户而言实施可追溯的成本 c 为常数。经营户所受的惩罚 $p(\varphi,C)$ 取决于外部抽检强度 $\varphi[\mathrm{d}p(\varphi)/\mathrm{d}\varphi=Q>0$，且 Q 为常数$]$和其是否采纳可追溯体系。此时，经营户应考虑是否采取可追溯行为，若不采取该行为，其被抽检出不合格产品且被信息揭示($D=1$)时会面临声誉的损失。根据期望效用理论，人们通常是厌恶风险的，因此在经营户面临惩罚增加和声誉损失时其边际效用始终为负，但边际效用的绝对值递减，即$\partial u(p,r)/\partial p<0$，$\partial u(p,r)/\partial r>0$ 且$\partial u^2(p,r)/\partial p^2>0$，$\partial u^2(p,r)/\partial r^2<0$。

经营户想要追求的是效用的最大化，据此考虑第一种情境，仅存在质量抽检但抽检的结果不会在批发市场公示。此时经营户需要面临被抽检出不合格的惩罚，但无需担心由信息揭示带来的声誉损失。对经营户效用求偏导后可得式(5.15)。

$$\partial u(p,r)/\partial \varphi=\partial u(p,r)/\partial p\cdot\partial p(\varphi)/\partial \varphi,D=0 \tag{5.15}$$

可见，当抽检强度增加带来的可追溯边际收益大于边际成本时，经营户将提高采取可追溯的概率。当抽检强度增加带来的可追溯边际收益小于边际成本时，经营户将降低采取可追溯的概率，即此时抽检强度增加将对可追溯造成负向影响。在抽检强度增加的同时进行信息揭示，经营户采取可追溯行为将有更高的边际收益，经营户采取可追溯行为的概率将更大。当抽检强度增加时，属于一级批发商的经营户采取可追溯行为的边际成本将小于属于二级批发商的经营户，一级批发商采取可追溯行为的概率将更大。当抽检强度增加时，经营规模更大的经营户采取可追溯行为的边际成本将小于经营规模较小的经营户，规模更大的经营户采取可追溯行为的概率将更大。

对此，本部分研究提出以下四个假说。

假说一：抽检强度增加对经营户采纳可追溯行为的影响不确定。

假说二：在抽检强度增加的同时进行信息揭示，经营户将有更高的可能性采取可追溯行为。

假说三：在抽检强度增加的同时进行信息揭示，属于一级批发商的经营户将比属于二级批发商的经营户有更高的可能性采取可追溯行为。

假说四：在抽检强度增加的同时进行信息揭示，经营规模较大的经营户将比规模较小的经营户有更高的可能性采取可追溯行为。

5.3.2　变量选择及来源

(1)变量选择

本部分研究实证分析以水产品为对象，选取的关键因变量为批发市场水产经营户是否采取可追溯行为，核心自变量为水产经营户上一年间被抽检的次数以及其所在批发市场是否公示抽检不合格结果，本部分研究主要聚焦水产品抽检信息公示对经营户可追溯行为的影响。工具变量为经营户所经营的各类水产品在同省其他县被“省抽”和“国抽”检测出不合格的数量总和，作为影响经营户被抽检次数的外生冲击。选取的控制变量包括经营户特征以及批发市场特征两个层面，其中经营户特征包含了是否有自己的品牌、日均销售量、是否为一级批发商、从事水产批发年限、是否为水产（制品）协会成员、性别、年龄和教育程度；批发市场特征则包含市场摊位总数以及批发市场的所有制性质。各变量及其具体定义见表5.19。

表5.19　变量选取与定义

<table>
<tr><th colspan="2">变量类别</th><th>变量名</th><th>变量定义</th></tr>
<tr><td colspan="2">因变量</td><td>可追溯</td><td>经营户是否采取可追溯行为（1=是，0=否）</td></tr>
<tr><td colspan="2" rowspan="2">关键自变量</td><td>抽检次数</td><td>经营户去年被抽检的次数（单位：100）</td></tr>
<tr><td>信息揭示</td><td>经营户是否处于在醒目处公示抽检结果的批发市场（1=是，0=否）</td></tr>
<tr><td colspan="2">工具变量</td><td>经营产品异地不合格数</td><td>经营户所经营的各类水产品在同省其他县被“省抽”和“国抽”检测出不合格的数量总和（单位：100）</td></tr>
<tr><td rowspan="10">控制变量</td><td rowspan="7">经营户特征</td><td>品牌</td><td>经营户是否有自己的品牌（1=是，0=否）</td></tr>
<tr><td>日均销售量</td><td>经营户每日平均销售量（kg）</td></tr>
<tr><td>是否为一级批发商</td><td>1=经营户从上级批发市场或代理商处的进货量<10%；0=经营户从上级批发市场或代理商处的进货量≥90%</td></tr>
<tr><td>从事水产批发年限</td><td>经营户从事水产批发的时间（年）</td></tr>
<tr><td>性别</td><td>1=男，0=女</td></tr>
<tr><td>年龄</td><td>经营户年龄（岁）</td></tr>
<tr><td>教育</td><td>经营户受教育水平（1=未受教育，2=小学，3=初中，4=高中或中专，5=大学及以上）</td></tr>
<tr><td rowspan="2">批发市场特征</td><td>市场摊位总数</td><td>经营户所处批发市场水产品摊位总数</td></tr>
<tr><td>批发市场所有制性质</td><td>经营户所处批发市场的所有制性质：1=所有制结构为国家或集体所有；2=所有制结构为混合所有（国有/集体控股）；3=所有制结构为混合所有（私营/外资控股）；4=所有制结构为私营所有</td></tr>
<tr><td>区域特征</td><td>地区</td><td>1=浙江；2=湖南；3=广东</td></tr>
</table>

本部分研究在实证变量选取过程中，为了避免变量间多重共线性与相关性的影响，遵循在多个相关性变量中选取具有代表性的一个变量的原则，并在模型设定前，进行了自变量间的相关性检验与共线性检验，结果表明本部分研究所选取的自变量间不存在高度的相关性与共线性。此外，考虑到收集到调查数据的宝贵性，本部分研究没有轻易放弃任何一个变量，因此避免了丢弃部分变量后剩余变量系数可能存在的严重估计偏误。

(2)工具变量选取

中国市场监督管理部门对食用农产品经营者的抽检分为定期抽检与随机抽检两部分，随机性的抽检可以保证每个经营户被抽检次数的外生性，而定期的抽检则会受到经营户的交易量、经营户过去在抽检中的表现情况等经营户个体特征，以及批发市场规模、批发市场的卫生状况等批发市场特征的影响。例如，市场监督管理部门会对交易量更大以及在近期抽检中表现不佳的经营户进行更频繁的抽检。同时，正如前文中影响机制分析里所说，这些经营户特征还可能是经营户采纳可追溯的决策的内部影响因素。因此，如果实证模型中直接使用经营户被抽检的次数这一变量进行估计，则可能出现遗漏变量等内生性问题。

针对这一问题，本部分研究选取了“经营产品异地不合格数”作为工具变量以控制内生性。根据有关规定，当某一地区被市场监督管理部门检查出存在不合格产品后，需要通过政府的“食品安全抽样检验信息系统”进行通报。当这一通报系统中出现某一种产品的不合格信息后，同省内其他地区的市场监督管理部门会将该类产品作为重点检测对象，在近期的抽检工作中加强对该类产品的抽检强度 。例如，当某县的淡水鱼被抽检出不合格的数量增加后，同省其他县的水产批发市场中的淡水鱼经营户将有更大的可能被抽检更多的次数。因此，将同一省份的其他县中，与某一水产品经营户所经营的同类别产品的抽检不合格数量作为外生变量，冲击该经营户的被抽检次数，满足工具变量选取的相关性条件。同时，某一经营户的个体特征及其所处水产品批发市场的特征，与同省其他地区的抽检不合格情况几乎没有任何关系，从而保证了该工具变量的外生性。

在抽检不合格信息的选取上，本部分研究使用了“国抽”和“省抽”中抽检不合格的信息，原因有两个：一是作为来自上级监督部门的抽检，“国抽”和“省抽”中出现的不合格产品信息会引起地方市场监督管理部门更大的重视；二是“国抽”和“省抽”的结果不易受到“规制俘获”的影响，基本不存在不合格产品信息虚报或瞒报上传的可能性。在水产品种类的区分上，本部分研究将所有水产品划分为“淡水鱼类”“淡水虾类”“淡水蟹类”“其他淡水产品”“海水鱼类”“海水虾类”“海水蟹类”以及“其他海水产品”八类，将省内其他县出现不合格水产品的数量根据类别与经营户进行匹配，若经营户同时经营多种类别的水产品，则将相应多种类别水产品的不合格产品数进行加总后，再与该经营户进行匹配。

（3）数据来源

本部分研究的实证研究的微观数据来源于2018年7—8月对中国浙江、湖南、广东三省所有水产品批发市场的实地调研。其中，浙江大学相关研究人员主持开展浙江省的调研，北京商业管理干部学院研究人员负责开展湖南省的调研，而广东省的调研则由华南农业大学的研究人员负责实施。为了保证调研口径的一致性，三所学校的研究人员采用了相同的调查问卷，并统一接受调查培训。

选取水产品为调研对象的原因是，中国的水产品的抽检不合格率相对其他食用农产品而言较高，因此水产行业是中国政府重点推荐采用可追溯证明的行业之一，同时中国大部分的水产品依靠批发市场实现集散功能，因此选取水产品进行调研有助于保证数据的全面性与可靠性。在调研地点的选择上同样有诸多考虑：首先，浙江、湖南和广东处于中国不同的地区，湖南处于内陆而浙江和广东则沿海，地理位置的差异使得各地淡水养殖捕捞以及咸水养殖捕捞的结构有所区别；其次，浙江、湖南、广东三省均为水产品产出大省，2017年浙江渔业经济总产值为296.2亿美元，湖南为80.7亿美元，而广东则达到了474.5亿美元；最后，三省的经济发展状况各不相同，批发市场的先进程度也有差异。这些地区间差异的存在避免了数据搜集片面的问题，使得本部分研究的样本具有更好的全面性与代表性。

调研设计时，完整的水产品批发市场名单由各省份的市场监管部门所提供，然后根据完整名单，逐一联系批发市场的管理人员，搜集批发市场中所有水产品经营户的完整名单。接着，根据以下规则确定各批发市场所需抽检的经营户数量：当总经营户数量大于100时，抽样数量不少于总数的10%；当总经营户数量在10到100之间时，抽样的数量不少于10；当总经营户数量小于10时，调查所有的经营户。最后，根据随机抽样的原则，随机选取各水产品批发市场中足够数量的经营户进行调查。

5.3.3 模型构建

为了识别抽检强度对水产品批发市场经营户采纳可追溯行为的影响，本部分研究将“经营产品异地不合格数”作为“抽检次数”的工具变量，通过两阶段最小二乘(2SLS)进行估计。由于离散选择模型(DCM)的局限性，无法用于两阶段最小二乘回归，因此本部分研究选择了线性概率模型(LPM)进行估计。分别估计出以下回归方程，见式(5.16)、式(5.17)。

$$\ln s_i = \beta_0 + \delta F_i + \beta_1 V_i + \beta_2 M_i + \theta_i + u_i \tag{5.16}$$

$$T_i = \gamma_0 + \sigma \widehat{\ln s_i} + \beta_1 V_i + \beta_2 M_i + \theta_i + \varepsilon_i \tag{5.17}$$

其中，$\ln s_i$ 为经营户在过去一年中被抽检的次数；F_i 代表经营户所经营产品的异地不合格数；V_i 是代表经营户特征的一组控制变量，包括是否有品牌、日均销售量、是否为一级批发商、从事水产批发年限、性别、年龄和教育；M_j 为代表批发市场特征的一组控制变量，包括批发市场摊位总数以及批发市场的所有制形式；θ_i 控制了省份固定效应；T_i 代表经营户是否采纳可追溯行为；$\widehat{\ln s_i}$是式(5.17)中一阶段回归得到经营户过去一年中被抽检次数的拟合值。

接着，为了估计传统监管规制强度增加与信息规制手段协同使用对水产品批发市场经营户采纳可追溯行为的影响，本部分研究进一步设定了包含抽检强度与是否存在信息揭示交互项的两阶段最小二乘估计。具体回归方程如式(5.18)—(5.20)。

$$\ln s_i = \beta_0 + \delta F_i + \theta F_i \cdot D_i + \beta_1 V_i + \beta_2 M_i + \theta_i + u_i \tag{5.18}$$

$$\ln s_i \cdot D_i = \beta_0 + \delta F_i + \theta F_i \cdot D_i + \beta_1 V_i + \beta_2 M_i + \theta_i + u_i \tag{5.19}$$

$$T_i = \gamma_0 + \sigma \widehat{\ln s_i} + \rho \widehat{\ln s_i} \cdot D_i + \beta_1 V_i + \beta_2 M_i + \theta i_+ \varepsilon_i \tag{5.20}$$

该回归方程包含两次一阶段估计，分别对经营户在过去一年中被抽检的次数以及经营户在过去一年中被抽检的次数与是否存在信息揭示的交互项进行拟合。其中，D_i 代表了经营户所处批发市场是否存在信息揭示。

5.3.4 描述性分析

表 5.20 展示了本部分研究所使用到的变量的描述性统计情况。从本部分研究核心被解释变量“可追溯”来看，超过三分之一的经营户采取了可追溯

行为，但仍然有大量的经营户没有采取可追溯行为，说明可追溯行为的采纳率依然存在很大的提升空间。从关键自变量来看，水产品批发市场中经营户在一年间平均被抽检次数为 23 次，约每个月被抽检 2 次，抽检强度仍有待提高，且从标准差来看经营户之间被抽检次数的差异较大。此外，样本中的经营户有 75.2%处于有政府抽检结果公示的批发市场中，说明信息揭示手段已经有了不小的覆盖面，亟须对该规制工具发挥的效果进行有效的评估。从工具变量来看，每个经营户所经营的所有水产品种类在同省异地被抽检出不合格数量的均值为 30 次，该数据反映了经营户出售的产品被市场监管部门作为重点抽检对象而增加抽检强度的概率。

表 5.20 描述性统计

变量	均值	标准差	最小值	最大值
可追溯	0.365	0.482	0	1
抽检次数	0.230	0.622	0	3.66
信息揭示	0.752	0.432	0	1
经营产品异地不合格数	0.300	0.289	0	1.64
品牌	0.050	0.219	0	1
日均销售量	2242.200	5501.100	0.5	66575.3
是否为一级批发商	0.579	0.494	0	1
从事水产批发年限	15.470	9.183	0	46
性别	0.706	0.456	0	1
年龄	44.330	10.26	18	73
教育	3.018	0.963	1	5
市场摊位总数	646.800	1448.700	5	15000
批发市场所有制形式	2.825	1.325	1	4
地区	1.934	0.866	1	3
N	1133	1133	1133	1133

5.3.5 基准结果分析

(1)抽检强度与信息揭示对经营户采纳可追溯行为的影响

表5.21展示了抽检强度与信息揭示对经营户采纳可追溯行为的影响。在列(1)—(4)中,本部分研究仅将“抽检次数”放入模型中,观察在不考虑信息揭示情况下,抽检次数对经营户采纳可追溯行为的平均影响。其中,列(1)—(3)逐渐将“批发市场特征”与“经营户个体特征”纳入模型,列(4)则展示了使用工具变量的2SLS估计结果。列(5)—(8)则进一步将“信息揭示”变量纳入模型,其余处理方式与列(1)—(4)相同。列(1)—(8)均控制了省份固定效应。

具体来看,列(3)的系数表明,在不考虑可能的内生性问题情况下,抽检次数的增加对经营户采纳可追溯行为有着显著的正向激励,抽检次数每增加100次将促使经营户采纳可追溯行为的概率提升4.6%。而观察列(4)的系数可以发现,当使用“经营产品异地不合格数”作为工具变量进行2SLS估计时,抽检次数的系数表现出了明显的提高,此时抽检次数每增加100次将促使经营户采纳可追溯行为的概率增加22.8%。观察列(7)和列(8)结果可以发现,“信息揭示”对经营户可追溯行为的采纳有着显著的正向影响,在抽检强度一定的情况下,采取信息揭示将使经营户采纳可追溯行为的概率提高16.7%—17.0%。使用工具变量后信息揭示的系数依旧稳健,说明抽检次数并不会通过别的渠道影响信息揭示的效果。

进一步观察列(1)—(3)以及列(5)—(7)的结果,我们可以发现,在将“经营户个体特征”这组控制变量纳入模型中时,“抽检次数”的系数会发生显著的改变,该结果表明如果没有将所有既影响经营户采纳可追溯决策又影响经营户被抽检次数的“经营户个体特征”放入模型,将导致“抽检次数”的估计系数产生严重的偏误,在一定程度上证明了在研究该问题时使用工具变量的必要性。

最后,观察列(8)中一阶段的回归结果表明,经营户所经营产品的异地不合格数对经营户的被抽检强度有着显著的正向影响,且Cragg-Donald Wald F-statistics的系数为36.61,说明本部分研究选取的工具变量不存在弱工具变量的问题。

表 5.21 抽检强度与信息揭示对经营户采纳可追溯行为的影响

变量	可追溯							
	OLS (1)	OLS (2)	OLS (3)	IV：Fail (4)	OLS (5)	OLS (6)	OLS (7)	IV：Fail (8)
抽检次数	0.037 (0.023)	0.037 (0.023)	0.046** (0.023)	0.228* (0.121)	0.036 (0.023)	0.036 (0.023)	0.045** (0.023)	0.218* (0.121)
信息揭示					0.168*** (0.035)	0.160*** (0.035)	0.170*** (0.034)	0.167** (0.076)
				第一阶段				第一阶段
经营产品异地不合格数(Fail)				0.436*** (0.109)				0.436*** (0.109)
经营户特征	未控制	未控制	控制	控制	未控制	未控制	控制	控制
批发市场特征	未控制	控制	控制	控制	未控制	控制	控制	控制
省份固定效应	控制	控制	控制	控制	控制	控制	控制	控制
N	1133	1133	1133	1133	1133	1133	1133	1133
F-statistics	7.54	8.52	7.36	9.07	11.67	10.80	8.97	9.41
Cragg-Donald Wald F-statistics				36.61				36.61

注：***、**、*分别代表在1%、5%、10%的置信水平下显著，括号内为系数估计的稳健标准差。

(2)政府规制组合对经营户采纳可追溯行为的影响

表5.22展示了将信息揭示手段与抽检手段协同使用后，抽检强度增加对于水产品批发市场经营户采纳可追溯行为的影响。列(1)—(3)分别展示了使用OLS、Reduced Form以及工具变量回归的结果，列4则展示了在工具变量回归的第二阶段将关键自变量取对数后的回归系数。

观察表5.22结果，我们可以发现，列(1)—(3)中三种回归模型中交乘项的系数均显著为正，这一结果说明，当监管部门协同使用了信息揭示规制与传统监管规制时，抽检强度的提升将显著提高经营户采纳可追溯行为的概率，而在不存在信息揭示规制的情况下，抽检的强度则不会对经营户采纳可追溯行为产生显著影响。

表5.22 规制工具组合对经营户采纳可追溯行为的影响

变量	可追溯			
	OLS (1)	Reduced Form (2)	IV：Fail (3)	IV-log (4)
抽检次数	−0.086 (0.063)		−0.286 (0.221)	−0.008 (0.008)
信息揭示×抽检次数	0.164*** (0.041)		0.590** (0.249)	0.019** (0.008)
经营产品异地不合格数		−0.253 (0.172)		
信息揭示×经营产品异地不合格数		0.354** (0.147)		
			第一阶段	第一阶段
经营产品异地不合格数			0.381* (0.221)	0.381* (0.221)
信息揭示×经营产品异地不合格数			0.645*** (0.147)	0.645*** (0.147)
经营户特征	控制	控制	控制	控制
批发市场特征	控制	控制	控制	控制
省份固定效应	控制	控制	控制	控制
N	1133	1133	1133	1133
F-statistics	9.38	9.64	9.64	8.86
Cragg-Donald Wald F-statistics			18.44	18.44

注：***、**、*分别代表在1%、5%、10%的置信水平下显著，括号内为系数估计的稳健标准差。

具体来看,观察列(3)中使用工具变量的2SLS的估计结果,交乘项“信息揭示×抽检次数”的系数为0.590,将该系数与表5.21中列(8)的抽检次数系数相比可以发现,在将抽检手段与信息揭示手段协同使用的情况下,增加抽检强度对于经营户采纳可追溯行为的影响是抽检次数增加平均影响的2.7倍。为了方便对系数的理解,进一步观察列(4)中的结果可以看出,当信息揭示规制与传统监管规制协同使用时,抽检强度每提高1%可以使经营户采纳可追溯行为的概率提高1.9%。这一情况的出现可能是由于:一方面,相比发达国家,中国对于不合格农产品的处罚力度依然较低。在没有协同采取信息揭示手段的情况下,由于经营户采纳可追溯行为面临一定的成本,抽检强度提高所增加的少量处罚并不足以促使经营户采纳可追溯行为。另一方面,在十分依赖长期客户的批发市场中,声誉是经营户长久生存的重要保障,如果采纳可追溯行为可以避免经营户的声誉损失,将极大地影响到经营户采纳可追溯行为的意愿。因此,在信息揭示手段与抽检手段同时使用的情况下,抽检强度的增加将显著提升经营户采纳可追溯行为的意愿。此外,列(3)中一阶段的回归结果表明,不论是经营产品异地不合格数与经营户被抽检强度,还是“信息揭示×经营产品异地不合格数”与“信息揭示×抽检次数”,都有着显著的相关性,Cragg-Donald Wald F-statistics的系数为18.44,同样表明该工具变量不存在弱工具变量的问题。

5.3.6 异质性讨论

(1)分经营户规模

当上游卖家提供了可追溯证明时,其将面临更高的风险成本,即如果这批产品被抽检出不合格,监管部门将对其进行追责。因此,上游卖家可能将提供可追溯凭证的风险成本转嫁至产品的价格上,此时由于经营规模较大的经营户在采购时拥有更强的议价能力,从而以更低的溢价向上游获得可追溯凭证。因此经营户的规模可能通过影响其采纳可追溯行为的成本,从而影响其采纳可追溯行为的决策。据此,本部分研究根据经营户销售量的大小,将全样本划分为销售量超过平均水平的经营户以及销售量低于平均水平的经营户。

结果如表5.23所示,在信息揭示规制与传统监管规制协同使用的情况下,抽检强度增加虽然对两组不同规模经营户的可追溯采纳概率都有显著的正向激励，但该影响对较高销售量的经营户的可追溯行为采纳有更大的影响，达到了0.859，同时也高于全样本回归时的平均水平，而该影响在销售量较小的经营户中则较小，系数仅为0.394。

表5.23 规制工具组合对供应链中不同位置经营户的影响

变量	可追溯		
	IV：Fail 所有样本 (1)	IV：Fail 销售量≥平均水平 (2)	IV：Fail 销售量<平均水平 (3)
抽检次数	−0.286 (0.221)	−0.256 (0.281)	−0.190 (0.203)
信息揭示×抽检次数	0.590** (0.249)	0.859*** (0.266)	0.394** (0.171)
经营户特征	控制	控制	控制
批发市场特征	控制	控制	控制
省份固定效应	控制	控制	控制
N	1133	258	875
F-statistics	9.64	7.16	4.80

注：销售量平均水平为2242.2千克/天；***、**、*分别代表在1%、5%、10%的置信水平下显著，括号内为系数估计的稳健标准差。

(2)分经营户在供应链中的位置

当上游卖家因为资质不足或者偏好的原因无法提供可追溯凭证，此时批发市场的经营户为了获得可追溯凭证将不得不更换进货渠道，重新搜寻可以提供可追溯凭证的上游卖家并与其达成合作，这种更换进货渠道使经营户面临一定的交易成本。根据批发市场经营户在供应链中所处位置不同，可以将经营户分为一级批发商和二级批发商。如果经营户直接从产地进货，其上游卖家主要为农户及农业合作社等生产主体，则该经营户为一级批发商；而如果经营户的上游卖家主要为其他批发市场，则该经营户属于二级批发商。由于中国农业生产的特点，小农依然在农业生产中占据了主导地位，上游农户等农业生产主体的数量众多且产品的同质性也较强，因此相比于二级批发商，一级批发商想要重新搜寻上游卖家并达成合作的机会成本将更低。本研究按照水产品批发市场中经营户上游卖家的结构，将所有的经营户按是否为一级批发商划分为两组，接着分别对两个子样本进行回归，估计结果如表5.24所示。

表5.24 规制工具组合对供应链中不同位置经营户的影响

变量	可追溯		
	IV：Fail 所有样本 (1)	IV：Fail 二级批发商 (2)	IV：Fail 一级批发商 (3)
抽检次数	−0.286 (0.221)	0.027 (0.359)	−0.321 (0.243)
信息揭示×抽检次数	0.590** (0.249)	0.304 (0.377)	0.657** (0.272)
经营户特征	控制	控制	控制
批发市场特征	控制	控制	控制
省份固定效应	控制	控制	控制
N	1133	477	656
F-statistics	9.64	4.06	6.91

注：***、**、*分别代表在1%、5%、10%的置信水平下显著，括号内为系数估计的稳健标准差。

对比列(1)—(3)的结果可以发现，在信息揭示规制与传统监管规制协同使用的情况下，抽检强度的增加仅对属于一级批发商的经营户有显著的正向影响，对非一级批发商的经营户则未表现出显著影响，且在属于一级批发商经营户的子样本中，“信息揭示×抽检次数”的影响要大于全样本回归时的平均影响。

5.4 本章小结

基于前文政府强制性规制治理效应的讨论，本章进一步引入信息规制工具，通过从省级层面、企业主体层面和批发市场经营户等不同维度入手，探究政府规制和信息工具的协同治理对第三方认证或可追溯体系构建等质量安全控制行为的影响效应，并得出以下结论。

第一，在省级层面，政府基于质量安全抽检的不合格信息公示对食品生产者的认证行为有显著的激励作用；生产者对于其他省份公示的本省不合格产品情况的重视程度高于本省公示的本省不合格产品数量，而本省公示的其他省份不合格产品情况则对生产者的认证行为影响较小。区分并对比东部、中部、西部与东北四个地区后发现，这一影响在东部与中部较为明显，而在西部与东北则影响较弱。

第二，在企业主体层面，本地行业加总信息公示促进了企业认证，政府规制组合导致的本地声誉损失将提高企业申请第三方认证等质量安全控制行为的概率和数量，通过额外的认证来突出生产经营产品的质量安全水平，提升消费者的支付意愿；异地行业加总信息公示降低了企业认证，政府规制组合导致的本地声誉损失对周边地区企业实施认证行为具有反向的溢出效应，当企业以逃避违规处罚为目标应对严格的执法处罚时，其业务转移更加倾向于偏转到地理邻近地区，存在类似于环境规制中的“污染避难所假说”；长期个体信息累积提升了企业认证，虽然政府抽检信息的公示能精确到企业个体，信息检索的难度使得企业个体声誉对其认证行为的激励效应并不显著，企业个体声誉损失的认证激励需要相对较长时间的积累，且主要对企业多重认证的行为决策产生积极影响。此外，异质性分析结果也表明了政府规制组合的治理效用在东部地区和小规模企业中更加显著。

第三，在批发市场经营户层面，相比于仅采取抽检手段，信息揭示的协同使用可以显著增加抽检强度，提升对经营户采纳可追溯行为的正向激励效果，且该影响在属于一级批发商的经营户以及经营规模更大的经营户中，有着更为明显的效果。将信息揭示规制这类具有低成本、事前规制等优势的新型规制手段与已有强制性监管规制相结合，可使相同的行政资源投入发挥出更大的效果，从而有效改善食品安全监管的效率水平。

6 跨主体协同对食品质量安全的影响研究

6.1 不同地区政府主体协同对食品质量安全的影响

6.1.1 理论框架

(1)政府食品质量安全区域协同的合作机理

从本质上看,食品质量安全协同治理是各主体针对食品安全这一公共物品开展的集体治理行动,符合 Smelser(1962)提出的集体行动的六大决定要素——结构性诱因(协同治理优于属地治理)、结构性紧张(食品违规时有发生)、一般化信念的增长和扩散(消费者质量安全需求提高)、戏剧性事件(重大食品质量安全事件爆发)、参与者行动的动员(鼓励食品安全社会共治)以及社会控制的运作(属地治理的相关法规标准)。在集体行动下,集体规模的大小将对集体行动效率存在明显影响。

在多地区政府食品质量安全协同治理问题中,随着集体规模的扩大,集体内部沟通协调成本及不确定性不断提高的同时,内部个体"搭便车"的可能性也相应提高,致使集体行动效率不断减弱(Olson, 1971; Feiock and Scholz, 2010; 胡志高等,2019)。虽然自 2012 年政府开始将食品安全纳入地方绩效考核(国务院办公厅,2012),但受经济发展水平和治理重点不同以及监管资源有限的影响,地方政府间对食品质量安全治理的动机大小存在较大差异,这不仅使得区域合作治理难以推进,而且可能带来权利、责任和利润的不对等,引发区域合作的负激励(Unnevehr, 2007; Xie et al., 2018)。因此,大范围的区域合作并不能使食品质量安全治理效果达到最优,跨地区政府食品质量安全协作治理必须控制在合理范围之内展开。

虽然集体行动理论并未明确最优集体行动规模确定的机制，但 Buchanan 和 Tullock(1965)认为个体参与集体行动的选择取决于彼此间的社会相互依赖程度。政府食品质量安全的区域协作治理同理。在信息不对称条件下，一方面，位于同一产业链上不同地区食品质量安全的政府属地治理无法解决食品质量安全风险的跨域流通问题，地区间基于食品供应关系的互补性强调了区域协同治理的必要性；另一方面，由于产品消费结构的相似或地理位置的邻近，食品质量安全治理效果外溢产生的外部性也强调了区域协同的必要性。因此，本部分研究将参照 Buchanan 和 Tullock(1965)的社会相互依赖观点探究不同地区地方政府食品质量安全协同治理的合作机理，认为食品质量安全协同治理中各地地方政府间的社会依赖程度主要取决于具有互补性特征的食品供应关系密切程度，以及具有外部性特征的经济联系紧密程度和地理联系紧密程度。

第一，对食品供应关系的依赖。食品质量安全风险的空间扩散依赖于食品供应链上下游网络。食品供应网络可通过影响食品质量安全风险的控制和扩散路径来对食品质量安全风险的时空分布造成影响，基于直接供应网络的区域协作治理将有效弥补相关利益主体间的信息不对称和跨域监管的治理脱节。具体来说，对于食品交易密切的地区，其政府部门间的合作将有助于实现供应链上下游互补性信息的交换，降低食品流通过程中可能存在的不确定性以及政府的重复监管，避免有限资源的浪费，而政府间合作的深入也会反过来对食品企业形成威慑。当食品质量安全问题发生时，地区政府间的协同治理有助于提高对于违规主体的追责能力，提升食品质量安全风险的应对速度，避免地方政府协商和责任推诿过程中造成的治理低效(Datta and Christopher, 2011; Chen et al., 2013)。这种情况下，食品生产经营企业的机会成本将相应提高，违法收益压缩。因此，考虑食品供应的依赖程度是实现食品质量安全有效协同治理的重要因素。

第二，对经济联系程度的依赖。除了直接的跨省食品交易联系，地区间的经济依赖程度也将对食品质量安全协作治理的效率产生影响。一方面，经济联系程度较大的地区政府间的合作交流往往更加频繁和广泛，具有相对较强的合作基础，在这些地区间开展食品质量安全协作治理将更为便利(胡志高等,2019)。另一方面，在政策趋同和经济集聚的现实背景下，经济联系程度高的地区间往往具有相似的社会经济属性及消费结构。由于单个地区食品质量安全治理的成果更可能在具有相似社会属性或消费结构的地区间溢出

(Gerber et al., 2013; Zhou et al., 2019),地区政府间的协同治理将有助于克服正外部性下各个地区独立决策时对食品质量安全治理投入的不足。因此,考虑经济联系的依赖程度也是实现食品质量安全有效协同治理的重要因素。

第三,对于邻近地区的依赖。王浦劬和赖先进(2013)在探究中国公共政策扩散路径的研究中发现,同一层级区域间的政策扩散在空间上表现出明显的邻近效应。邻近地区间政府信息交流的频繁为政策扩散提供了有利条件,邻近政府间的竞争关系也有效激励了彼此间的政策学习,表现出了较强的相互依赖关系。此外,信息在邻近地区间的传播速度相较于非邻近地区也要更快和更有效(Wang et al., 2019)。因此,考虑地理邻近的依赖程度也是实现食品质量安全有效协同治理的重要因素。

(2)政府食品质量安全区域协同的分区策略

针对前文提及的三类影响地方政府食品质量安全区域协同治理的要素,本部分研究依次对各类要素进行量化,并在此基础上,整合三类要素特征制定相对适宜的分区方案。

第一,确定地区间食品供应关系的密切程度。根据我国《食品安全抽样检验管理办法》中强调的将抽样检验重点放在消费量大的食品上,本部分研究认为政府食品质量安全抽样检验所反映的上下游交易关系能够较好地反映地区间食品交易频率;且鉴于上游供货地区的食品质量安全状况对下游进货地区的食品质量安全状况有直接影响,从需求市场角度出发探究对主要供给市场依赖程度将更有意义。因此,本部分研究使用抽检信息中公示的制造企业及被抽检企业的名称和地址来识别上下游企业所在地,在此基础上计算地区间交易频率,确定各地区食品供应的主要市场。具体步骤如下:一是交易频率计算。由于研究讨论的是不同省份[①]间的交易频率,因此本部分研究基于抽检记录先将省内交易部分数据剔除,分别计算各省份与其他30个异地省份供货市场交易频率占比。二是关联程度可视化。基于各省份主要供应市场的交易频率占比,本部分研究通过可视化处理来实现各省份食品供应网络的关联程度,本部分研究利用Force Atlas2算法对各地区间相互关系进行

① 参考《关于深化改革加强食品安全工作的意见》中对监管事权的明确提出跨区域执法应在省级部门组织协调、市县部门配合下完成的要求,本部分研究认为跨地区食品质量安全合作治理首先应是基于省级部门联合下的结果。因此,本部分研究首先从省级层面对全国进行协作区域划分,基于此计算各区域政府抽检强度的区域协同水平。

可视化网络布局。为简化图形，本部分研究仅保留各省份前五的供应市场（具体交易占比参照附录四），形成了一个由31个节点（省）、155条边构成的网络，结果如图6.1所示，各边的厚度代表了与其他省份的交易强度。三是识别交易密切省份。基于图6.1中的省份间交易强度，将地区间两两互为主要食品供应市场或是交易强度较强（对应图中边厚度较大）的地区进行初步分区，分区结果如表6.1所示。其中，山西、内蒙古、河南、陕西、山东、江西、青海、甘肃、宁夏、西藏、新疆等11个省份与其他省份的关系较为模糊，暂未划入具体分区。

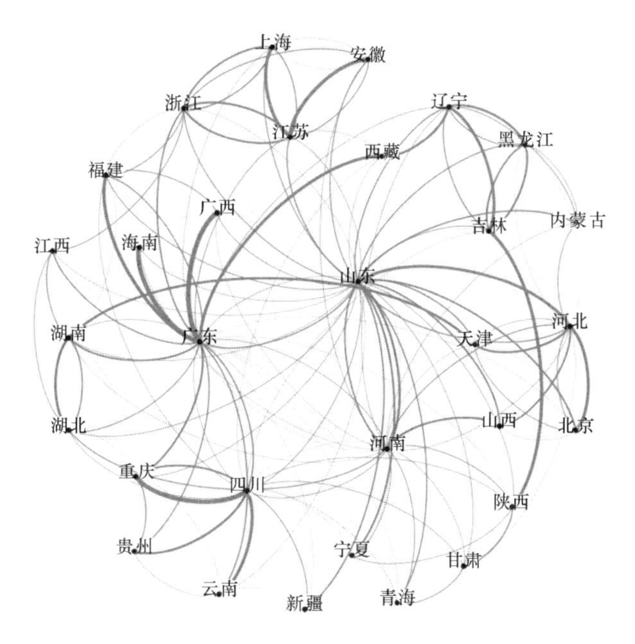

图6.1　基于食品供应关系的社会网络

表6.1　基于食品供应关系的初步食品质量安全协作治理分区方案

区域划分	参与省份
1	北京、天津、河北
2	辽宁、吉林、黑龙江
3	上海、江苏、浙江、安徽
4	福建、广东、广西、海南
5	重庆、四川、贵州、云南
6	湖北、湖南

第二，测算各省份经济联系度。由于经济联系的紧密程度以及地区间的邻近也都是影响食品质量安全区域协同有效性的重要因素，本部分研究在表6.1的基础上，进一步对各省份间的经济联系程度和邻近程度进行了衡量。区域经济联系度指标通过对地区间经济发展水平及距离关系的衡量，认为两省间地区生产总值和人口越高、两省间距离的平方越小，经济联系强度则越大。因此，本部分研究采用引力模型对地区间经济联系强度的大小进行衡量，认为省份间经济联系强度越大时，区域食品质量安全协同治理的效率就越高。计算公式如模型(6.1)所示。

$$\mathrm{econ}_{ij}=\frac{\sqrt{\mathrm{gdp}_i\times\mathrm{pop}_i}\times\sqrt{\mathrm{gdp}_j\times\mathrm{pop}_j}}{\mathrm{dist}_{ij}^2} \tag{6.1}$$

其中 econ_{ij} 为地区间的经济联系强度；gdp_i 和 gdp_j 为 i、j 省的地区生产总值；pop_i 和 pop_j 为 i、j 省的人口数量；dist_{ij} 为 i、j 两省间的质点距离。

第三，识别邻接省份。本部分研究将对邻近地区的依赖具化为地理上是否具有接邻关系，认为地理上的接壤往往意味着区域内的邻近，故基于各省份行政边界的两两接壤情况构建地理邻接矩阵。

第四，确定有效相邻省份。当 i 省与 j 省的经济联系强度大于 i 省与其他省份经济联系强度的均值时，本部分研究认为 i 省与 j 省的经济联系强度较大，而满足经济联系强度较大且相邻的地区，本部分研究将其视为有效相邻省份（具体经济联系强度及地理邻近计算结果见附录五）。

第五，整合交易密切省份与有效相邻省份分组。基于有效相邻关系以及表6.1的分组情况，本部分研究进一步将未成功分区的11个省份纳入分区策略中，并对具体分区情况进行调整，结果如表6.2所示。

表6.2　基于三类影响要素的食品质量安全协作治理分区方案

区域划分	参与省份
1	北京、天津、河北、*内蒙古*
2	辽宁、吉林、黑龙江
3	上海、江苏、浙江、安徽、*山东*
4	福建、广东、广西、海南
5	重庆、四川、贵州、云南
6	湖北、湖南、*江西*
7	*山西、河南、陕西*
8	*西藏、甘肃、青海、宁夏、新疆*

注：斜体部分为依据食品供应依赖程度进行分区时未确定具体分组的11个省份。本轮依据经济联系和地理邻近程度对跨地区食品质量安全协同治理的分区方案进行补充。

从分区结果不难发现，本部分研究基于三大影响协同治理要素制定的分区方案与存在过食品质量安全协作治理的省域较为一致，区域的划分均与现有的京津冀区域联动协作（2016 年）、长三角食品安全区域合作（2019 年）等区域一体化发展方向较为一致，印证了本部分研究基于社会经济依赖程度划分食品质量安全协作治理区域的现实性与合理性。

6.1.2　政府区域协同度的测算

目前国内大部分省市都缺乏食品质量安全协同治理的官方合作联盟，但考虑到中央层面的宏观调控行为以及政府部门在其他公共服务领域出现的跨地区合作（如环境污染治理领域），这些都有可能对食品质量安全协同治理产生一定的效果。因此，仍可对不同地区间政府食品质量安全协调治理的现实效果进行考察。从食品质量安全治理绩效的协同层面来考察各区域食品质量安全治理协同效果是一个相对有效的方法。现有研究食品质量安全区域合作的文献主要致力于理论阐述或具体案例的讨论，而少有对各区域食品质量安全治理的协同绩效进行量化分析。因此，本部分研究将借鉴胡志高等（2019）的区域划分原则，基于区域间食品交易、社会经济及地理邻近等相互依赖关系对我国省市进行区域划分，并在此基础上，参考廖重斌（1999）使用耦合协调发展度模型对于各协作区域的协调发展水平进行计算。鉴于政府食品质量安全抽检结果能够有效反映当地政府食品质量安全治理的效果，本研究选用政府食品质量安全抽检违规数量作为食品质量安全治理绩效的度量标准。但是，政府食品质量安全抽检违规数量是一个负向指标，违规数量越多，表明地区食品质量安全水平越差。为减少数据量级差异对实证结果带来的偏误，本部分研究首先对违规数量进行了如式（6.2）所示的无量纲化处理，基于此结果使用耦合协调发展度计算公式衡量区域协同水平。

$$\text{fail}_{it}{}'=\frac{\max\{\text{fail}_i\}-\text{fail}_{it}}{\max\{\text{fail}\}-\min\{\text{fail}_i\}} \tag{6.2}$$

其中 fail 表示 i 城市在 t 年的政府食品质量安全抽检违规数量。fail'_{it} 为无量纲化后的结果，min{ · } 和 max{ · }分别表示城市 i 在样本期内违规数量的最小值和最大值。

其次，考虑到不同地区对于食品质量安全治理的迫切程度存在差异，地方政府在跨地区协作过程中的投入及参与程度不尽相同，导致不同地区在集体中的重要程度也存在差异。因此研究利用熵值法来确定各城市在特定区域内的权重，具体步骤如下。

(1)计算第 t 年城市 i 的比重：

$$p_{it} = \frac{\mathrm{fail}'_{it}}{\sum_{t=1}^{m} \mathrm{fail}'_{it}} \tag{6.3}$$

(2) 计算各城市信息熵值：

$$e_i = -\frac{1}{\ln m} \sum_{t=1}^{m} p_{it} \times \ln p_{it} \quad (0 \leqslant e_i \leqslant 1) \tag{6.4}$$

(3) 计算各城市熵权：

$$w_i = \frac{1 - e_i}{\sum_{i=1}^{n_j} (1 - e_i)} \tag{6.5}$$

其中 n_j 为区域 j 内的各市数量，m 为样本覆盖的年份数量。

在熵值法计算各省份权重的基础上，本部分研究进一步通过式(6.6)—(6.8)计算区域间耦合协调发展度，以此来衡量食品质量安全协作分区方案下政府的协调治理效果。

$$\mathrm{cgh}_j = \sqrt{(C_j \times T_j)} \tag{6.6}$$

$$C_j = \left[\frac{\prod_{i=1}^{n_j} \mathrm{fr}'_{it}}{\left(\frac{1}{n_j} \sum_{i=1}^{n_j} \mathrm{fr}'_{it} \right)^{n_j}} \right]^{\frac{1}{n_j}} \tag{6.7}$$

$$T_j = \sum_{i=1}^{n_j} w_i \mathrm{fr}'_{it} \tag{6.8}$$

其中，cgh_j 为区域 j 内各市政府食品质量安全规制的耦合协调发展度，反映了区域内政府规制下食品质量安全状况的整体协调发展水平，由耦合度(C_j)及综合评价指数(T_j)共同构成。其中，由于同质性较高的地区间治理动机较为类似，这些地区间协作治理的协调成本相对更低，有助于治理效率的提高，因此利用耦合度对地区间食品质量安全治理的相互作用关系进行衡量，反映地区间的相互协调程度；而在耦合度相同的情况下，区域内的整体食品质量安全治理结果将有效反映协作治理状况，为此，本部分研究利用区域内各城市加权的食品质量安全违规数量来计算区域食品质量安全治理的综合评价指数，反映各地区食品质量安全治理的整体效果。

6.1.3 政府区域协同度的描述性分析

通过对2015—2019年八个分区内食品质量安全治理耦合协调发展度的

计算,得到表 6.3 所示的各区域政府规制的区域协调发展情况。

从各区域内城市区域协同度的时间趋势来看,在八个分区中大多数区域在样本期内表现出了协同程度在波动中上升的趋势,相对于样本初期区域协同程度均有不同程度的上升,表明当前我国食品质量安全的区域协作总体上是在不断缓慢推进的。但也需要注意,各区域协同度在样本期内波动性较大,表明当前的食品质量安全区域协作以短期协作为主,地区间的联合行动缺乏稳定的长效协作机制。

表 6.3 食品质量安全违规数量的区域协同度分布

序号	分区	2015	2016	2017	2018	2019
1	北京、天津、河北、内蒙古	0.651	0.538	0.427	0.498	0.670
2	辽宁、吉林、黑龙江	0.447	0.482	0.593	0.594	0.557
3	上海、江苏、浙江、安徽、山东	0.476	0.450	0.598	0.499	0.607
4	湖北、湖南、江西	0.524	0.327	0.619	0.500	0.694
5	西藏、甘肃、青海、宁夏、新疆	0.550	0.417	0.556	0.679	0.838
6	福建、广东、广西、海南	0.444	0.334	0.579	0.668	0.672
7	重庆、四川、贵州、云南	0.493	0.455	0.632	0.623	0.645
8	山西、河南、陕西	0.568	0.534	0.517	0.528	0.466

将区域耦合协调发展度进一步划分为耦合度和综合评价指数来观察时间变化趋势(如图 6.2—6.4 所示),不难发现当前区域内各地区区域耦合协调发展度的提升主要依赖于综合评价指数的提升,即区域内各城市加权下的食品质量安全规制情况整体提升带动了区域整体的耦合协调发展水平,但耦合度的波动表明目前各个区域内部各城市食品质量安全抽检强度的离差不断波动,地区间食品质量安全规制情况的变化缺乏协调性。

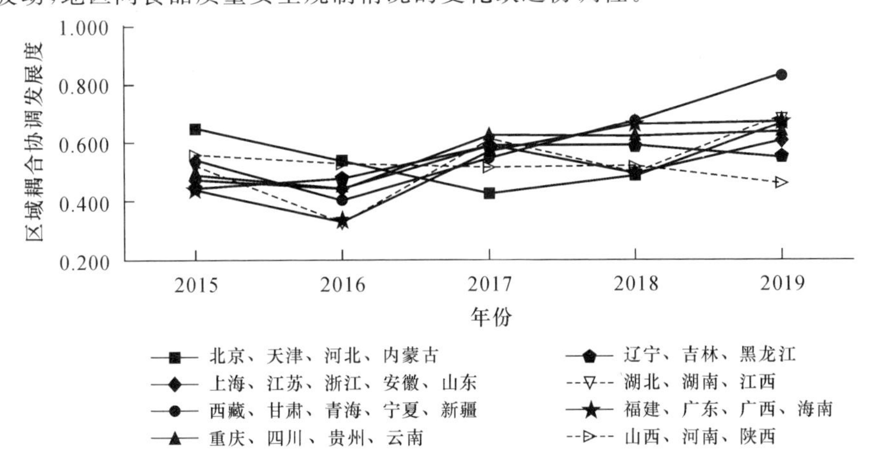

图 6.2 区域耦合协调发展度的时间变化趋势

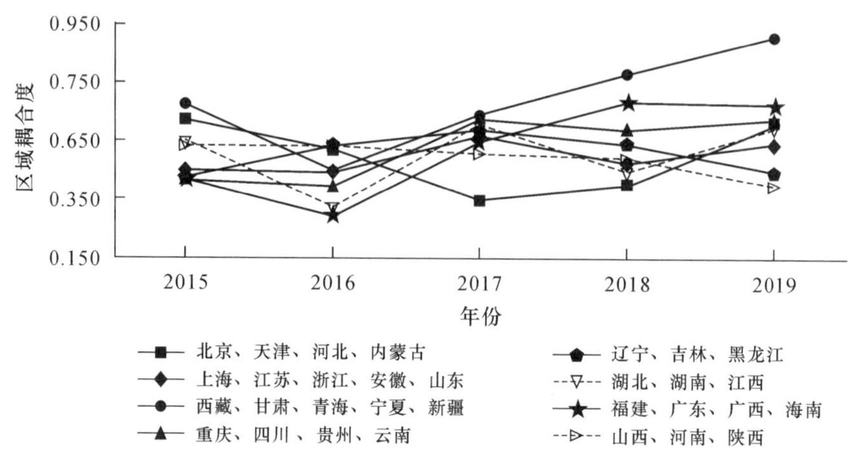

图 6.3 区域耦合度的时间变化趋势

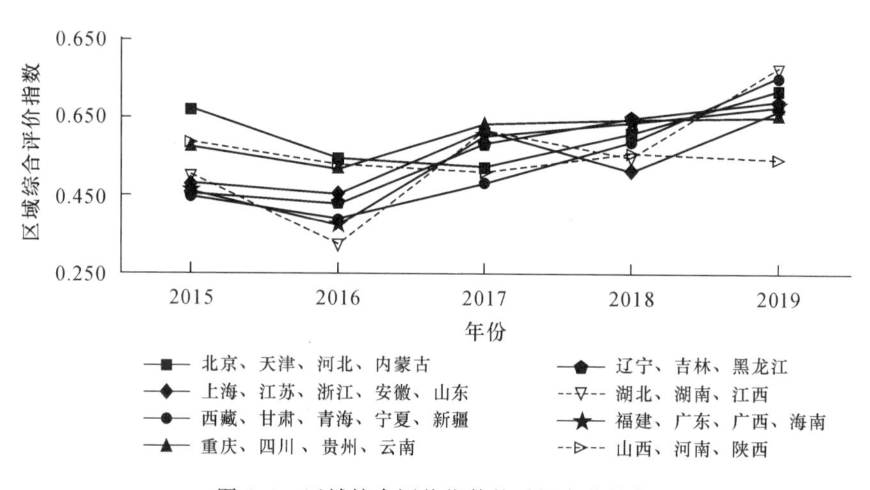

图 6.4 区域综合评价指数的时间变化趋势

6.1.4 变量选择及来源

(1)食品质量安全衡量

同前文,因变量选择食品质量安全不合格率来衡量地区食品质量安全水平。政府食品质量安全抽检不合格率是食品企业在多方规制下的行为选择结果,一定程度上能够反映地区的实际食品质量安全水平,因此本部分研究中选择政府食品质量安全抽检不合格率作为地区食品质量安全水平代理变量，通过搜集、整理和汇总国家和省级、市级市场监督管理局公开发布的食品质量安全抽检信息，来衡量地区食品质量安全水平。

(2)政府规制手段衡量

自变量包括政府法规完善、抽检强度、处罚力度等政府规制手段，以及区域协同度，来探究区域协同对食品质量安全水平的直接效应、空间溢出效应及调节效应。由于相关变量的选择和依据已在第4章进行详细说明，此处不再赘述。

(3)控制变量

本部分研究的控制变量主要包括政务微博影响力、城市所在省份食品消费支出、城市所在省份居民受教育程度、城市经济发展水平以及城市人口密度等社会经济指标。相关变量的选择和依据已在第4章详细说明，此处不再赘述。

相关变量定义及描述性统计结果如表6.4、表6.5所示。

表6.4 变量定义

变量类型	变量名称	变量定义	数据来源
因变量	不合格率	地区食品质量安全抽检不合格率	SAMR
自变量	区域协同度	基于社会经济依赖关系划分下的区域政府规制协调发展水平	笔者计算
	抽检强度	城市每千人抽检批次数	SAMR、城市统计年鉴
	处罚力度	过去一年食品质量安全相关行政处罚数与抽检违规数量的比值	北大法宝
	法规数量	食品质量安全相关的地方工作文件、规范性文件、政府规章、司法文件、行政许可批复及地方性法规文件加总数量的对数值	北大法宝
控制变量	政务微博影响力	人民日报统计的各城市政务信息公开、互动的竞争力指数，反政务微博影响力	人民日报
	食品消费支出	城市所在省份人均食品消费数量的对数值	中国统计年鉴

续表

变量类型	变量名称	变量定义	数据来源
控制变量	受教育水平	城市所在省份平均受教育程度，按未过上学(0年)、小学(6年)、初中(9年)、高中(12年)、大专及以上(16年)人口比重乘以各阶段受教育年限的加权计算	中国统计年鉴
	地区生产总值	城市地区生产总值的对数值	中国城市统计年鉴
	人口密度	人口密度的对数值	中国城市统计年鉴

表6.5 变量描述性统计

变量类型	变量名称	全国地区		东部地区		中部地区		西部地区	
		均值	标准差	均值	标准差	均值	标准差	均值	标准差
因变量	不合格率	0.031	0.026	0.029	0.024	0.039	0.021	0.036	0.031
自变量	区域协同度	0.545	0.099	0.536	0.095	0.529	0.085	0.571	0.112
	法规数量	2.154	0.860	2.228	0.611	2.210	0.867	2.019	1.042
	抽检强度	0.660	1.130	0.892	1.486	0.521	0.733	0.563	0.997
	处罚力度	0.752	1.071	0.899	1.260	0.753	0.912	0.596	0.986
控制变量	政务微博影响力	0.389	0.276	3.968	0.234	3.865	0.272	3.844	0.034
	食品消费支出	8.517	0.260	8.739	0.264	8.394	0.173	8.414	0.163
	受教育水平	9.027	0.743	9.385	0.526	9.164	0.357	8.507	0.931
	地区生产总值	7.429	0.981	8.015	0.915	7.348	0.734	6.896	0.945
	人口密度	6.076	1.486	7.059	0.922	5.979	1.104	5.144	1.671

6.1.5 模型构建

基于前文计算的区域协同度，本部分研究实证分析了在政府区域协同度对食品质量安全的影响，模型在政府不同规制影响的基础上引入区域协同度指标，模型构建如式(6.9)所示。

$$Y_{it}=\alpha \mathrm{cgh}_{it}+\beta X_{it}+\gamma C_{it}+\varepsilon_{it} \tag{6.9}$$

由于政府规制的区域协同不仅会直接作用于食品质量安全，同时还会对三类政府规制手段产生调节作用，因此有必要引入区域协同度与三类规制手段的交互项，模型构建如式(6.10)所示。

$$Y_{it}=\alpha cgh_{it}+\beta X_{it}+\tau(X_{it}\times cgh_{it})+\gamma C_{it}+\varepsilon_{it} \tag{6.10}$$

考虑到食品质量安全不合格率可能存在的时间滞后性，在式(5.5)和式(5.6)的基础上，本研究还进一步引入了滞后一期不合格率变量来控制可能存在的遗漏变量。模型构建如式(6.11)—(6.12)所示。

$$Y_{it}=\rho Y_{it-1}+\alpha cgh_{it}+\beta X_{it}+\gamma C_{it}+\varepsilon_{it} \tag{6.11}$$

$$Y_{it}=\rho Y_{it-1}+\alpha cgh_{it}+\beta X_{it}+\tau(X_{it}\times cgh_{it})+\gamma C_{it}+\varepsilon_{it} \tag{6.12}$$

其中，cgh_{it} 为基于社会间接关联度划分区域下抽检强度的区域协同水平，同属区域 j 内的所有城市 i 的区域协同水平相同；ρ、α、τ 分别为因变量滞后项、区域协同度、区域协同度与自变量交互项的估计系数；ε_{it} 为误差项，包含城市固定效应，满足 $\varepsilon_{it}=e_i+\mu_{it}$。但需要注意的是，上述动态面板模型虽然纳入了时间效应，但并没有消除未观察到的特殊城市效应，加上自变量可能存在的内生性问题，这些都可能会导致估计结果的偏差，降低统计推断的可信度。因此，为消除特定城市效应，研究对式(6.11)和式(6.12)进行了一次差分，如式(6.13)和式(6.14)所示。

$$\Delta Y_{it}=\rho\Delta Y_{it-1}+\alpha\Delta cgh_{it}+\beta\Delta X_{it}+\gamma\Delta C_{it}+\Delta\mu_{it} \tag{6.13}$$

$$\Delta Y_{it}=\rho\Delta Y_{it-1}+\alpha\Delta cgh_{it}+\beta\Delta X_{it}+\tau(\Delta X_{it}\times\Delta cgh_{it})+\gamma\Delta C_{it}+\Delta\mu_{it} \tag{6.14}$$

不难发现，式(6.13)和式(6.14)在消除不随时间变化的特定城市效应的同时，也包含了因变量的滞后项，新的残差项 $\Delta\mu_{it}$ 与滞后因变量 ΔY_{it-1} 之间存在相关性。为克服可能存在的内生性问题和估计偏差，本部分研究参照 Arellano 和 Bond(1991)，Arellano 和 Bover(1995)，Blundell 和 Bond(1998)的广义矩估计方法(GMM)，将因变量滞后项作为自变量引入模型，并使用系统 GMM 方法对原水平模型和差分变换后的模型同时进行估计，来修正未观察到的异方差问题、遗漏变量偏差、策略误差以及潜在的内生性问题。由于引入的区域协同度指标已经考虑区域内其他地区对本地的影响，本部分研究使用面板固定效应模型和系统 GMM 估计的动态面板模型展开相应估计。

6.1.6 实证分析

为探究政府区域协同对城市食品质量安全不合格率的影响，本部分同样先对各变量间的方差膨胀因子进行了估计(见表 6.6)，来检验变量间是否存

表 6.6 变量间相关系数及方差膨胀因子

变量	区域协同度	法规数量	抽检强度	处罚力度	政务微博影响力	食品支出	受教育水平	地区生产总值	人口密度	VIF
区域协同度	1									1.23
法规数量	−0.266***	1								1.17
抽检强度	0.016	0.097***	1							1.16
处罚力度	0.204***	−0.217***	−0.105***	1						1.26
政务微博影响力	0.190***	−0.019	0.192***	0.272***	1					2.08
食品支出	0.126***	−0.025	0.212***	0.224***	0.314***	1				1.34
受教育水平	−0.071***	0.121***	0.132***	0.179***	0.233***	0.304***	1			1.31
地区生产总值	−0.051*	0.143***	0.299***	0.170***	0.647***	0.387***	0.413***	1		2.40
人口密度	−0.134***	0.192***	0.231***	0.015	0.481***	0.356***	0.353***	0.577***	1	1.76

注：***、**、*分别代表在1%、5%、10%的置信水平下显著。

在多重共线性,结果表明各变量间相关系数都不高,方差膨胀因子基本处于1.1—2.5之间,变量间不存在严重多重共线性。

之后,本部分将在第4章研究基础上进一步引入区域协同度指标,讨论政府规制下区域协同对食品质量安全的影响效果,模型估计结果如表6.7所示。其中,列(1)和列(3)不考虑滞后因变量影响,采用面板固定效应模型进行估计;列(2)和列(4)引入滞后一期因变量影响,采用动态面板系统GMM估计方法对模型进行估计,滞后因变量的引入使得模型观测值有所损失。具体到各变量估计系数,由表6.7可知。

表6.7 区域协同治理对食品质量安全影响的系数估计结果

变量	不合格率			
	(1)	(2)	(3)	(4)
滞后不合格率		0.1336** (0.0526)		0.1350** (0.0529)
区域协同度	−0.0545*** (0.0087)	−0.0540*** (0.0103)	−0.0552*** (0.0089)	−0.0571*** (0.0113)
法规数量	−0.0025** (0.0012)	−0.0018* (0.0009)	−0.0027** (0.0012)	−0.0030** (0.0013)
抽检强度	−0.0111*** (0.0020)	−0.0070*** (0.0015)	−0.0117*** (0.0020)	−0.0115*** (0.0023)
处罚力度	−0.0088*** (0.0009)	−0.0077*** (0.0008)	−0.0092*** (0.0009)	−0.0110*** (0.0012)
区域协同度×法规数量			−0.0219 (0.0161)	−0.0039 (0.0167)
区域协同度×抽检强度			−0.0371** (0.0185)	−0.0296* (0.0204)
区域协同度×处罚力度			−0.0159 (0.0126)	−0.0273** (0.0168)
控制变量	控制	控制	控制	控制
N	1475	1180	1475	1180
AR(1)	—	0.000	—	0.000
AR(2)	—	0.731	—	0.748
Hansen-test	—	0.153	—	0.286
Sargan-test	—	0.391	—	0.486
R^2	0.433	—	0.437	—

注:***、**、*分别代表在1%、5%、10%的置信水平下显著,括号内为系数估计的稳健标准差。AR(1)、AR(2)、Hansen和Sargan检验报告的结果均为显著性水平。

第一，政府规制减少了食品质量安全违规。地方性法规文件的颁布以及抽检强度、处罚力度的加大对食品质量安全不合格率的降低均存在显著影响。从系数大小来看，三类政府规制工具的质量提升效果表现为抽检强度最优，其次为处罚力度，最后是法规数量，执法类政策工具对食品质量安全的约束效应优于法规标准类政策工具。

第二，区域协同降低了食品质量安全不合格率。区域协同度的提升对食品质量安全不合格率在1%的置信水平下存在显著负向影响，区域内跨地区政府规制行为的协同上升提高了区域内各地食品质量安全相关监管部门执行力度的协同增加，政府部门间的跨地区协同有助于提升食品质量安全的治理效率。这一积极的影响结果强调了基于社会经济相互依赖关系构建的区域协作分区方案下，区域协同分区方案的设定有利于食品质量安全的实现。

第三，不考虑因变量滞后期的情况下，区域协同度的提升对抽检强度的质量提升效果存在显著积极的调节作用。具体而言，静态和动态估计中政府区域协同度与抽检强度的交互项系数值分别为－0.0371和－0.0296，且通过了5%和10%的显著性检验，表明区域协同度提升，将进一步增大抽检对于地区食品质量安全的改善作用；在保持其他变量不变时，区域协同度每提升一单位将加大处罚力度对食品质量安全改进作用；但区域协同对于法规标准和行政处罚的质量提升效果并未发挥显著的调节作用，信息公开和法规标准完善固然有助于改进食品质量安全水平，但其作用范围更多局限于受规制约束的本地区内。

第四，考虑不合格率的前期依赖特征，表6.7的列(2)和列(4)相关统计量检验结果表明，Arellano-Bond自相关检验中随机误差项的二阶自相关的假设没有被拒绝，表明Arellano-Bond估计量满足一致性的前提条件，GMM估计方法适用于本部分研究，滞后不合格率系数的显著性也验证了使用动态模型的必要性。Sargan过度识别检验和Hansen过度识别检验没有被拒绝，表明将区域协同度和政府规制行为滞后期作为其工具变量的选择是有效的，模型设定较为合理。而从各变量估计系数来看，区域协同度、政府各类规制手段以及区域协同度对政府规制的调节作用的系数估计方向和显著性变化不大，模型估计结果较为稳健。

6.2 同一地区多元主体协同对食品质量安全的影响

6.2.1 理论框架

本部分首先参照王勇等(2020)博弈模型框架,对多主体监管下企业食品质量安全选择的行为博弈模型进行设定;根据均衡状态下的比较静态分析结果提出相应推论和假说,为下一个部分的实证估计提供理论基础。

(1)模型设定

对于市场中企业主体而言,假设企业可以选择其生产经营产品的实际质量安全水平 q,为实现该质量安全水平,企业需相应付出成本$\frac{1}{2}q^2$,表明企业选择生产经营产品的安全水平越高,企业相应支付的成本也越高,且边际成本递增。假设食品市场需求与企业生产经营产品的质量安全水平密切相关,此时市场需求函数为 qp^{-b},由食品价格 p、需求对价格的弹性系数 b(满足 $b>0$)及食品质量 q 共同构成。在市场需求收益和成本的衡量下,食品企业有一定动机选择质量安全水平相对较低的食品进行销售。

对于市场中政府部门而言,其公共监管行为包括制定质量标准、确定抽检力度及违规处罚强度。具体而言,本部分研究首先假设外生给定的产品质量安全标准为 Q,假设 $Q\in[0,1]$。假设政府对企业抽检概率为 $r_g\in[0,1]$,监管成本为$\frac{1}{2}{r_g}^2$,监管成本与监管频率呈正相关关系,且边际成本递增。在实际监管过程中,若企业生产经营产品质量安全水平高于质量安全标准,即 $q\geqslant Q$,企业通过政府抽检;若实际安全水平低于质量安全标准,即 $q<Q$,企业需向政府缴纳一定罚金,所缴纳罚金与企业偏离产品标准的程度成正比。假设政府针对抽检不合格的处罚强度参数为 $f_g>0$(处罚强度依据相关法律法规确定,属于外生给定参数),此时企业所需缴纳罚金金额为 $f_g\times\max(Q-q,0)$。

对于消费者而言,假设消费者购买产品后认为其不符合食品质量安全标准而选择向相关部门投诉的概率为 $r_c\in[0,1]$,投诉成本为$\frac{1}{2}{r_c}^2$,投诉受理且成功的概率为θ，与之相对应的政府受理成本为$\frac{1}{2}\theta^2 r_c{}^2$。假定政府针对消费者投诉的处罚强度参数为$f_c>0$（处罚强度依据相关法律法规确定，属于外生给定参数），因此企业所需缴纳罚金金额为$f_c\times\max(Q-q,0)$。

（2）均衡求解

对于政府公共监管和消费者监管同时存在的情形，本部分研究同时考虑政府、企业和消费者的三方博弈，构建子博弈精炼纳什均衡。本部分研究假设博弈时序如下：首先，政府确定抽检力度（r_g）；其次，企业在观察到政府选择的抽检力度后，决定其自身销售食品的质量安全水平（q）；最后，消费者针对接触到的食品情况，做出是否投诉的决策（r_c）。三方主体的博弈时序如图6.5所示。

图6.5 政府、食品企业和消费者博弈顺序

基于上述博弈时序，本部分研究利用逆向归纳法求解政府公共监管和消费者监管模式下的子博弈精炼纳什均衡。由于在博弈中消费者后行动，按照逆向归纳的逻辑，首先考虑消费者的投诉行为决策。假设消费者投诉而导致的企业罚金将全部返还给消费者，此时，消费者从自身收益最大化角度出发，其目标函数为消费者效用最大化问题，即式（6.15）。

$$U_c=qp^{1-b}+\underbrace{\theta r_c f_c\max(Q-q,0)}_{\text{消费者投诉罚金}}-\underbrace{\frac{1}{2}r_c^2}_{\text{消费者投诉成本}} \tag{6.15}$$

通过对r_c取导数，可得到消费者监管决策选择的最优反应函数，即式（6.16）。

$$r_c^*=\theta f_c(Q-q) \tag{6.16}$$

给定消费者参与监管决策函数，可确定企业选择其生产经营产品的质量水平（q）的决策函数。为凸显处罚对企业决策的影响，本部分研究考虑企业成本最小化问题构建目标函数，认为企业成本包括政府抽检罚金、消费者投诉罚金以及生产经营成本三部分,即式(6.17)。

$$\min C_f=\min\left\{\underbrace{r_g f_g \max(Q-q,0)}_{\text{政府抽检罚金}}+\underbrace{r_c \theta f_c \max(Q-q,0)}_{\text{消费者投诉罚金}}+\underbrace{\frac{1}{2}q^2}_{\text{生产经营成本}}\right\}$$

$$\text{s.t.}\quad r_c=\theta f_c(Q-q) \tag{6.17}$$

通过对产品质量安全水平 q 求导,企业质量选择的最优反应函数为式(6.18)。

$$q^*=\frac{r_g f_g+2\theta^2 f_c^2 Q}{1+2\theta^2 f_c^2} \tag{6.18}$$

给定企业的质量选择函数,可倒推政府确定食品质量安全抽检力度的决策函数。政府在考虑监管成本的情况下,通常将以社会福利最大化为目标确定抽检力度,具体来说,社会福利包括消费者购买产品效用、处罚收益以及相应监督成本。此时,政府监管下社会福利最大化的目标函数为式(6.19)。

$$\max W_g=\underbrace{r_g f_g \max(Q-q,0)}_{\text{政府监管罚金}}-\overbrace{\underbrace{\frac{1}{2}r_g^2}}^{\text{政府监管成本}}$$

$$+\underbrace{q p^{1-b}+\theta r_c f_c \max(Q-q,0)-\frac{1}{2}r_c{}^2}_{\text{消费者效用}}-\underbrace{\frac{1}{2}\theta^2 r_c^2}_{\text{政府受理消费者投诉成本}}$$

$$\text{s.t.}\quad q=\frac{r_g f_g+2\theta^2 f_c^2 Q}{1+2\theta^2 f_c^2},\ r_c=\theta f_c(Q-q) \tag{6.19}$$

通过对 r_g 取导数,可以得到政府抽检力度选择的最优反应函数,即式(6.20)。

$$r_g^*=\frac{f_g Q(\theta^4 f_c^2+\theta^2 f_c^2+1)+p^{1-b} f_g(1+2\theta^2 f_c^2)}{f_g^2(\theta^4 f_c^2+\theta^2 f_c^2+1)+(f_g^2+1+2\theta^2 f_c^2)(1+2\theta^2 f_c^2)} \tag{6.20}$$

根据式(6.16)、式(6.18)、式(6.20)可得出企业选择的均衡质量安全水平,即式(6.21)。

$$q^*=\frac{Q}{\frac{1}{2\theta^2 f_c^2}+1}+\frac{f_g}{1+2\theta^2 f_c^2}\times r_g^* \tag{6.21}$$

针对以上步骤可得出模型的均衡解为式(6.22)。

$$\begin{cases} r_g^*=\dfrac{f_g Q(\theta^4 f_c^2+\theta^2 f_c^2+1)+p^{1-b} f_g(1+2\theta^2 f_c^2)}{f_g^2(\theta^4 f_c^2+\theta^2 f_c^2+1)+(f_g^2+1+2\theta^2 f_c^2)(1+2\theta^2 f_c^2)} \\ r_c^*=\theta f_c(Q-q^*)=\dfrac{\theta f_c(Q-f_g r_g^*)}{1+2\theta^2 f_c^2} \\ q^*=Q-\dfrac{Q-f_g r_g^*}{1+2\theta^2 f_c^2} \end{cases} \tag{6.22}$$

基于对式(6.22)的比较静态分析可以得出以下三个推论。

推论一:对于政府抽检力度(r_g),将随食品质量安全标准的提高而单调上升,随政府处罚规模的提高呈现先上升后下降的趋势。

推论二:对于企业生产经营产品质量(q),将随政府质量安全相关标准、政府抽检强度、政府处罚力度、消费者投诉概率以及消费者投诉处罚等措施的提高而不断上升。

推论三:对于消费者投诉力度(r_c),将随食品质量安全标准的提高而单调上升,随消费者投诉处罚力度的提高呈现先上升后下降的趋势,随产品质量水平的降低而单调上升。

综合以上三点推论不难发现,在政府不同规制手段对食品质量安全发挥治理作用的情况下,政府抽检力度会随消费者参与强度的增大而降低,这意味着对于政府而言,消费者监督一定程度上与政府规制起到了相似的质量提升作用,在政府监管资源有限和监管对象数量庞大的现实背景下,消费者参与监督将有效弥补政府因监管资源有限而造成的治理低效。

6.2.2 多元主体协同度的测算

根据廖重斌(1999)对耦合协调发展度指标的定义,耦合协调发展度可分为对比协调度和发展协调度两类,不仅可以用于衡量同一时期内不同区域间特定指标的协调发展状况,而且可以用于估计一个地区在不同时期多项系统指标的协调发展状况。因此,本部分研究同样利用耦合协调发展度指标,对各个地区不同时期的政府、企业和消费者参与食品质量安全治理的协调发展情况进行估计,衡量政府规制与利益相关主体的协同治理情况变化。具体来说,本部分研究选用政府食品质量安全相关地方性法规颁布、抽检强度、处罚力度,企业第三方认证情况,消费者百度搜索指数等指标作为各类主体参与食品质量安全治理的指标变量。考虑到不同变量衡量的量级存在较大差异,且各类不同治理措施对食品质量安全间均存在一定正相关关系,属正向指标,故本部分研究首先对各相关变量进行如式(6.23)所示的无量纲化处理。

$$x'_{it}=\frac{x_{it}-\min\{x_i\}}{\max\{x_i\}-\min\{x_i\}} \tag{6.23}$$

其中 x 表示 i 市在 t 年的政府、企业、消费者等不同类型利益相关主体参与食品质量安全治理的不同情况。x'_{it} 为无量纲化后的结果,$\min\{\cdot\}$ 和 max

{·}分别表示城市 i 在样本期内不合格率的最小值和最大值。

其次，考虑到不同主体治理手段影响食品质量安全治理的效应缺乏明确依据，为简化处理，本部分研究将对不同治理手段在系统中的影响进行均等赋权。在此基础上，本部分研究进一步通过式(6.24)—(6.26)计算利益相关主体的耦合协调发展度，以此来衡量政府与多元主体的协同治理水平。

$$\mathrm{cgv}_j = \sqrt{C_j \times T_j} \tag{6.24}$$

$$C_j = \left[\frac{\prod_{i=1}^{n_j} \mathrm{fr}'_{it}}{\left(\frac{1}{n_j} \sum_{i=1}^{n_j} \mathrm{fr}'_{it} \right)^{n_j}} \right]^{\frac{1}{n_j}} \tag{6.25}$$

$$T_j = \sum_{i=1}^{n_j} w_i \mathrm{fr}'_{it} \tag{6.26}$$

其中，cgv_j 为城市 j 内相关利益主体参与食品质量安全治理的多元主体耦合协调发展度，反映了单个城市内食品质量安全治理绩效的整体协调发展水平，由耦合度(C_j)及综合评价指数(T_j)共同构成。其中，由于各类利益相关主体的参与治理将有效降低市场中的信息不对称程度，地区内各类主体参与程度高的情况下主体间的协调成本相对更低，有助于整体治理效率的提高，因此利用耦合度对于多元主体间食品质量安全治理的相互作用关系进行衡量，反映地区间的相互协调程度。在耦合度相同的情况下，相关利益主体参与治理可提高食品质量安全水平，各类主体参与的程度将有效反映多元主体协作治理状况，为此，本部分研究利用各利益相关主体加权的食品质量安全治理参与程度来计算政府规制下多元主体协同对食品质量安全治理的综合评价指数，反映各地区食品质量安全多元主体协同治理的整体效果。

6.2.3　多元主体协同度的描述性分析

为探索我国各地区利益相关主体随时间变化的动态趋势，本部分研究基于高斯正态分布的概率密度函数对我国不同城市多元主体协同度的核密度曲线进行了估计，绘制了2015—2019年多元主体协同度的核密度曲线，如图6.6所示。由图6.6可以看出，我国各地区多元主体协同度呈多峰分布现象，不同地区间多元主体协同度存在较大差异，2015—2018年我国多元主体协同程度的核密度曲线明显右移，从地区层面上看我国多元主体参与食品质量安全治理的协同程度有较大幅度的改进，而2019年多元主体协同度有所回落。具体而言，2015年我国有大量地区缺乏相应的多元主体协同治理，较多地区多元主体协同度在零值附近，除此之外，2015年也有较多地区的多元主体协同度集中在0.22左右。2016年多元主体协同度小于0.2的地区数量大幅减少，多元主体协同度除了在零值附近的峰值，还有较多地区的多元主体协同度集中在0.39左右，较2015年有较大程度提升。2017年和2018年相较于其前一年均表现出低协同度地区数量减少和高协同度峰值增大的趋势，我国多元主体协同度不断上升。但需要注意的是，2019年在零值附近峰值略有降低的情况下另一部分峰值却较2018年有所降低，虽然多元主体协同度超0.86的地区数量较2018年有所上升，但大多数地区的多元主体协同缺乏持续性，在2009年开始提出、2013年逐渐重视、2015年正式纳入食品质量安全工作基本原则后，社会共治的效率提升作用发展到现在已然进入疲惫期，食品质量安全治理的多元主体协同必须创新思路，通过完善激励机制和配套服务来进一步提升企业、消费者、社会组织等市场主体的参与积极性。

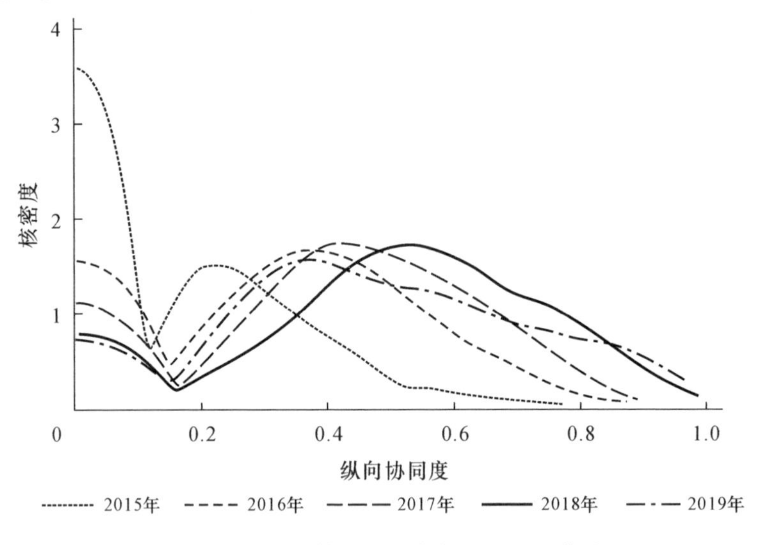

图6.6　多元主体协同度分布的Kernel估计

将各地区的多元主体协同度进一步在区域层面取均值，计算出全国及东部、中部、西部地区的多元主体协同度平均变化趋势，来探究区域层面多元主体协同度的发展特征，结果如表6.8所示。由表6.8可知，在区域平均层面，多元主体协同度的发展趋势也基本与核密度曲线的变动趋势一致，呈现出2015年至2018年逐年上升、2019年略有下降的趋势，多元主体协同水平上升幅度明显但仍旧处于中等偏低水平。但细分区域来看，东部地区在样本期内多元主体协同度不断上升；中部地区2019年多元主体协同度较2018年同比下降12.13%；西部地区2019年多元主体协同度同比下降16.82%，且整个样本期内多元主体协同度水平均低于全国、东部和中部地区平均水平。区域市场资源禀赋、经济产业发展情况可能会对地区内多元主体的协同水平具有重要影响。

进一步将多元主体协同度分解为耦合度和综合评价指数来观察时间变化趋势(见表6.8)，可以发现样本期内各区域综合评价指数稳步上升，各个城市内利益相关主体的综合参与治理情况一直呈上升趋势，社会共治已具雏形。但需要注意的是，地区内的多元利益主体治理行为还缺乏协调性，各治理行为的离差并不呈现出稳定缩小趋势[①]，多元主体不同类型的规制行为的参与情况仍存在较大差异。

表6.8 全国分区域多元主体协同度平均变化趋势

指标	区域范围	2015年	2016年	2017年	2018年	2019年
耦合协调发展度(多元主体协同度)	东部地区	0.150	0.316	0.442	0.464	0.540
	中部地区	0.171	0.346	0.400	0.503	0.422
	西部地区	0.091	0.197	0.264	0.434	0.361
	全国平均	0.138	0.288	0.371	0.468	0.442
耦合度	东部地区	0.160	0.406	0.545	0.537	0.487
	中部地区	0.197	0.428	0.452	0.577	0.370
	西部地区	0.100	0.224	0.337	0.480	0.313
	全国平均	0.154	0.355	0.447	0.532	0.391
综合评价指数	东部地区	0.275	0.324	0.405	0.458	0.649
	中部地区	0.288	0.340	0.435	0.489	0.597
	西部地区	0.240	0.324	0.331	0.513	0.609
	全国平均	0.268	0.329	0.391	0.486	0.619

① 指标间离差越小，耦合度越高。

6.2.4 变量选择及来源

(1)食品质量安全衡量

同前文,因变量选择政府食品质量安全抽检不合格率作为地区食品质量安全水平代理变量。

(2)多元主体治理手段衡量

食品质量安全领域利益相关主体包括政府、食品企业、消费者、媒体、社会团体等多方主体。鉴于食品市场中消费者与社会公众的同一性,媒体报道依托于政府、食品企业和消费者等利益主体的信息供给,消费者协会等社会组织大多围绕消费者权益展开社会监督等原因,已有学术文献也多次强调食品质量安全问题的影响因素基本集中于政府、食品企业和消费者三类主体(Henson and Caswell, 1999; Ababio and Lovatt, 2015),因此本部分研究的食品质量安全协同治理限定于政府、食品企业和消费者三类主体的不同治理工具的协同使用中。相关变量定义如表6.9所示。

表6.9 变量定义

变量类型	变量名称	变量定义	数据来源
因变量	不合格率	地区食品质量安全抽检不合格率	SAMR
自变量	多元主体协同度	地区内政府、食品企业、消费者参与食品质量安全治理的协调发展水平	笔者计算
	抽检强度	城市每千人抽检批次数	SAMR、城市统计年鉴
	处罚力度	过去一年食品质量安全相关行政处罚数与抽检违规数量的比值	北大法宝
	法规数量	食品质量安全相关的地方工作文件、规范性文件、政府规章、司法文件、行政许可批复及地方性法规文件加总数量的对数值	北大法宝
	百度指数	“食品安全”关键词的百度搜索指数的对数值	百度指数网站
	认证数量	企业所在城市QS、HACCP、FSMS、有机产品、绿色食品、GAP和GMP认证数量总和的对数值	CCAD

续表

变量类型	变量名称	变量定义	数据来源
控制变量	政务微博影响力	人民日报统计的各城市政务信息公开、互动的竞争力指数,反政务微博影响力	人民日报
	食品消费支出	城市所在省份人均食品消费数量的对数值	中国统计年鉴
	受教育水平	城市所在省份平均受教育程度,按未过上学(0年)、小学(6年)、初中(9年)、高中(12年)、大专及以上(16年)人口比重乘以各阶段受教育年限的加权计算	中国统计年鉴
	地区生产总值	城市地区生产总值的对数值	中国城市统计年鉴
	人口密度	人口密度的对数值	中国城市统计年鉴

第一,政府规制相关手段包括食品质量安全相关的政府地方性法规文件发布、抽检强度、处罚力度等,在此不再赘述。

第二,企业自我管理行为。企业作为食品安全问题的第一责任人,是其他利益相关主体的重点监管对象,但与此同时,企业的自我管理行为也是食品质量安全治理体系的重要组成部分。企业作为决定产品质量安全水平的重要主体,可通过建立私人标准、改进生产技术和管理规范等形式提高相关人员的质量安全意识和合规操作的能力;其第一责任人的身份也使得食品企业相较于其他利益相关主体有着较多的信息和管理优势(褚汉和陈晓玲,2021),可通过第三方认证、食品安全追溯系统构建等手段来实现企业的自律行为。由于企业在市场声誉恶化时有动机通过第三方认证等质量安全控制手段来与低质量企业区分,维持消费者信任和市场规模。因此,本部分研究也考虑了城市食品相关认证数量对于地区食品质量安全水平的影响。

第三,消费者监督行为。消费者作为食品的最终食用者和最直接利益相关主体,其参与食品质量安全治理不仅可以弥补政府在消费环节监管力量的不足,延伸治理触角,有效补充政府执法资源的不足,而且可以通过自身体验为政府提供直接、全面的执法参考,提高食品质量安全监管部门的执法效率和准确度。消费者参与食品质量安全监督治理的渠道众多,主要可分为投诉举报、舆论威慑和信息搜寻三类。对于消费者的投诉举报行为,消费者投诉举报为企业带来的违规处罚将对企业造成额外的经济成本，当违规处罚的经济成本超过一定程度时，消费者的投诉举报将对企业违规行为形成有效威慑。对于舆论威慑，由于消费者诉求是政绩考核的重要指标，消费者食品质量安全诉求的提出也将通过作用于政府规制而间接影响其治理效果；公众参与治理还能充分发挥声誉机制作用，通过消费群体声誉响应行为对食品企业形成威慑。对于消费者的信息搜寻行为，一方面，消费者可基于日常消费积累经验性信息，将相应信息及时反馈到对应部门，弥补政府监管触角的有限性，降低执法部门与市场主体间的信息不对称（王辉霞，2012）；另一方面，消费者的信息搜寻行为不仅可以提升消费者对于食品质量安全现状的认知，而且为其购买决策提供了参考（张宇东等，2019）。王冀宁和缪秋莲（2013）在构建食品企业和消费演化博弈模型中提出消费者只有不断积累学习才能真正参与到食品质量安全治理行动中，强调了信息补充对于消费者参与监督的重要性。因此，研究从消费者信息搜寻的监督渠道入手，选择公众针对食品安全关键词的百度搜索指数作为公众参与食品质量安全监督的代理变量。

（3）控制变量

本部分的控制变量主要包括政务微博影响力、城市所在省份食品消费支出、城市所在省份居民受教育程度、城市经济发展水平以及城市人口密度等社会经济指标。相关变量的选择和依据已在第 4 章中详细说明，此次不再赘述。

6.2.5 企业及消费者参与治理的描述性分析

（1）企业认证分布情况

表 6.10 展示了城市内企业新增认证数量的全国及区域平均变化趋势。城市内新增认证数量反映了企业参与自我管理的程度。不难发现，我国城市企业新增认证数量随时间整体呈上升趋势，且东部地区食品企业认证数量远高于中部和西部地区企业，中部地区次之，但中部地区和西部地区的新增认证数量在 2015—2019 年都低于全国平均水平。

而从样本期新增认证数量与食品质量安全不合格率的相关关系来看，通过图 6.7 绘制的二者散点图和拟合曲线，可以发现 2015—2019 年食品质量安全不合格率随新增认证数量增大而呈现微弱的下降趋势，所在城市食品相关认证的申请有助于对企业形成质量安全提升的市场激励。

表 6.10 城市企业新增认证数量对数值的区域分布

区域范围	2015 年	2016 年	2017 年	2018 年	2019 年
东部地区	1.933	1.842	1.897	2.479	2.952
中部地区	1.258	1.393	1.411	1.936	2.228
西部地区	1.196	1.064	1.140	1.476	2.004
全国	1.467	1.439	1.488	1.972	2.401

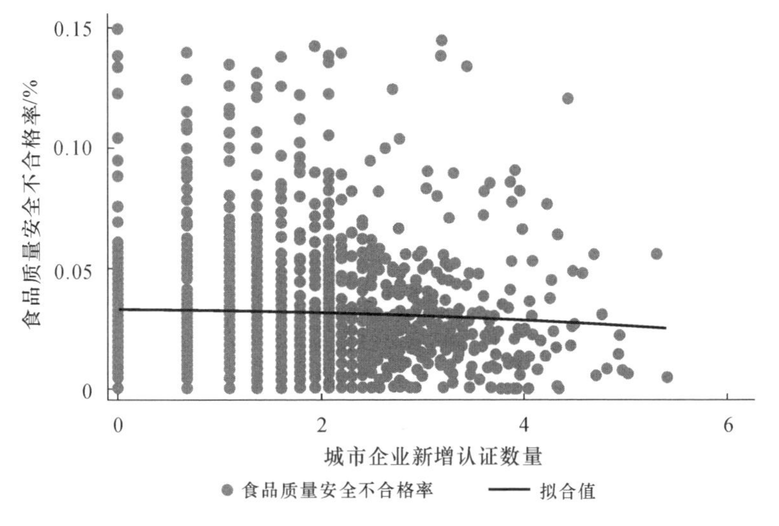

图 6.7 城市企业新增认证数量对数值与食品质量安全不合格率的相关关系

(2)消费者食品安全搜索指数分布情况

表 6.11 展示了消费者食品安全搜索指数的全国及区域平均变化趋势。消费者食品安全搜索指数反映了消费者参与监督的程度，搜索指数越高，消费者对于相应指标的关注程度也就越高。不难发现，我国消费者食品安全关注度不断波动，样本期内整体表现出微弱上升的趋势。不同区域内消费者搜索指数的平均值变动趋势较为一致，消费者关注度整体表现为东部地区最强，其次是中部地区，最后是西部地区；与地区新增认证数量的分布类似，关注度高的消费者主要集中在东部地区。

表 6.11 消费者食品安全搜索指数对数值的区域分布

区域范围	2015 年	2016 年	2017 年	2018 年	2019 年
东部地区	3.856	3.720	3.877	4.113	3.977
中部地区	3.085	2.875	3.157	3.408	3.314
西部地区	2.673	2.572	2.958	3.308	3.213
全国	3.213	3.064	3.337	3.615	3.506

而从 2015—2019 年消费者食品安全搜索指数与食品质量安全不合格率的相关关系来看，通过图 6.8 绘制的二者散点图和拟合曲线，可以发现当消费者食品安全关注程度较低时无法对利益相关主体的食品质量安全违规行为产生有效激励，只有当消费者关注度达到一定程度时，才有助于降低地区食品质量安全不合格率。

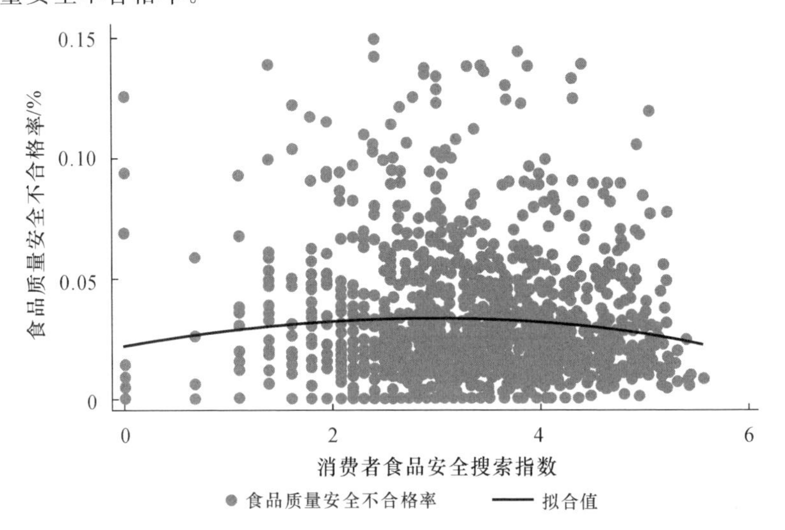

图 6.8 消费者食品安全搜索指数与食品质量安全不合格率的相关关系

6.2.6 模型构建

基于前文计算的多元主体协同度，本部分研究将实证分析多元主体协同治理对食品质量安全的影响，模型在政府强制性规制工具影响的基础上引入多元主体协同度指标和企业、消费参与治理相关指标，模型构建如式(6.27)所示。

$$Y_{it}=\rho W_{ij}Y_{it}+\beta X_{it}+\delta D_{ij}XM_{it}+\theta \mathrm{cgv}_{it}+\vartheta D_{ij}\mathrm{cgv}_{it}+\gamma C_{it}+\varepsilon_{it} \quad (6.27)$$

鉴于各利益相关主体间的食品质量安全相关治理行为一定程度上存在相互替代关系，多元主体协同度在影响食品质量安全的同时也可能对各类主体的治理行为产生调节效应，因此在探究多元主体协同度对食品质量安全不合格率的基础上，引入多元主体协同度与各利益相关主体治理手段的交互项，构建式(6.28)。

$$Y_{it}=\rho W_{ij}Y_{it}+\beta X_{it}+\delta D_{ij}X_{it}+\theta \mathrm{cgv}_{it}+\vartheta D_{ij}\mathrm{cgv}_{it}+\tau X_{it}\mathrm{cgv}_{it}+\gamma C_{it}+\varepsilon_{it} \quad (6.28)$$

其中，$X'=(\mathrm{law}_{it},\mathrm{freq}_{it},\mathrm{fine}_{it},\mathrm{certi}_{it},\mathrm{bdindex}_{it})$为一系列规制治理手段，分别表示政府颁布的地方性法规数量、政府抽检强度、政府处罚力度、地区内企业第三方认证数量和消费者食品安全百度搜索指数；cgv_{it}为多元主体协同度，反映各城市内利益相关主体参与食品质量安全治理的耦合协调发展水平；θ、τ、ϑ分别为多元主体协同度、多元主体协同度与规制治理手段交互项、多元主体协同度空间滞后项的估计系数。

6.2.7 基准结果分析

为探究多元主体协同治理对食品质量安全的影响，本部分首先对各变量间相关系数和方差膨胀因子进行了估计(见表6.12)，来检验变量间是否存在多重共线性。结果可以发现，大多数变量间相关关系不高，方差膨胀因子均低于6，其中不同主体参与食品质量安全治理手段等关键变量的方差膨胀因子均低于5，表明变量间不存在严重多重共线性。

表6.13分别展示了不同权重矩阵下的空间面板杜宾模型估计结果。各模型中空间自相关系数ρ均大于零且均通过1%的显著性检验，与前文一致，空间面板杜宾模型探究不同主体规制对于食品质量安全治理效果的影响是合理的，我国城市食品质量安全水平和与其存在相近空间特征的地区存在较强的空间依赖关系①。

① 为探究估计结果的稳健性，研究还估算了引入因变量时间滞后性项的系数估计结果，其各变量系数方向和显著性与表6.13所示结果较为一致，结果较为稳健，由于篇幅原因文中不再赘述。

表 6.12 变量间相关系数及方差膨胀因子

变量	多元主体协同度	法规数量	抽检强度	处罚力度	认证数量	百度指数	政务微博影响力	食品支出	受教育水平	地区生产总值	人口密度	VIF
多元主体协同度	1											1.44
法规数量	0.094***	1										1.18
抽检强度	0.161***	0.097***	1									1.17
处罚力度	0.295***	−0.217***	−0.105***	1								1.37
认证数量	0.435***	−0.028	0.147***	0.330***	1							2.12
百度指数	0.296***	0.123***	0.258***	0.185***	0.625***	1						4.87
政务微博影响力	0.384***	−0.019	0.192***	0.272***	0.539***	0.676***	1					2.27
食品支出	0.244***	−0.025	0.212***	0.224***	0.266***	0.298***	0.314***	1				1.34
受教育水平	0.218***	0.121***	0.132***	0.179***	0.209***	0.357***	0.233***	0.304***	1			1.34
地区生产总值	0.270*	0.143***	0.299***	0.170***	0.622***	0.872***	0.647***	0.387***	0.413***	1		5.50
人口密度	0.220***	0.192***	0.231***	0.015	0.372***	0.474***	0.481***	0.356***	0.353***	0.577***	1	1.75

注：***、**、*分别代表在1%、5%、10%的置信水平下显著。

表 6.13　多元主体协同治理对食品质量安全影响的系数估计结果

变量	不合格率			
	地理距离权重矩阵		经济地理权重矩阵	
	(1)	(2)	(3)	(4)
多元主体协同度	−0.0074**	−0.0088***	−0.0089***	−0.0099***
	(0.0030)	(0.0031)	(0.0030)	(0.0031)
法规数量	−0.0022	−0.0023	−0.0037**	−0.0037**
	(0.0016)	(0.0016)	(0.0015)	(0.0015)
抽检强度	−0.0114***	−0.0116***	−0.0104***	−0.0108***
	(0.0016)	(0.0016)	(0.0015)	(0.0015)
处罚力度	−0.0089***	−0.0086***	−0.0083***	−0.0080***
	(0.0008)	(0.0008)	(0.0008)	(0.0008)
认证数量	−0.0037***	−0.0036***	−0.0032**	−0.0030**
	(0.0013)	(0.0013)	(0.0013)	(0.0013)
百度指数	−0.0073***	−0.0075***	−0.0060***	−0.0062***
	(0.0022)	(0.0022)	(0.0022)	(0.0022)
多元主体协同度×法规数量		0.0020		−0.0016
		(0.0052)		(0.0052)
多元主体协同度×抽检强度		−0.0248***		−0.0281***
		(0.0067)		(0.0066)
多元主体协同度×处罚力度		−0.0076*		−0.0088**
		(0.0039)		(0.0039)
多元主体协同度×认证数量		−0.0022		−0.0048
		(0.0050)		(0.0051)
多元主体协同度×百度指数		−0.0052		−0.0010
		(0.0097)		(0.0097)
w×多元主体协同度	−0.0164	−0.0122	−0.0061	−0.0041
	(0.0111)	(0.0111)	(0.0055)	(0.0054)
w×法规数量	0.0047	0.0048	0.0050**	0.0052**
	(0.0038)	(0.0038)	(0.0022)	(0.0022)
w×抽检强度	0.0086*	0.0070*	0.0009	−0.0000
	(0.0047)	(0.0047)	(0.0031)	(0.0031)

续表

变量	不合格率			
	地理距离权重矩阵		经济地理权重矩阵	
	(1)	(2)	(3)	(4)
w×处罚力度	0.0093*** (0.0030)	0.0083*** (0.0030)	0.0034** (0.0015)	0.0028* (0.0015)
w×认证数量	0.0013 (0.0049)	0.0010 (0.0049)	0.0018 (0.0024)	0.0014 (0.0023)
w×百度指数	0.0006 (0.0077)	−0.0003 (0.0076)	−0.0072** (0.0036)	−0.0077** (0.0036)
控制变量	控制	控制	控制	控制
ρ	0.4094*** (0.0710)	0.4081*** (0.0710)	0.1461*** (0.0381)	0.1552*** (0.0379)
Sigma^2	0.0004*** (0.0000)	0.0004*** (0.0000)	0.0004*** (0.0000)	0.0004*** (0.0000)
N	1475	1475	1475	1475
R^2	0.118	0.130	0.150	0.160
Log L	3723.578	3734.830	3717.622	3731.844

注：***、**、*分别代表在1%、5%、10%的置信水平下显著，括号内为系数估计的稳健标准差。

从自变量系数估计结果看，多元主体协同度、抽检强度、处罚力度、企业的第三方认证情况以及消费者的食品安全关注程度的提高均对食品质量安全不合格率存在显著的负向影响，即各主体参与以及各主体的协同情况都将有利于地区食品质量安全水平的提高；需要注意的是，政府地方性法规仅在经济地理邻近地区间存在显著的影响。从交互项系数估计结果看，多元主体协同水平的提升有助于进一步强化抽检强度和处罚力度等执法类行为的治理效率，社会共治的协调发展提升了政府执法的准确性和有效性。

从自变量空间滞后项系数估计结果看，同前文不考虑多元主体协同度影响时类似，两类权重矩阵下政府的地方性法规颁布和行政处罚的强化将对邻近地区形成负外部性，抽检强度仅在地理邻近地区间存在负外部性；消费者关注仅在经济地理邻近地区间存在显著的负向空间溢出效应，即具有相似经济产业结构地区消费者对于食品质量安全关注程度的提高能够有助于改进本地的食品质量安全水平。

考虑空间溢出可能存在的反馈效应，本部分研究利用偏微分方法对式(6.27)中各变量的直接、间接和总效应进行计算和分解[见表6.14列(1)和列(3)]，但由于式(6.28)中存在因子变量，计量软件无法对各变量的直接效应和间接效应进行分析，故仅估计了各变量总的边际效应[见表6.14列(2)和列(4)]，结果如表6.14所示。

根据表6.14的效应估计结果，法规颁布、抽检和行政处罚等的直接效应、间接溢出效应和总效应与政府不同规制共同治理时较为一致，本部分将重点探讨多元主体协同度、企业及消费者相关行为对食品质量安全的空间效应。

第一，就多元主体协同度水平而言，多元主体协同可降低本地食品质量安全违规水平。利益相关主体在食品质量安全治理领域的相互协调有助于解决不同利益主体在食品质量安全治理过程中的异质性问题，多元主体的协调参与有助于充分发挥各类主体优势。从间接溢出效应来看，多元主体协同度对于邻近地区也存在显著的正外部性，地区多元主体协同度的提升限制了违规企业风险转移的可能性，对邻近地区形成了有效的正外部性。

第二，对于企业认证行为而言，企业认证行为可提高食品质量安全水平。企业认证对于食品质量安全不合格率的变化存在负向影响，食品企业通过第三方认证行为传递了相应食品的质量信号，在同等情形下消费者将对认证企业具有更高的信任水平，未认证企业的市场被迫压缩，这种情况下同类未认证企业有动机提升自身产品的质量安全水平来通过第三方认证，进而稳定自身销售市场。因此，地区认证水平的提升有助于提高食品质量安全水平。从企业认证的空间滞后项系数来看，企业认证这一企业自我管理行为对食品质量安全的促进作用并不存在显著的空间溢出。

第三，对于消费者食品安全关注行为而言，消费者对食品安全检索程度的提升有助于推动食品质量安全不合格率的降低。反映消费者食品质量安全风险感知的百度搜索指数的提高在两类权重矩阵下均对本地食品质量安全不合格率存在负向影响，且影响在1%的置信水平下显著。消费者食品质量安全意识的提高一方面通过向政府提出治理诉求来提升政府治理舆论压力，促进政府干预；另一方面也能通过“用脚投票”、投诉等手段倒逼企业提升质量安全水平。此外，经济地理权重矩阵下周边地区百度搜索指数的提高也有助于降低本地食品质量安全不合格率。这可能是因为经济发展水平相近的地区间，相似的社会经济属性及消费结构使得两地居民具有更强的社会联

表 6.14　静态估计下多元主体协同对食品质量安全影响的效应分解

变量	不合格率							
	地理距离权重矩阵				经济地理权重矩阵			
	(1)			(2)	(3)			(4)
	总效应	直接效应	间接效应	总边际效应	总效应	直接效应	间接效应	总边际效应
多元主体协同度	−0.0388**	−0.0077**	−0.0311*	−0.0355*	−0.0170**	−0.0090***	−0.0080	−0.0166**
	(0.0193)	(0.0031)	(0.0192)	(0.0183)	(0.0070)	(0.0030)	(0.0065)	(0.0068)
法规数量	0.0042	−0.0019	0.0061	0.0043	0.0016	−0.0034**	0.0050**	0.0017
	(0.0052)	(0.0015)	(0.0058)	(0.0050)	(0.0020)	(0.0014)	(0.0023)	(0.0020)
抽检强度	−0.0055	−0.0114***	0.0059	−0.0077	−0.0114***	−0.0105***	−0.0009	−0.0128***
	(0.0077)	(0.0016)	(0.0075)	(0.0077)	(0.0039)	(0.0015)	(0.0034)	(0.0040)
处罚力度	0.0007	−0.0088***	0.0095 *	−0.0005	−0.0058***	−0.0083***	0.0025	−0.0061***
	(0.0050)	(0.0008)	(0.0049)	(0.0047)	(0.0018)	(0.0008)	(0.0017)	(0.0018)
认证数量	−0.0091	−0.0039***	−0.0053	−0.0078	−0.0062**	−0.0033***	−0.0028	−0.0052*
	(0.0087)	(0.0013)	(0.0086)	(0.0082)	(0.0030)	(0.0013)	(0.0028)	(0.0030)
百度指数	−0.0115	−0.0073***	−0.0041	−0.0132	−0.0155***	−0.0062***	−0.0093**	−0.0164***
	(0.0133)	(0.0022)	(0.0131)	(0.0126)	(0.0045)	(0.0022)	(0.0042)	(0.0044)

注：***、**、*分别代表在1%、5%、10%的置信水平下显著，括号内为系数估计的稳健标准差。其中列(2)和列(4)为考虑多元主体协同调节效应后的总边际效应结果。

系，基于社会资本的信息流通不仅有助于提升周边地区的食品质量安全关注程度，而且使得食品企业无法通过转移市场的方式规避风险，形成有效的质量提升溢出效应。此外，经济地理权重矩阵下消费者参与治理的间接效应占总效应的60%，进一步证明了食品质量安全治理过程中消费者食品质量安全关注度的空间外溢对我国食品质量安全治理的重要作用。

第四，多元主体参与治理的有效性离不开区域协同。虽然各类主体参与治理行为对本地食品质量安全不合格率均存在显著负向影响，但在地理距离权重矩阵下周边地区的间接溢出影响明显降低了各治理手段的有效性和显著性。经济地理权重矩阵下，虽然大多治理手段对食品质量安全不合格率的总效应显著为负，但政府规制手段在地区间也存在反向溢出，类似于环境规制，在食品质量安全政策规制过程中也可能存在"污染避难所假说"，政府的严格规制促使违规企业向规制较松的地区转移，多元主体的有效参与依赖于地区协同的实现。但不难发现，企业认证和消费者关注等指标存在积极的间接溢出，在当前区域协同不足的现实情境中，市场主体的参与治理效率相对较高，食品安全的有效提升应着重强化对于市场主体参与治理的激励。

6.2.8 异质性讨论

我国幅员辽阔，不同地区经济发展水平和空间地理位置差异较大，相应政府部门在依托于地区发展水平的监管资源禀赋上也存在较大差异，使得地区间食品质量安全水平差异较大（见图3.3），我国食品质量安全监管效率存在明显的区域特征（张红凤和赵胜利，2020）。此外，由图4.4所示的局部Moran's *I* 指数分布图可知我国食品质量安全水平具有较为明显的局部空间集聚特征，本部分研究将参照《科学技术会议索引》的区域划分标准，将全国划分为东部、中部和西部三个地区探究政府规制对食品质量安全影响的区域异质性，其中，由于区域协同已是基于小区域层面的讨论，本部分异质性检验仅对政府规制和多元主体协同的食品质量安全效应进行检验。与全国总体样本的实证分析类似，使用空间面板杜宾模型对各个区域进行估计。

空间估计的基础在于因变量存在空间相关性。如表6.15所示，各区域食品质量安全不合格率的全局Moran's *I* 指数估计结果，在两类空间权重矩阵下，东部、中部和西部三个地区在样本期间内各年度基本在空间分布上都具有显著的空间正相关关系，各地食品质量安全水平均与其他具有相近空间特征的城市食品质量安全水平密切相关。在此基础上，研究分别对政府的不同规制工具组合和多元主体协同食品质量安全效应的区域异质性进行检验。

表 6.15　城市食品质量安全不合格率的全局 Moran's I 指数值

区域	指标	地理距离权重矩阵				
		2015	2016	2017	2018	2019
东部地区	Moran's I	0.119***	0.229***	0.125***	0.055*	0.068**
	Z 统计值	3.334	6.080	3.459	1.698	2.027
中部地区	Moran's I	0.167***	0.224***	0.134***	−0.016	0.017
	Z 统计值	4.419	5.865	3.849	−0.156	0.682
西部地区	Moran's I	0.183***	0.150***	0.149***	0.188***	0.167***
	Z 统计值	4.889	4.053	4.048	5.023	4.498
区域	指标	经济地理权重矩阵				
		2015	2016	2017	2018	2019
东部地区	Moran's I	0.116*	0.215***	0.177***	0.073	−0.073**
	Z 统计值	1.852	3.264	2.730	1.233	−0.928
中部地区	Moran's I	0.244***	0.221***	0.120**	−0.018	0.102*
	Z 统计值	3.846	3.517	2.100	−0.120	1.719
西部地区	Moran's I	0.224***	0.287***	0.213***	0.273***	0.266***
	Z 统计值	3.290	4.175	3.160	4.009	3.914

注：***、**、*分别代表在 1%、5%、10%的置信水平下显著。

对于多元主体协同治理影响的区域异质性而言，本部分分别估计了东部地区、中部地区、西部地区城市多元主体协同治理在不同空间权重矩阵下的效应大小，估计结果如表 6.16 所示。

对于东部地区，多元主体的协同水平在直接影响食品质量安全状况的同时，也能够通过调节政府抽检强度来间接地提高食品质量安全水平，东部地区多元主体协同机制较为完善。对于中部地区，多元主体协调参与的利益相关主体协同治理对食品质量安全不合格率具有直接的改善作用，两类空间地区权重矩阵下多元主体协同度每提升一单位，中部地区食品质量安全不合格率降低 0.0403 和 0.0283；中部地区多元主体协同度仅对食品企业的认证行为在 5%的置信水平下存在显著的调节作用，中部地区企业在多元主体协同治理的情况下有更强烈的质量提升动机；对于西部地区，多元主体协同度的提升本身对食品质量安全不存在显著影响，但多元主体参与食品安全治理的协调程度将通过调节抽检强度间接影响食品质量安全水平。东、中、西三类区域内多元主体协同度的食品质量安全治理效果存在较大差异。

表 6.16 不同区域政府规制对食品质量安全影响的系数估计结果

变量	不合格率					
	地理距离权重矩阵			经济地理权重矩阵		
	东部 (1)	中部 (2)	西部 (3)	东部 (4)	中部 (5)	西部 (6)
多元主体协同度	−0.0137*** (0.0052)	−0.0140*** (0.0045)	−0.0023 (0.0061)	−0.0170*** (0.0052)	−0.0148*** (0.0046)	−0.0027 (0.0061)
法规数量	−0.0051 (0.0035)	−0.0020 (0.0026)	−0.0057* (0.0030)	−0.0076** (0.0031)	−0.0053** (0.0024)	−0.0053* (0.0028)
抽检强度	−0.0101*** (0.0020)	−0.0175*** (0.0035)	−0.0128*** (0.0039)	−0.0095*** (0.0019)	−0.0173*** (0.0035)	−0.0110*** (0.0039)
处罚力度	−0.0076*** (0.0013)	−0.0105*** (0.0013)	−0.0103*** (0.0018)	−0.0074*** (0.0013)	−0.0099*** (0.0013)	−0.0088*** (0.0018)
认证数量	−0.0048** (0.0024)	−0.0047** (0.0019)	−0.0007 (0.0026)	−0.0051** (0.0024)	−0.0051*** (0.0019)	−0.0018 (0.0026)
百度指数	−0.0056 (0.0063)	−0.0020 (0.0034)	−0.0122*** (0.0035)	−0.0049 (0.0063)	−0.0023 (0.0034)	−0.0113*** (0.0035)
多元主体协同度×法规数量	0.0069 (0.0107)	0.0142 (0.0084)	0.0015 (0.0096)	−0.0005 (0.0105)	0.0119 (0.0083)	−0.0046 (0.0096)
多元主体协同度×抽检强度	−0.0227*** (0.0077)	−0.0174 (0.0148)	−0.0388** (0.0182)	−0.0270*** (0.0076)	−0.0176 (0.0147)	−0.0463** (0.0185)
多元主体协同度×处罚力度	−0.0089 (0.0061)	−0.0025 (0.0063)	−0.0059 (0.0078)	−0.0096 (0.0062)	−0.0037 (0.0064)	−0.0061 (0.0080)
多元主体协同度×认证数量	0.0098 (0.0084)	−0.0161** (0.0082)	0.0034 (0.0101)	0.0055 (0.0085)	−0.0181** (0.0082)	0.0017 (0.0102)
多元主体协同度×百度指数	−0.0048 (0.0248)	−0.0048 (0.0143)	−0.0204 (0.0169)	0.0133 (0.0247)	0.0000 (0.0144)	−0.0200 (0.0172)
w×多元主体协同度	−0.0131 (0.0153)	−0.0166 (0.0151)	0.0174 (0.0180)	−0.0017 (0.0089)	−0.0111 (0.0086)	0.0080 (0.0103)
w×法规数量	0.0007 (0.0060)	0.0087* (0.0050)	0.0099* (0.0061)	0.0045 (0.0041)	0.0122*** (0.0036)	0.0069* (0.0037)
w×抽检强度	0.0039 (0.0046)	−0.0059 (0.0091)	0.0116 (0.0126)	−0.0000 (0.0035)	−0.0056 (0.0070)	0.0057 (0.0085)
w×处罚力度	0.0050 (0.0033)	0.0039 (0.0045)	0.0104** (0.0048)	0.0037* (0.0021)	0.0004 (0.0027)	−0.0004 (0.0032)

续表

变量	不合格率					
	地理距离权重矩阵			经济地理权重矩阵		
	东部 (1)	中部 (2)	西部 (3)	东部 (4)	中部 (5)	西部 (6)
w×认证数量	−0.0052 (0.0067)	0.0026 (0.0061)	0.0051 (0.0082)	0.0016 (0.0040)	−0.0014 (0.0035)	0.0052 (0.0044)
w×百度指数	−0.0509** (0.0228)	−0.0173* (0.0096)	0.0247* (0.0126)	−0.0187* (0.0117)	−0.0102* (0.0057)	−0.0070 (0.0064)
控制变量	控制	控制	控制	控制	控制	控制
ρ	0.2273** (0.0941)	0.2422** (0.0968)	0.3569*** (0.0993)	0.1428** (0.0582)	0.0869 (0.0642)	0.1232* (0.0659)
$Sigma^2$	0.0003*** (0.0000)	0.0002*** (0.0000)	0.0005*** (0.0000)	0.0003*** (0.0000)	0.0002*** (0.0000)	0.0006*** (0.0000)
N	500	500	475	500	500	475
R^2	0.220	0.149	0.069	0.184	0.164	0.075
Log L	1327.849	1393.302	1116.759	1322.722	1394.073	1112.869

注：***、**、*分别代表在1%、5%、10%的置信水平下显著，括号内为系数估计的稳健标准差。

为了更好地识别多元主体协同度和多元主体治理行为对食品质量安全的综合影响效果，表6.17展示了两类空间权重矩阵下三类地区各个指标对食品质量安全不合格率的总边际效应。

表6.17 不同区域多元主体协同治理对食品质量安全影响的总边际效应估计

变量	不合格率					
	地理距离权重矩阵			经济地理权重矩阵		
	东部地区	中部地区	西部地区	东部地区	中部地区	西部地区
多元主体协同度	−0.0347* (0.0204)	−0.0403** (0.0195)	0.0235 (0.0280)	−0.0218* (0.0116)	−0.0283*** (0.0096)	0.0061 (0.0130)
法规数量	−0.0057 (0.0059)	0.0088* (0.0047)	0.0066 (0.0070)	−0.0036 (0.0041)	0.0075*** (0.0027)	0.0018 (0.0032)
抽检强度	−0.0081 (0.0058)	−0.0309** (0.0132)	−0.0019 (0.0205)	−0.0111** (0.0046)	−0.0250*** (0.0086)	−0.0061 (0.0107)
处罚力度	−0.0034 (0.0044)	−0.0087 (0.0061)	0.0002 (0.0069)	−0.0044* (0.0039)	−0.0104*** (0.0030)	−0.0105*** (0.0035)
认证数量	−0.0005 (0.0088)	−0.0096 (0.0081)	−0.0090 (0.0133)	−0.0079* (0.0088)	−0.0040 (0.0040)	−0.0080 (0.0059)

续表

变量	不合格率					
	地理距离权重矩阵			经济地理权重矩阵		
	东部地区	中部地区	西部地区	东部地区	中部地区	西部地区
百度指数	−0.0731**	−0.0255*	0.0195	−0.0275*	−0.0137**	−0.0208***
	(0.0315)	(0.0131)	(0.0205)	(0.0316)	(0.0069)	(0.0081)

注：***、**、*分别代表在1%、5%、10%的置信水平下显著，括号内为系数估计的稳健标准差。

具体来看，东部地区和中部地区多元主体协同度和各类指标都将在不同程度和显著性水平下对地区食品质量安全违规情况进行有效约束，且这种影响在经济发展相似地区间作用更加显著，但需要注意的是，东部和中部地区在考虑多元主体协同度直接和间接调节作用后，地方性法规数量的提升反而提高了食品质量安全水平，这可能是因为地方性法规数量上升所带来的企业生产成本提高使得大量企业（尤其是质量水平较低的企业）通过地理迁移的形式规避额外生产经营成本，致使法规完善为本地带来的食品质量安全改善不抵周边地区问题企业转移所带来的风险上升。而西部地区中各项指标的治理效应均较为有限，仅在经济地理权重矩阵下处罚力度和反映消费者关注度的百度搜索指数提升对于其食品质量安全违规水平具有改善作用，西部地区的多元利益主体协同尚未形成有效的治理机制。

6.3 本章小结

本章针对不同地区政府主体、同一地区多元主体等跨主体的协同，在使用耦合协调发展度模型对区域协同度及多元主体协同度进行测算的基础上，分别使用双向固定效应模型和空间面板杜宾模型探究跨区域协同和多元主体协同对食品质量安全的影响，并得出以下结论。

第一，对于区域协同水平而言，食品质量安全区域协同缺乏持续性，2015—2019年我国各区域的区域协同度波动性较大，当前我国政府食品质量安全规制的区域协作以短期协作为主，地区间的联合行动缺乏稳定的长效协作机制。此外，食品质量安全区域协同缺乏协调性，区域协同度的提升主要依赖于区域内各城市加权下的政府规制的整体提升，各个区域内部各城市政府规制离差的不断波动表明我国各地区政府规制变化缺乏协调性。

第二，对于多元主体协同水平而言，我国多元主体协同陷入了瓶颈期，2015—2018 年我国多元主体协同程度明显提升，但协同水平仍处于中等偏低阶段，而近年来多元主体协同有效推进机制的缺失使得我国社会共治进入疲惫期，2019 年各地区多元主体协同度相较 2018 年有所减弱，多元主体协同机制亟须创新。此外，多元主体协同存在区域异质性，多元主体协同度在东、中、西部地区间存在较大差异，受制于资源禀赋和发展条件约束，西部地区多元主体协同度长期低于全国平均水平。

第三，对于跨主体协同效应而言，一是各类治理手段都有效提升了食品质量安全水平，政府的地方性法规完善、抽检强度、处罚力度等不同政府规制手段，第三方认证等企业自律行为，消费者食品安全关注度等市场主体参与治理行为均能有效缓解本地食品质量安全问题。二是考虑多元利益相关主体共同治理时，企业自我管理和消费者监督的积极的间接溢出强调了企业和消费者等市场主体对于改善食品质量安全水平的重要作用。企业食品质量安全有效治理的实现，需要推动区域协同发展来降低跨地区风险规避行为，也需强化市场公众的有效参与。食品质量安全治理体系亟须向公众参与和信息规制方向发展。三是协同对主体治理手段存在调节作用。从协同发展的调节效应看，区域协同水平有效降低地区内食品质量安全不合格率的同时，也将通过调节效应强化政府抽检、行政处罚等手段对质量安全不合格率的改进效果。多元主体协同治理的提高在缓解本地食品质量安全问题的同时，其交互项系数结果也表明多元主体协同将有效强化抽检强度和处罚力度对食品质量安全水平的提升作用。四是各类治理手段的空间溢出效应存在区域异质性，在区域协同模式下，东部地区各类规制手段不存在显著的间接溢出，中部地区抽检强度存在显著的负向溢出，西部地区政策法规数量对周边地区食品质量安全不合格率具有显著的正向溢出效应。在多元主体协同模式下，不同区域内各类治理手段的影响存在较大差异，这种影响普遍在经济地理权重矩阵作用下具有更显著的影响，其中，处罚力度和百度指数在各个区域中都表现出了显著的质量安全提升作用。

7 食品质量安全协同治理的影响因素研究

7.1 区域协同的影响因素研究

7.1.1 理论分析

(1)地区间协作行为

政府间的协作关系不仅可以通过正式的合作联盟或行动方案实现,非正式的联合行动或信息交换也能有效促进政府间的协作治理(Eppel et al., 2008)。当前国内虽然罕有正式的食品安全协作治理联盟或机构来系统地推动食品安全跨域协作治理,但地区之间不乏食品安全培训、交流会议、联合行动等短期的食品安全合作实践。这些协作行为虽然缺乏长期稳定性,但在短期内有助于实现地方政府间监管经验和政策观点的共享,而且有利于在问题发生时降低地方政府间跨域调查和协商的成本(Mewhirter and Berardo, 2019)。短期非正式的地区间协作行为将有助于提升区域间政府食品质量安全的协同治理。

(2)政府食品安全规制强度

政府食品安全规制强度的提升一方面可以通过提升企业机会成本来倒逼食品质量安全水平的提升(Zhou et al., 2021),另一方面单个地区规制程度的减弱可能加大了与其具有密切产业联系的周边地区食品质量安全风险水平,反之规制强度提升所产生的外部性也可能降低邻近地区的投入激励。因此,不同地区间政府规制强度的差异不仅可反映政府部门在食品安全领域监管重视程度的不同,也为其他地区政府治理的搭便车行为提供了空间。前文实证研究结果也表明，政府法规和行政处罚对周边地区存在显著的负外部性，地方政府间政府法规和行政处罚的相似程度在一定程度上能够规避企业通过生产经营迁移而带来的风险转移的同时，也有助于降低政府协作过程中由标准和执法差异所导致的额外协商成本。因此，地方政府间法规和处罚等规制强度也将对其区域协同水平产生影响。

（3）市场消费结构

单个地区食品安全治理的成果更可能在社会属性或消费结构相似的地区间溢出（Gerber et al.，2013；Zhou et al.，2019）。对于消费结构较为类似的地区而言，彼此间的相互协作可以有效实现需求信息的共享并节约搜寻成本（Mewhirter and Berardo，2019）。消费结构的相似程度可能是影响政府食品安全协作效率的潜在影响因素。此外，由于充足的食物供给是确保食品安全的基础，公共危机爆发后食物供给对于食品安全保障的重要性将更加突出（Han et al.，2021），为保障国家整体食物供给，地区产销结构决定了其在保障供给情况下对其他地区的依赖程度，促使产销结构差异较大的地区间政府具有更强烈的合作需求和意愿。

（4）消费模式

互联网等新一代信息技术极大地改变了人们的生活方式、消费方式，促生了实时、全球范围的供需链，进而改变了消费模式与市场环境。传统消费模式下食品交易被限定在特定时空中；而在“互联网＋”背景下，数字技术的发展促使食品消费的实现渠道由传统经济的单一线下平台转变为多渠道多平台，使消费者的食品消费途径得以拓宽。因此，互联网消费打破了传统消费的时空限制，致使食品质量安全跨地区流通风险增加，提升了对于跨地区政府协作治理的客观需求。数字技术支撑下供销交易主体互动平台及市场信息平台的建立能够有效缓解利益相关主体的信息不对称问题，增强地方政府间的利益联结紧密度；线上的历史交易记录也提升了违规产品的可追溯程度，进而有效降低不同地区政府监管协作交流的信息沟通成本（Loiseau et al.，2016）。数字技术引导下，由单一线下平台转变为多渠道多平台的互联网消费模式有助于推动政府部门间的区域协同。

（5）工业化水平

工业化的发展加大了对于粮食消费的需求，工业用量比重的上升为粮食的供给提供了较为持续的压力（熊志强，2012），与此同时工业化发展带来的城乡居民生活水平提高也加大了居民对于粮食的需求水平，致使食品安全形势持续偏紧。工业化发展导致的工业资本下乡促进了农产品规模化生产（杜宇能，2013），工业化发展给食品安全同时带来了机遇和挑战。此外，工业化发展下对于跨区域生态协同的治理需求一定程度上也带动了地区政府间的整体协同（刘学民，2020）。地方工业化发展的相似性为地方政府带来了相似的治理需求，一定程度上间接地推动了地方政府食品质量安全的区域协同。

7.1.2　变量选择及来源

根据不同因素对食品质量安全区域协同发展的影响机理和既有研究成果，本部分研究选取区域协作历史、地方性法规数量、处罚力度、食品消费水平、电商规模、工业化发展水平等因素来探究区域协同发展的驱动因素。具体变量定义及描述性统计结果如表 7.1 所示。

表 7.1　变量定义

变量类型	变量名称	变量定义	数据来源	均值	标准差
因变量	区域协同度	区域内各地方政府食品质量安全规制的协调发展水平	笔者计算	0.545	0.099
自变量	区域协作历史	第 4 章区域划分下区域内各省份跨地区协作次数总和的对数值	地方政府网站	2.409	0.554
	法规数量差异	区域内各城市食品安全相关地方性法规文件加总数量对数值的相对离散程度	中国城市统计年鉴	0.328	0.195
	处罚力度差异	区域内各城市过去一年食品质量安全相关行政处罚数与抽检违规数量比值的相对离散程度	中国统计年鉴	1.328	0.644
	电商规模差异	区域内各省份电子商务销售额占地区生产总值比例的相对离散程度	中国统计年鉴	1.085	0.671
	工业化指数差异	区域内各城市非农产值占农业产值比例的相对离散程度	中国城市统计年鉴	1.631	1.127
	食品消费水平差异	城市所在省份人均食品消费数量对数值的相对离散程度	中国统计年鉴	0.018	0.009

因变量为区域协同度。参照前文耦合协调发展度指标，计算前文构建的

最优分区方案下各区域政府的耦合协调发展水平。

自变量包括:①地区间协作行为。短期非正式的地区间协作行为可能通过交流经验降低区域协同的协商成本,进而促进区域间政府食品质量安全的协同治理。本部分研究参照 Baker 等(2016)的文本检索方法,通过在相关政府官方网站上公开发布的食品安全相关报道进行抓取,并使用跨地区、协同、实践、合作、交流等一系列相关关键词进行进一步过滤,同时剔除不同网站和省份对同一新闻事件的重复报道,得到了 2015—2019 年 145 条相关新闻事件,用以衡量我国地方政府间事实上的协作行为变量。在此基础上,根据前文制定的区域食品质量安全协作治理分区方案,计算区域内已有的协作行为的频次。②政府食品安全规制强度。地区间食品安全相关法规数量和处罚力度的相似性一定程度上表明了地区对于食品质量安全问题的重视程度,由于具有相似治理需求的规制主体在协同过程中能够快速围绕共同目标进行权责划分,治理结构的相似性降低了沟通和协商成本,有助于推动区域协同。加之前文论述结果中发现的地方性法规和处罚力度规制的负外部性,本部分研究同时控制了区域内地方性法规数量和处罚力度两个指标的相对离散情况对政府区域协同的影响。③市场消费结构。围绕前文对于市场消费情况的协同推动作用,本部分研究选择区域内食品消费水平的相对离散程度用于衡量食品市场消费结构差异。④消费模式。数字技术引导下互联网消费模式的转变为政府区域协作的食品质量安全治理行为提出了强烈需求,本部分研究选取电子商务销售额占地区生产总值的比例用于衡量地区对于互联网消费模式的依赖程度,通过对区域内各地区电商占比的变异系数计算,来衡量区域内消费模式的差异化程度。⑤工业化水平。鉴于工业化水平对食品安全治理带来的规模化发展以及生态协同产生的正外部性,本部分研究选择非农产业产值占农业产业产值比例的相对离散程度来衡量区域工业化水平差异。

7.1.3 模型构建

基于前文制定的食品质量安全区域协作方案,本部分研究实证分析了影响区域间合作治理效率的可能因素。与传统研究不同的是,区域食品质量安全协同状况的影响因素分析主要突出对于区域协同的作用,探讨区域内不同省份间各影响因素的差异情况对区域食品质量安全协同状况的影响(胡志高

等,2019)。对此,实证模型构建如式(7.1):

$$\text{cgh}_{jt} = \theta_0 + \sum_k \theta_k \frac{\sigma_{X_{jt}^k}}{\overline{X_{jt}^k}} + \delta_t + \omega_j + \varepsilon_{jt} \tag{7.1}$$

其中 j 表示表 6.2 中的区域分组,t 代表年份变量;cg_{jt} 为区域耦合协调发展度,用于衡量区域 j 在 t 年的食品质量安全区域协同度;X 为一系列可能影响地区食品质量安全水平的影响因素,包括区域协作历史、地方性法规数量、处罚力度、食品消费水平、电商发展规模和工业化发展水平;$\sigma_{X_{jt}^m}$ 和 $\overline{X_{jt}^m}$ 分别代表区域 j 内各省份影响因素的标准差和均值,用于衡量区域内各省份相应影响因素的变异程度。此外,本部分研究对个体效应(ω_j)和时间效应(δ_t)进行了控制,一定程度上缓解了因遗漏变量引起的内生性问题。ε_{jt} 为随机干扰项。

7.1.4 实证分析

在实证分析前,为确保变量间不存在明显多重共线性,本部分研究分别检验了各因素与区域协同度间的相关系数,结果如表 7.2 所示。可以发现,各变量之间相关系数都不高,方差膨胀因子也都在 1.1—2.6 之间,表明变量间不存在严重多重共线性。

表 7.2 变量间相关系数及方差膨胀因子

变量	区域协作历史	法规数量差异	处罚力度差异	食品消费水平差异	电商规模差异	工业化指数差异	VIF
区域协作历史	1						1.38
法规数量差异	−0.203***	1					1.16
处罚力度差异	−0.046***	0.055**	1				1.14
食品消费水平差异	0.495***	−0.286***	0.157***	1			2.58
电商规模差异	0.220***	−0.260	0.165***	0.533***	1		1.46
工业化指数差异	0.387***	−0.280***	0.263***	0.675***	0.330***	1	2.01

注:***、**、*分别代表在1%、5%、10%的置信水平下显著。

表7.3展示了各影响因素对食品质量安全跨地区协同的效应估计结果。由于自变量表示因素在区域内的离散情况，表7.3中的估计系数可理解为区域内各地区自变量的离散程度每变化一单位所引起的区域协同水平变化的程度。从实证结果中，可得出以下结论。

电商规模的差异化程度降低对区域协同水平的提升具有显著影响。互联网消费模式所带来的跨域食品消费增多反映了地方政府间区域合作的迫切性。地区间线上消费比例的差异越大，地方政府间对于区域协作的意愿差异也就越大，因此，消费模式差异越大的地区间越不利于开展食品质量安全的跨域协同治理。结合现实来看，新冠疫情加剧了我国食品安全供给的压力，但出于防控需求的出行限制推动了我国各地区线上消费水平的整体提升，线上消费比例发展的相似程度为区域协同提供了发展环境，新冠疫情为食品质量安全的区域协同带来挑战的同时，也为其提供了发展的机遇，地方政府应抓住现实发展机遇，结合消费模式的类同关系，在开展区域协作的同时积极探索建立长期稳定区域协作的推动机制。

表7.3 区域协同水平的影响因素分析

变量	区域协同度 (1)
区域协作历史	0.0440 (0.0543)
地方性法规数量差异	0.1256 (0.1138)
行政处罚差异	−0.0140 (0.0291)
食品消费水平差异	−9.2628 (11.2665)
电商规模差异	−0.1909* (0.0962)
工业化指数差异	−0.1428*** (0.0403)
常数项	1.1014*** (0.2635)
N	40
调整 R^2	0.642

注：***、**、*分别代表在1%、5%、10%的置信水平下显著，括号内为系数估计的稳健标准差。

区域内工业化指数差异化程度的降低，提高了区域协同水平。区域内工业化发展程度的离散水平每降低一单位，区域协同度将增加 0.1428，区域内工业化水平的相似性使得地区间面临着相似的食品安全供给和生态治理需求。地区间工业化发展的不平衡所伴随着的潜在的生态环境保护不平衡和产品供需结构不平衡加大了地区间政治经济协商的难度，致使区域协同的水平下降。因此，在社会经济联系紧密的地区间，地方政府可通过推动工业化协调发展来进一步提高食品质量安全的区域协调水平。

对于其他可能对协同水平产生影响的变量，模型估计结果的影响方向与前文影响机理讨论分析较为一致。既有协作行为越多越有利于区域食品质量安全协同治理的推进；相似的政府行政处罚力度降低了地方政府针对跨地区违规情况处罚的协商成本，进而促进了地区间食品质量安全协作治理的协调发展；消费结构相似的地区间将具有更加强烈的区域协同动机。但拟合结果并不显著，相比于工业化发展和消费模式的协同，地方政府既有历史协作行为、食品质量安全规制、消费结构等相关变量对区域协同提升的作用效果有限，它们在地区间的差异并不能显著影响区域食品质量安全协调治理的开展。在我国当前食品质量安全协同推进的进程中，可不用过多关注地方间地方性法规数量、处罚力度和食品消费结构差异情况对于区域协同的影响。

7.2 多元主体协同的影响因素研究

7.2.1 理论分析

(1)消费模式

互联网的共享特点使居民消费模式逐渐形成消费需求互动性、消费范围无边界性、消费行为分享性和消费选择自主性等新常态。在当前互联网消费模式下，数字技术的完善对于食品质量安全信息共享的促进作用能够有效降低多元主体间的信息不对称问题，分别对政府、企业和消费者等相关利益主体行为产生激励。一方面，同前文消费模式转变对区域协同的影响类似，消费模式转变带来的跨域流通进一步突出了政府部门协作和区域协作的重要性和迫切性。我国现行电子商务发展过程中存在的信用问题和网络欺诈更是有效激励了政府对现有规制进行强化和完善。另一方面，线上交易推动了产业链纵向一体化的发展。以生鲜食品为例，食品企业（经销商）在接收订单时可直接将订单信息与其上游供应企业进行共享，线上交易模式的发展提升了供应链合作伙伴采购和配送的时效性，通过供应链协同缩短供应成本和运输成本，保障食品质量安全水平（张玉春和王婧，2019）；信誉反馈系统中消费者的负面评价也可能对企业优化产品质量提供激励。此外，消费者也可通过线上交流平台的互动和评价系统的声誉反馈在消费前完善对于产品质量安全水平的认知（Wen and Cheng，2013），线上评价和投诉的便捷性也提升了消费者在遇到食品质量安全问题时的投诉概率，这些都提升了消费者的食品质量安全参与意愿。因此，数字技术引导下互联网消费模式的转变可通过对利益相关主体的共同激励来推动多元主体食品质量安全治理的协调发展。

（2）人力资本

人力资本对于各类利益相关主体参与食品质量安全治理均具有重要作用，其对于各类治理手段的积极影响共同推动了人力资本对多元主体协同发展的提升作用。第一，信息对称对于解决食品质量安全具有重要意义，信息的获取、传递和使用效率取决于相应主体的技能和知识储备，社会整体人力资本水平的提升有助于促进政府、企业、消费者等利益相关主体之间的信息获取水平及沟通效率（何晓峥，2007）。第二，人力资本水平的提高所带来的劳动力技能提升和知识积累将对企业生产技术创新带来有效激励，这种情况下企业可通过技术创新替代违规物添加来实现生产成本的降低。第三，人力资本提高所带来的食品质量安全意识和关注度上升也有助于相关利益主体参与食品质量安全治理。食品质量安全意识和关注度的提升加强了消费者主动参与食品质量安全监督的积极性（周应恒等，2014）。由于感知效果能有效激发消费者将积极态度转变为实际行动（Testa et al.，2019），人力资本提升导致的食品质量安全意识加强将促使消费者通过加强购买决策调整、投诉举报、消费经验交流等实际行动的实施，进而实现对生产经营主体的机会主义行为形成负向激励。食品质量安全意识的提升也将促使利益相关主体通过舆论形式作用于政府相关监管部门（刘飞，2013；王常伟，2016），通过舆论压力呼吁政府监管部门加强对特定风险产品或风险行业的执法强度。因此，人力资本的提升对于政府、企业、消费者参与食品质量安全治理都将具有显著的激励效应，进而驱动了多元主体参与食品质量安全治理的协调优化。

(3)城镇化率

我国新型城镇化发展进程中大量农业劳动力流转到非农产业,城乡居民规模迅速扩大,城镇居民规模的迅速扩大使得食品需求迅速攀升,这与城镇化发展过程中非农业活动占用农业用地而导致的粮食供给减少相矛盾(Matuschke,2009),并且食品消费需求的快速上升将大大提高食品质量安全风险的出现概率(张红凤和吕杰,2019)。这种情况下,城镇化带来的食品质量安全暴露风险将极大强化对于政府强制性监管的需求。

此外,城镇市场中就业市场和经济增长的良性互动,带动了城镇居民收入实现跨越式增长。城镇化发展促进的经济增长,在提升国家经济实力的同时,也能够带动农业生产投入增长,促进农业生产技术现代化水平的提升。从微观上看,城镇化带来的居民收入上涨提高了居民生活水平,使得居民对高质量产品的需求提升,而生活水平的提高也将促进食品安全观念的转变。经济增长和生活水平的提高共同提升了城乡居民的食品质量安全意识。(张红凤等,2019)。此外,城镇化发展带来的消费示范效应也能够促进消费模式的转变,进而推动农业和农村信息化的发展(Chiou et al.,2017;徐志刚等,2017)。因此,城镇化发展也将通过消费模式和消费观念的转变,刺激消费者提高对于食品质量安全的参与和监督意识。

事实上,城镇化推进过程中耕地的减少并不意味着长期非农化生产,有研究表明,城乡一体化发展背景下未来将能够释放出大量农村用地用于农业生产,城乡一体化的推进将有利于规模化农业发展和环境保护。而由于农地规模的增加有利于违规农业面源污染的控制,城镇化的发展在长期也将直接促进食品质量安全水平的提升(Wang et al.,2021)。

综上,城镇化发展强化了对于政府强制性监管的需求和必要性,同时也通过消费模式和观念的转变提升了消费者对于食品质量安全的关注程度。城镇化的发展一定程度上也能够通过对不同主体的治理机理提升多元主体治理的协调发展水平。

(4)食品消费水平

由于公众消费需求对生产供给具有一定引导作用,食品需求的上升可以帮助推动生产经营主体的技术创新和设备升级(中国银行课题组,2020),降低生产经营主体在利益驱动下的道德风险行为,提升企业自我管理。食品消费水平的提高也逐渐推动居民食品消费由数量需求转变为高质量、营养需求，进而提升了政府强化监管、消费者参与监督的现实诉求(胡联等，2013)。

7.2.2 变量选择及来源

根据不同因素对食品质量安全多元主体协同发展的影响机理和既有研究成果，本部分研究选取电商规模、人力资本、城镇化率、食品消费水平等因素来探究多元利益主体协同发展的驱动因素。具体变量定义及描述性统计结果如表7.4所示。

表7.4 变量定义

变量类型	变量名称	变量定义	数据来源	均值	标准差
因变量	多元主体协同度	城市多元主体参与食品质量安全治理的协调发展水平	笔者计算	0.356	0.269
自变量	电商规模	城市所在省份电子商务销售额占地区生产总值的比例	中国统计年鉴	1.085	0.671
	人力资本	城市所在省份大学文化人口占比	中国统计年鉴	0.130	0.038
	城镇化率	城镇人口占总人口比重	中国城市统计年鉴	0.568	0.122
	食品消费水平	城市所在省份人均食品消费数量的对数值	中国统计年鉴	8.517	0.260

因变量为多元主体协同度。参照前文耦合协调发展度指标，聚焦于政府、食品企业和消费者三方主体的食品质量安全治理行为，计算三者参与食品质量安全治理行为的协调发展水平。

自变量包括：①消费模式。数字技术引导下互联网消费模式的转变为政府、企业、消费者的食品质量安全治理行为提出了强烈需求，本部分研究选取电子商务销售额占地区生产总值的比例用于衡量地区中互联网消费模式的发展水平。②人力资本。人力资本通过提升食品质量安全感知水平和技能水平，成为推动食品质量安全多元主体协同的关键，因此，本部分研究选用大学文化人口占比来衡量人力资本水平。③城镇化水平。城镇化发展导致食品质量安全治理重点发生变化，本部分研究选择城镇人口占总人口比重进行衡量。④食品消费水平。本部分研究选择城市所在省份人均食品消费数量的对数值反映公众食品消费需求水平。

7.2.3 模型构建

为解决遗漏变量所带来的偏误，首先用全局和局部 Moran′s I 指数检验多元主体协同水平的空间相关性特征。在确认存在空间自相关关系的基础上构建空间杜宾模型来探究多元主体协同治理的影响因素。模型构建如式(7.2)。

$$Y = \rho WY + X\beta + DX\delta + \varepsilon \tag{7.2}$$

其中，Y 为因变量，表示政府食品质量安全的多元主体协调治理水平；X 为一系列潜在影响利益相关者协同的因素，包括电商规模、人力资本、城镇化水平和食品消费水平。空间权重矩阵同前文选择地理邻近矩阵和积极地理权重矩阵展开分析。ε 为误差项。

7.2.4 基准结果分析

在实证分析前，为确保变量间不存在明显多重共线性，本部分研究检验了各变量与多元利益主体协同度间的相关系数，结果如表 7.5 所示。可以发现，各变量之间相关系数都不高，方差膨胀因子也都在 1.4—1.8 之间，表明变量间不存在严重多重共线性。

表 7.5 自变量间相关系数及方差膨胀因子

变量	电商规模	人力资本	城镇化率	食品消费水平	VIF
电商规模	1				1.71
人力资本	0.406***	1			1.46
城镇化率	0.334***	0.489***	1		1.41
食品消费水平	0.619***	0.399***	0.402	1	1.77

注：***、**、* 分别代表在 1%、5%、10%的置信水平下显著。

由于空间估计的基础在于因变量存在空间相关性，在展开基准回归分析前，研究首先对多元主体协同度进行全局 Moran′s I 检验，结果如表 7.6 所示。多元主体协同度的全局 Moran′s I 指数估计结果，两类空间权重矩阵下，多元主体协同度在空间分布上都具有显著的空间正相关关系，多元主体的协同水平与其他具有相近空间特征的城市主体协同水平密切相关。采用空间面板模型来分析多元主体协同水平的影响因素将更为合理，估计结果如表7.7所示，相关系数结果进一步验证了从空间维度展开分析的必要性。

表 7.6 多元主体协同度的全局 Moran 指数值

权重矩阵	指标	2015年	2016年	2017年	2018年	2019年
地理距离权重矩阵	Moran's I	0.081***	0.067***	0.081***	0.037**	0.108***
	Z统计值	4.669	3.872	4.662	2.218	6.190
经济地理权重矩阵	Moran's I	0.097***	0.078**	0.156***	0.083**	0.236***
	Z统计值	2.626	2.149	4.192	2.273	6.284

注：***、**、*分别代表在1%、5%、10%的置信水平下显著。

表 7.7 多元主体协同影响因素的估计结果

变量	多元主体协同度	
	地理距离权重矩阵 (1)	经济地理权重矩阵 (2)
电商规模	0.7645** (0.3855)	1.0243*** (0.3372)
人力资本	1.9430** (0.8360)	1.8050** (0.7840)
城镇化率	1.3625 (0.9203)	1.3440 (0.9235)
食品消费水平	0.1688 (0.3466)	0.7179** (0.3557)
w×电商规模	−0.2290 (0.9235)	−0.5746 (0.5120)
w×人力资本	−2.1821 (1.8608)	−0.8334 (1.1489)
w×城镇化率	−3.9353** (1.8790)	−3.4708** (1.3538)
w×食品消费水平	0.7789 (0.8632)	−0.3650 (0.4852)
ρ	0.4962*** (0.0627)	0.2037*** (0.0361)

续表

变量	多元主体协同度	
	地理距离权重矩阵 (1)	经济地理权重矩阵 (2)
$Sigma^2$	0.0361*** (0.0013)	0.0370*** (0.0014)
N	1475	1475
R^2	0.262	0.279
Log L	345.824	332.522

注：***、**、*分别代表在1%、5%、10%的置信水平下显著，括号内为系数估计的稳健标准差。

为探究综合反馈效应后各影响因素对多元主体协同度的直接和间接影响，本部分研究用偏微分方法对空间滞后项的影响效应进行分解，两类空间权重矩阵下各影响因素对多元主体协同度的直接影响和间接溢出效应影响如表7.8所示。

表7.8 多元主体协同度影响因素的直接效应、间接效应和总效应估计

变量	多元主体协同度					
	地理距离权重矩阵			经济地理权重矩阵		
	总效应	直接效应	间接效应	总效应	直接效应	间接效应
电商规模	1.0625 (1.3043)	0.7831** (0.3803)	0.2794 (1.5042)	0.5711 (0.4542)	1.0208*** (0.3353)	−0.4497 (0.5439)
人力资本	−0.3309 (2.6880)	1.8714** (0.7755)	−2.2023 (3.1005)	1.2793 (0.9594)	1.7564** (0.7271)	−0.4770 (1.2515)
城镇化率	−5.2841* (3.1972)	1.3518 (0.8642)	−6.6358** (3.2993)	−2.6754* (1.4490)	1.3029 (0.8617)	−3.9783*** (1.5138)
食品消费水平	1.8708 (1.3095)	0.1860 (0.3191)	1.6849 (1.4817)	0.4292 (0.3814)	0.6997** (0.3331)	−0.2706 (0.5288)

注：***、**、*分别代表在1%、5%、10%的置信水平下显著，括号内为系数估计的稳健标准差。

表7.8结果表明，从直接效应看，两类空间权重矩阵下电商规模均在不同置信水平显著提高了本地多元主体协同水平，且经济地理权重矩阵下电商规模发展对多元协同的促进作用更大。具体到系数大小，考虑空间溢出的反馈

效应后，地理距离矩阵下电商规模的直接效应略有上升，电商规模对周边地区的溢出效应反过来影响本地时的效应为正，具有积极的正反馈效应；而在经济地理权重矩阵下，经济交往密切地区的反馈效应为负且较为微弱，反馈效应在地理邻近主体间更为明显。而从间接效应看，两类空间权重矩阵下电商消费占比均不存在显著的空间溢出效应；在周边地区的相互作用下，互联网消费模式转换对食品质量安全多元协同的总效应虽然为正，但该影响并不显著。研究结果表明现有属地治理环境下互联网消费模式转变未能充分发挥其多元主体协同激励效应。多元主体协同水平的有效提升依赖于区域间的有效协同。

对于人力资本而言，两类空间权重矩阵下人力资本对多元主体协同均在5%置信水平下显著为正，城市人口高等教育比例的提升能够通过丰富信息获取、提升治理意识、技术创新等渠道推动本地食品质量安全多元主体的有效协同。然而，周边地区受教育水平的提升无法对本地多元主体协同形成同样的积极效果，人力资本提升对多元主体协同并不具有显著的总效应。

对于城镇化率而言，城镇化发展虽然能够提升本地多元主体协调参与食品质量安全治理，但影响并不显著；与此同时，周边地区城镇化发展还将对本地多元主体协同形成显著的负面溢出，致使城镇化率对多元主体协同在10%置信水平下具有显著为负的综合效应。这可能是因为，城镇化发展过程中食品消费需求的提升加大了地方对周边地区食品的供给需求，而跨地区交易过程中却缺乏对于跨地区流通产品监管责任的明确界定，致使相关主体治理动机较弱，难以推动多元主体协同的实现。

7.2.5 异质性讨论

考虑到我国各区域差异化较大，研究在全国样本基准回归的基础上对我国东、中、西部三个地区进行异质性讨论，系数估计结果见表7.9，分类效应估计结果见表7.10。估计结果表明，各地区空间自相关系数均显著为正，多元主体协同水平在空间地理上存在较强的空间依赖性和集聚性。

分具体区域来看，对于东部地区而言，电商规模对多元主体协同并不存在显著的直接效应。可能的原因在于，东部地区电商软硬件基础建设较为完善，电商渗透率高，电商发展水平远高于中西部地区，电商规模扩大对多元主体协同带来的边际效应并不显著。人力资本、城镇化率和食品消费并未对城市多元主体食品质量安全协同治理水平产生显著的直接效应，但东部地区相对较高的人力资本水平将对周边地区的主体协同具有正向溢出，最终表现出人力资本对多元主体协同的总效应显著为正的结果。

表 7.9 不同区域多元主体协同影响因素的估计结果

变量	不合格率					
	地理距离权重矩阵			经济地理权重矩阵		
	东部地区 (1)	中部地区 (2)	西部地区 (3)	东部地区 (4)	中部地区 (5)	西部地区 (6)
电商规模	−0.2610 (0.6492)	1.5439 (1.5110)	1.5057** (0.6718)	0.0918 (0.5273)	2.3489 (1.5936)	1.7406*** (0.5616)
人力资本	0.3401 (1.5824)	9.2591*** (2.7789)	3.1733** (1.5095)	0.3013 (1.8207)	6.8261*** (2.3407)	1.7701 (1.3354)
城镇化率	1.7074 (1.1964)	2.5164 (2.1174)	−0.1316 (2.0013)	2.4846** (1.1931)	4.3082* (2.2308)	−1.0244 (2.0395)
食品消费水平	−1.1048 (0.7480)	1.4654 (1.6224)	0.5403 (0.6497)	−1.3182* (0.6759)	1.9058 (1.5621)	1.6127** (0.6606)
$w\times$电商规模	0.3906 (1.1400)	−0.2722 (2.4987)	−1.1431 (1.5679)	−0.5452 (0.8057)	−1.1129 (1.9063)	−1.1221 (0.8768)
$w\times$人力资本	7.5446** (3.1343)	−8.9699** (4.2235)	−7.2160*** (2.7194)	5.9480** (2.9417)	−4.2368 (2.9702)	−3.8417** (1.7609)
$w\times$城镇化率	−1.0365 (2.2752)	−6.7928** (3.1166)	−2.6862 (4.7778)	−1.8399 (1.7061)	−8.5437*** (2.7234)	1.4873 (3.8201)
$w\times$食品消费水平	0.4113 (1.2194)	−1.3235 (2.4443)	1.4793 (1.4228)	1.0933 (0.9963)	−1.8401 (1.8933)	−0.9569 (0.8382)
ρ	0.2907*** (0.0836)	0.3231*** (0.0882)	0.3113*** (0.0978)	0.1208** (0.0578)	0.2609*** (0.0583)	0.1373** (0.0617)
$Sigma^2$	0.0337*** (0.0021)	0.0301*** (0.0019)	0.0399*** (0.0026)	0.0344*** (0.0022)	0.0295*** (0.0019)	0.0407*** (0.0026)
N	500	500	475	500	500	475
R^2	0.082	0.124	0.211	0.021	0.078	0.223
Log L	135.801	163.866	89.144	132.353	167.489	85.184

注：***、**、*分别代表在1%、5%、10%的置信水平下显著，括号内为系数估计的稳健标准差。

表 7.10　不同区域多元主体协同度影响因素的直接效应、间接效应和总效应估计

变量	不合格率					
	地理距离权重矩阵			经济地理权重矩阵		
	东部地区	中部地区	西部地区	东部地区	中部地区	西部地区
	直接效应					
电商规模	−0.2284	1.6053	1.5074**	0.0937	2.3738	1.7322***
	(0.6479)	(1.4918)	(0.6591)	(0.5302)	(1.5546)	(0.5620)
人力资本	0.5114	8.9407***	2.9198**	0.4165	6.5787***	1.6015
	(1.4736)	(2.5941)	(1.4099)	(1.6946)	(2.1507)	(1.2513)
城镇化率	1.8038	2.5331	−0.0150	2.5564**	4.0799**	−0.7730
	(1.1207)	(1.9750)	(1.9035)	(1.1192)	(2.0526)	(1.9248)
食品消费水平	−1.1234	1.4073	0.5740	−1.3027**	1.8090	1.5756**
	(0.6831)	(1.6117)	(0.6033)	(0.6260)	(1.5262)	(0.6337)
	间接效应					
电商规模	0.4095	0.2837	−1.0236	−0.6071	−0.6844	−1.0061
	(1.3523)	(2.9538)	(1.9930)	(0.8165)	(1.9464)	(0.8975)
人力资本	10.9929***	−8.3120*	−8.7795***	6.8752**	−2.9212	−3.9631**
	(4.0220)	(4.9663)	(3.3842)	(3.0200)	(3.1968)	(1.8218)
城镇化率	−0.8496	−8.9715**	−4.2405	−1.7905	−9.8450***	1.3909
	(2.9604)	(3.8195)	(7.0639)	(1.8023)	(2.9156)	(4.3380)
食品消费水平	0.0656	−1.2175	2.4236	0.9993	−1.7411	−0.8282
	(1.5004)	(3.0618)	(1.9233)	(1.0312)	(2.0978)	(0.8734)
	总效应					
电商规模	0.1810	1.8890	0.4839	−0.5135	1.6894*	0.7261
	(1.0714)	(1.8916)	(1.6075)	(0.7202)	(1.0107)	(0.7505)
人力资本	11.5043***	0.6287	−5.8597**	7.2917***	3.6575*	−2.3615*
	(3.3395)	(3.1369)	(2.5299)	(2.0702)	(2.0133)	(1.2529)
城镇化率	0.9541	−6.4384**	−4.2555	0.7660	−5.7652**	0.6179
	(2.8564)	(3.2466)	(7.2517)	(1.7377)	(2.4309)	(4.4882)
食品消费水平	−1.0579	0.1899	2.9976*	−0.3034	0.0679	0.7474
	(1.1408)	(1.8446)	(1.5386)	(0.7338)	(1.0965)	(0.6113)

注：***、**、*分别代表在 1%、5%、10%的置信水平下显著，括号内为系数估计的稳健标准差。

对于中部地区而言，人力资本的提升促进了本地多元主体的协调参与，但对周边城市存在明显负向溢出；而城镇化发展在对周边地区多元主体协同形成负向溢出的同时,仅在经济地理权重矩阵下在10%的显著性水平上是显著正相关。对于西部地区而言,西部地区中人力资本和食品消费水平的提升有助于提升多元主体的食品质量安全协调治理水平,但人力资本同时也对周边地区形成了负向溢出。

值得注意的是,中西部地区电商规模的扩大提升了多元主体食品质量安全治理的协同水平,这一效应在西部地区将更为显著。中西部地区电子商务目前处于高速发展时期,电商的普及和发展正在转变中西部地区居民的消费模式,强化了多方利益相关主体在消费模式转变下对于食品质量安全需求的迫切性,推动多元主体共同参与食品质量安全治理。然而,电商发展对多元主体协同治理的推动作用局限在本地范围,并未对周边地区的多元主体协同治理产生显著辐射作用。类似地,人力资本和城镇化率存在负向的间接溢出效应,抵消了其对协同治理的直接效应,致使中西部地区相应变量的总效应出现负值。这强调了中西部地区多元主体协同过程中,政府部门进行区域协同的必要性和迫切性。

7.3 本章小结

本章分别探讨了区域协作历史、地方性法规数量、处罚力度、食品消费水平、电商规模和工业化发展水平对区域协同的影响效果,以及电商规模、食品消费水平、人力资本和城镇化水平对多元主体协同的影响效果,其中为探究多元主体在区域范围内的异质性,本章还依据东中西区域划分进行了影响因素的区域异质性讨论,并得出以下结论。

第一,在以食品交易频率和经济联系度为基础划分的协作区域内,各地区工业化指数和电商规模的相似性程度有助于进一步促进地方政府食品质量安全的区域协同水平。

第二,电商规模、人力资本和城镇化率平均对多元主体参与食品质量安全治理的协同水平具有显著积极影响,但空间地理上的联系使得这些因素在提升本地协同水平的同时,也将对周边地区主体协同产生负外部性,其中,城镇化率是导致对周边地区负向溢出的关键因素,在缺乏区域协同情况下城镇化对利益相关主体的协同不具备有效的促进效果。多元主体协同水平的提升依赖于地区协同。

第三，分区域探究主体协同度影响因素后，因变量的空间滞后项在各个区域都显著为正，全国区域范围内多元主体的食品质量安全协同均对其周边地区具有显著的正向溢出。

第四，各因素对多元主体协同水平的影响效果在不同区域内存在明显差异。其中，三类影响因素对东部地区主体协同水平的影响均不显著，但东部地区相对较高的人力资本水平将对周边地区的主体协同具有正向溢出；中部地区人力资本的提升促进了多元主体的协调参与；西部地区电商规模和人力资本的提升有助于进一步提升协同其多元主体的食品质量安全协调治理水平；中部地区和西部地区中人力资本和城镇化率的负向溢出强调了中西部地区多元主体协同过程中政府部门进行区域协同的必要性和迫切性。

8 国外食品质量安全治理经验

发达国家的食品质量安全治理拥有悠久的发展历程和丰富的政策实践，形成了较为完善的治理模式。其中，美国、日本以及欧盟的食品质量安全治理取得了突出成效，食品质量安全保障得到了国际广泛认可，食品质量安全治理方式具有较强的借鉴意义。本章通过对美国、日本以及欧盟等国家和地区在食品质量安全领域的政府协同、多元主体协同、追溯体系建设等治理经验的梳理总结，为提升我国食品质量安全治理效率提供重要借鉴参考。

8.1 美国食品质量安全治理

美国作为发展水平较高的发达国家，拥有相对完善的食品质量安全监管法规体系以及全面的监管机构。美国食品安全治理机构最初由州和地方政府负责，逐步发展到联邦及州政府联合监管，并构建了联邦、州、地区相互独立且密切协作的协同式监管模式。

8.1.1 美国食品质量安全治理的政府协同模式

(1)联邦政府管理

美国联邦政府负责食品质量安全治理的主要部门包括美国卫生和公共服务部食品药品监督管理局和美国农业部食品安全检验局。

美国食品药品监督管理局(Food and Drug Administration，FDA)是负责确保美国食品质量安全和有效性的重要联邦机构。FDA 可以追溯到 1906 年签署的《纯净食品及药品法案》(Pure Food and Drug Act)，成立初衷是制止在食品和药品中添加有害物质的行为。之后，为了进一步加强食品和药品的监管，1938 年《食品、药品和化妆品法案》(Food, Drug, and Cosmetic Act)的出台正式宣告美国食品药品监督管理局(FDA)成立。随着科学技术和医疗技术的不断发展,FDA 的职责逐渐扩展到了医疗设备、血液制品、评估和批准新药和医疗器械,以及监督和维护药物、食品、化妆品和医疗设备的安全性和有效性。除此之外,FDA 还负责监管诊断试剂、辐射性物质、辐射设备和新型传染病等问题。食品安全和实用营养中心(CFSAN)是 FDA 工作量最大的部门,主要负责美国农业部管辖的肉类、家禽及蛋类以外的全美国的食品安全,致力于减少食源性疾病,并促进 HACCP 等各种计划的推广与实施。CFSAN 的具体职能包括:确保在食品中添加的物质及色素的安全;确保通过生物工艺开发的食品和配料的安全;负责在正确标识食品(如成分、营养健康声明)和化妆品方面的管理活动;制定相应的政策和法规,以管理膳食补充剂、婴儿食物配方和医疗食品;确保化妆品成分及产品的安全,确保正确标识;监督和规范食品行业的售后行为;进行消费者教育和行为拓展;与州和地方政府的合作项目;协调国际食品标准和安全等。总体来说,美国 FDA 的使命是保护公众安全和健康,以及促进创新和经济发展,影响着全球各地的食品和药品监管标准和做法。2011 年 1 月,美国总统签署了《FDA 食品安全现代化法案》(FDA Food Safety Modernization Act,FSMA),这是美国食品安全监管体系的重大变革,该法案不仅扩大了 FDA 对国内食品和进口食品安全监督管理权限,还构建了更加多维化的现代化食品质量安全治理体系,进一步强化了美国食品质量安全协同治理模式。

美国农业部食品安全检验局(Food Safety and Inspection Service,FSIS)的职责包括监督肉类和家禽食品的生产、加工和销售,以及检查和验证食品中的营养成分和成分含量,并对食品中的有害物质和细菌进行监测和检测。FSIS 还负责批准包装和标签,并确保肉类和家禽食品的品牌、标签、广告和公告符合联邦规定。FSIS 还和 FDA 共同制定和执行食品相关的法律标准和规定。

此外,美国国家环境保护署(Environmental Protection Agency,EPA)也参与食品质量安全治理。EPA 不直接监管和控制食品生产和销售,在食品质量和安全方面的作用相对较小,但是能够确保环境安全和可持续性,以避免对食品品质和安全产生负面影响。EPA 负责制定和实施环保法规和政策,包括控制和规范化食品生产过程中的环境污染和废弃物处理、制定相关产品中农药残留限值、对农药生产实施准入许可以及鼓励和支持食品生产商使用环保技术和产品。此外,EPA 还与其他机构,如 FDA 和 FSIS 合作,确保环保标准与食品安全和质量标准相互衔接，共同维护公众健康和环境可持续性。

(2)地方政府管理

美国食品质量安全和监管不仅是联邦政府的职责，也是地方政府和州政府的重要职责。在州和地区政府中，通常会设立食品安全部门或卫生部门来负责食品安全和卫生问题的监管和管理。这些部门会制定和执行相关的食品安全标准和规定，并对食品生产、加工、销售和服务场所进行定期或定向的监督和检查。此外，这些部门也负责调查和处理与食品安全相关的投诉和违规行为。最终，国家、州和地方政府共同合作，确保美国的食品安全和质量符合标准，保障公众健康和安全。

地方政府参与食品质量安全治理的职责主要包括以下几个方面：①许可和注册。食品生产企业、餐饮场所和市场必须获得许可或注册证书，以证明它们符合地方卫生和安全要求，同时这些场所也必须遵守相关的规定和法律。②检查和监督。地方政府部门会定期或定向对食品生产、销售和服务场所进行检查和监督，以确保它们符合食品安全标准和规定。③报告和调查。在发现可能影响公众健康的问题或事件时，地方政府部门会对相关企业或场所进行调查和报告，确保问题得到妥善解决，减少任何潜在健康风险。④培训和教育。地方政府部门还会向食品生产企业、餐饮场所和市场提供食品安全培训和教育，以确保他们了解并遵守最新的食品安全标准和法律规定。

8.1.2 美国食品质量安全治理的多元主体协同模式

食品质量安全的有效治理离不开政府、企业和社会公众等多方利益主体的互动。食品安全风险交流机制是美国实现食品质量安全多元主体协同治理的重要方式。

一是食品安全风险交流专家咨询委员会。美国食品药品监督管理局成立了食品安全风险交流专家咨询委员会，负责食品质量安全监管机构与利益相关者的沟通工作。食品安全风险交流专家咨询委员会由全球食品安全领域的专家组成，包括监管机构、食品生产企业、学术界和行业协会等，通过科学和技术研究，评估食品风险和毒理作用、研究食品安全问题、制定食品安全标准和指南、交流食品安全信息和知识，以及提供食品安全培训和咨询服务等。该委员会拥有先进的食品安全实验室和测试设施，通过各种研究手段，对食品的物理、化学、微生物和毒理安全性进行深入探究。食品安全风险交流专家咨询委员会通过其高水平的研究和专业技术支持，不断提升食品安全管理和监管的水平和质量。

二是风险评估联盟。美国还成立了风险评估联盟，旨在加强不同机构之间的共治和交流。基于食品安全风险交流机制，美国通过有效的信息发布与传播，使消费者尽量多地掌握食品安全信息，进一步缓解信息不对称。此外，通过风险信息的充分交流、沟通，实现与民众的互动，接受大众的可行建议，提高风险分析的明确性及风险管理的有效性。值得一提的是，当遇到重大食品质量安全风险事件，美国食品药品监督管理局将通过风险交流机制向各级食品安全体系关联紧密的国家和世界卫生组织、联合国粮农组织、世界贸易组织等国际性组织等传递风险预警，使得全球更多公民了解重大食品安全风险警告。

三是美国民间非营利组织国际食品信息中心（IFIC）。IFIC 致力于提供科学、中立和客观的食品、营养和健康信息，通过普及知识和提供信息，帮助消费者做出更明智和更健康的食品选择。IFIC 的主要任务包括收集、评估和传播科学信息和数据，与各种利益相关者合作，提供课程、培训和咨询服务，以及提出建议和政策建议，以改善食品生产和消费环境。IFIC 为公众关注和参与食品质量安全治理发挥了重要作用。

四是法律法规体系构建。从美国食品安全共治体系上看，完善的法律法规为其提供了良好的基础。在美国，食品安全治理有许多法律和法规支持，这些法律和法规旨在保障消费者的健康和安全，主要包括《联邦食品、药品和化妆品法》《食品安全现代化法案》《食品标签法》《动物药品使用法》等。其中《联邦食品、药品和化妆品法》由美国国会通过，监督食品、药品和化妆品的生产和销售；《食品安全现代化法案》由国会通过，旨在提高食品供应链的质量和安全性，增强监管机构的执法和管理能力；《食品标签法》要求食品生产企业在产品标签上提供准确和详尽的信息，包括营养信息、成分、食品添加剂等；《动物药品使用法》规定了农业养殖和动物饲料的使用标准和规定，以保证无害而无污染的农业产品。除了上述主要法律，还有许多其他法规和标准支持食品安全治理，如 HACCP（危害分析和关键控制点）计划、食品标准化法规、适当的生产实践等，这些都是基于一套通用的食品安全原则，以确保食品的安全和质量。

此外，美国食品质量安全管理体系基于完善的法律法规体系、健全的政府协同监管及多元主体协同体系，还特别强化全过程协同治理模式，具体包括以下四方面做法：①强调预防为主的食品安全监管理念。2011年通过的《食品安全现代化法》要求切实改变以往被动应对食品安全突发事件的监管模式，突出预防为主的监管理念。要求食品生产企业详细评估生产过程中存在的风险点，积极监测预防措施的成效，将风险消灭在萌芽状态。②按产品类别划分监管职责并实施全过程监管。食品安全和检查局负责肉、禽和蛋产品的监督管理，FDA负责肉、禽和蛋产品以外的所有食品的监督管理。一旦按产品类别划分好监管职责后，该机构将对该产品进行全程监管。例如，食品安全和检查局不仅负责国产肉、禽和蛋产品的监督管理，也负责进口肉、禽和蛋产品的监督管理；不仅负责对家畜、家禽屠宰场及肉产品加工企业的监督检查，也负责对肉、禽和蛋产品流通、消费环节的监督检查。这种职责划分机制避免了部门间推诿现象的发生。③加强对进口食品的监督检查。随着全球化日益深入，美国公众正在消费越来越多的进口食品，为保障进口食品的安全，FDA采取了两项重要措施，一是加大进口食品生产企业的检查频次，二是在一些重要食品药品进口国派驻食品药品检查员。④通过制定、修订法律来应对食品安全危机。美国食品安全监管史就是一部与各种食品安全危机不断斗争的历史，每次食品安全危机都促进了美国食品安全监管法律的制定或修订。

8.2 日本食品质量安全治理

日本的本土食物资源有限，对进口食品的依赖性大，故而对食品安全问题十分敏感。日本作为一个高度重视食品安全的国家，经过多年的发展完善，建立了严格而且完善的食品安全监管体系。

8.2.1 日本食品质量安全治理的多元主体协同模式

日本于1947年出台了《食品卫生法》，该法的目的是保护国民健康。2003年，日本对《食品卫生法》进行大幅修改，详细规定了食品添加剂的使用、食品的规格标准、农业化学品的使用等内容，制定了营业许可证申请、问题食品召回、营业禁令和进口禁令、食物中毒调查流程以及违法者名单公开等方面的详细规定，并明确了日本政府和各道县地方政府的管理责任，以及食品生产者的责任和义务，为日本食品质量安全管理提供了较为完备的法律依据。

日本食品质量安全监管由中央政府和地方政府共同负责。其中，中央政府负责食品安全行政，风险分析、风险监控，制定食品安全法律法规和年度监控指导计划，对进口食品实施监控检查或处罚，以及中央部门组织信息交流、普及食品安全知识以及普及食品安全工作。地方监管机构则主要负责本地生产和销售的食品质量安全监管。地方政府则根据国家的食品安全标准和相关监管规定，对辖区内的食品安全进行监管。

日本政府为强化食品行业相关主体之间信息交流，实施“食品交流工程”（Food Communication Project，FCP）。FCP 的关键是加强企业和与消费者之间的信息沟通，即食品企业尽可能提供满足消费者要求的信息，全面公开安全生产状况，并在发现食品安全隐患之后，主动、及时召回相关食品。消费者根据企业的信息公示情况，能够给予企业更积极的评价，获得积极评价的企业会更努力地公示食品相关信息，由此形成企业和消费者之间信息沟通的良性循环，从而实现提高企业食品生产经营企业的自我规制。在这一过程中，消费者则通过多种方式参加食品安全监督，快速反映食品安全风险，防止相关风险的进一步扩散，从而保障自身权益。

此外，社会组织也是日本食品质量安全监管的重要力量。相关社会组织在政府制定规制政策的基础上提升相关规制水平，并充当政府与消费者之间的桥梁。日本生活协同组合联合会（Japan Consumers' Co-operative Union，JCCU）是参与日本食品安全治理的重要社会组织，由日本的生活协同组合（简称生协）组成，包括基层的会员、班组向上组成地区生协乃至全国生协。JCCU 通过对生产商和供应商的严格质量控制，确保所销售的产品符合国家和行业相关的食品安全标准，在保障食品安全方面也有非常重要的作用。另外，JCCU 还提高了生产和销售过程的透明度，向消费者提供真实、准确的食品信息，并提供针对消费者对相关问题的投诉和建议的处理机制。因此，JCCU 帮助消费者更安心地购买食品，也有助于整个食品行业的进步和发展。

8.2.2 日本食品质量安全治理的追溯体系

2003 年 4 月，日本农林水产省发布了《食品安全可追溯制度指南》，用于指导食品生产经营企业建立食品可追溯制度，规定了农产品生产和食品加工、流通企业建立食品安全可追溯系统应当注意的事项。农林水产省还根据

《食品安全可追溯制度指南》制定了蔬菜、水果、鸡蛋、鸡肉、猪肉等不同产品的可追溯系统以及生产、加工、流通不同阶段的操作指南。根据这些规定,日本全国各地的农产品生产和食品加工、流通企业纷纷建立了适合自身特点的食品可追溯系统。例如,日本对牛肉和大米强制实行可追溯制度,进行全程可追溯,其他产品是根据自身情况实行可追溯制度。

日本政府和企业非常注重食品质量和安全治理,通过建立可追溯的系统来保障消费者的健康和权益。该系统涵盖了整个生产和流通的过程,从动物的养育、屠宰到食品的加工和销售,都需要记录和把控相关的信息。这样一来,当发生动物疫情或者食品安全事件时,可以通过追溯系统确定问题的源头并及时采取措施,保障公众的健康和安全。此外,企业和政府还通过提供相应的担保和支持,鼓励生产者和销售商建立和使用可追溯的信息系统,提高食品质量和安全的管理效率和水平。总的来说,这种可追溯体系极大地提高了食品行业的透明度和可信度,为消费者提供了更高水平的保障。

8.3 欧盟食品质量安全治理

自疯牛病危机以来,欧盟在食品安全领域加强了监管和措施,以保障欧洲公众的健康和安全。2000 年欧盟颁布了《食品安全白皮书》,建立了全过程监控的欧盟食品监管法规体系框架,2004 年欧盟颁布了对食品安全法律进行整合的“食品卫生系列措施”,并出台了《通用食品法》等一系列重要立法。此后,欧盟逐步简化各项冗杂的食品法规,强调全程监控、风险评估和长效追溯机制等食品安全制度的重要性。种种措施使欧盟食品安全法律体系不断调整并逐步走向完善。2002 年欧盟设立了欧洲食品安全管理局(EFSA),主要职责是提供对食品安全的科学意见和评估,以支持欧盟成员国制定食品安全相关的政策和措施。其评估范围包括食品添加剂、饲料添加剂、工业污染物残留物、农药残留物、兽药残留物、重金属、维生素、氨基酸、饮用水和食品接触材料等。EFSA 还开展科学研究来评估和建立营养素和饮食指南,并在食品安全相关的法规、标准和指南的制定过程中提供意见和建议。同时,欧盟还鼓励消费者积极参与到食品安全问题的解决中来,通过信息透明、公众咨询机制和举报系统等,促进公众对食品安全问题的关注和监督,大力推进食品质量安全协同治理。

8.3.1 欧盟食品质量安全治理的协同模式

(1)欧盟机构之间的食品质量安全协同治理

为了进一步加强欧盟食品安全交流机制,欧盟于2012年颁布《欧盟食品安全风险评估交流指南》,并依据该文件成立了食品安全权威专家工作组。《欧盟食品安全风险评估交流指南》旨在加强欧盟成员国之间和欧盟机构之间在食品安全领域的信息交流。该指南建立了一个协调机制,使食品安全风险评估工作能够更加合作、透明、高效和可操作,其中包括识别问题的流程、信息的共享和交流、评估的标准和方法,以及风险通信和管理等方面的规定。这个指南为欧盟成员国和相关利益方提供了一个共同的框架,以确保食品安全问题的协调和合作的方式。《欧盟食品安全风险评估交流指南》加快了欧盟成员国关于食品质量安全治理相关合作网络的建设,有效推动了欧盟内部食品质量安全的协同治理。

欧盟食品质量安全治理强调公众参与的重要性。欧盟通过制定法律法规、设立标准和监管机构来确保食品的质量和安全,同时也鼓励消费者积极参与到解决食品安全问题的队伍中。欧盟实行透明度和开放性的原则,通过公开数据和信息,帮助消费者更好地了解食品质量和安全的情况,从而更好地保护自己和家人的健康。此外,欧盟还还通过公众咨询机制,向消费者和公众提供机会参与食品安全问题的决策,并将他们的意见反馈到相关的政策制定过程中。

(2)欧盟成员国内部的食品质量安全协同治理

除了欧盟成员国之间的协同治理,各成员国内部也通过监管机构设置和相关政策制定来加强食品质量安全协同治理。以德国为例,德国是食品质量安全监管最严格的国家之一,同时也是最重视食品质量安全治理的国家之一。德国作为联邦制国家,联邦、州以及地方政府有着明确的权力划分。

在联邦政府层面,德国联邦政府通过多个部门来管理食品安全,包括联邦食品与农业部、联邦安全劳动联合会和联邦环境部等。这些部门共同负责监管和管理食品生产和销售的各个环节,以确保食品质量和安全。联邦政府通过制定相关的法规和标准来规范食品生产和销售,监管食品企业的经营行为,并定期检查食品质量和安全情况。德国联邦政府制定了一系列法规来规范食品生产和销售,以保障食品质量和安全。其中一些重要的法规包括:食品和消费品安全法(Food and Commodities Act)、民法典(Bürgerliches Gestezbuch)、工业标准法(Industrial Standards Act)、食品标识法(Food Labeling Act)、食品添加剂法(Food Additives Act)、饲料法(Animal Feed Act)等。这些法规细化了食品生产和销售过程中的规范和要求,对食品的原材料、包装、标识、添加剂、贮存、运输等方面都有详细的条款和规定。德国食品治理安全治理政策由德国联邦部委下的一个中央机构联邦食品安全和消费者保护局(BVL)负责实施,其职责是负责监管农业、食品和消费品的安全性。除此之外,各州也会自行制定监管方案和对于马路边的小店和餐馆及其他小商家的管理方案。

在地方政府层面,州政府通常设立专门的食品安全监管机构,负责监督食品安全法规的执行和实施,定期检查食品企业的生产和销售活动。在州一级建立了一些食品质量和安全的研究中心和实验室,在确保食品安全和检测等方面发挥重要的作用。此外,德国各州政府在食品安全治理中也积极与联邦政府和欧洲联盟共同合作,加强食品安全和保障消费者的利益。

因此,德国的食品安全管理链主要由联邦政府、州政府和市政府共同合作来实现,旨在确保食品从生产到销售的全过程都符合严格的标准和规定。具体而言,首先,联邦政府通过制定食品安全、饮食等相关的法规、标准和政策来确保食品质量。其次,州政府通过制定本地的法规和标准来管理食品安全监督工作,包括负责检查和执法工作。最后,市政府负责卫生和消费者权益的保护,执行食品安全的检查和监管任务。此外,德国还有像联邦食品安全和消费者保护局这样的中央机构,专门负责食品安全的监督和管理,以保证消费者享受到高品质、健康和安全的食品。

欧盟食品质量安全治理体系中,欧盟机构以及欧盟各成员国之间通过制度安排、机制创新以及政策设计,辅以多元化的规制主体、参与主体,全力推进食品安全治理的协同。

8.3.2 欧盟食品质量安全治理的追溯体系

欧盟食品安全可追溯体系是欧盟为确保食品质量和安全而建立的一套体系,旨在建立食品的生产、加工、运输和销售等全过程的可追溯性,通过追踪食品的来源和路径,保证食品安全和品质。可追溯内容包括原材料、生产地点、加工流程、运输路径、销售通路和发售日期等信息。

具体来说，欧盟建立了统一的食品可追溯数据库，覆盖了从农田到餐桌的全产业链，采用了 EAN·UCC 系统对食品进行跟踪与溯源。这种方法可以帮助控制食品安全问题，对于发生问题的食品，可以进行全程跟踪和管理，确保食品质量安全。食品可追溯数据库是欧盟委员会维护的一个公共数据库，其中包含了欧盟所有已批准的食品添加剂、饲料添加剂、食品接触材料和食品原材料等相关的信息。该数据库有助于政府、企业和消费者更好地了解所使用的食品的成分和质量，同时也有助于确保食品安全的监管和管理。通过该数据库，欧盟成员国和利益相关主体可以快速访问最新的食品安全信息，以便做出有关食品生产和销售的重要决策。此外，欧盟建立了较为全面的全流程追溯机制。欧盟食品的追溯可以通过追踪食品的生产、加工、运输和销售等全过程来实现。欧盟食品安全可追溯体系要求食品生产和销售企业建立相应的食品安全体系和追溯系统，通过记录和跟踪食品的来源和路径，保证食品的品质和安全。这些信息包括食品的原材料、生产地点、加工流程、运输路径、销售通路和发售日期等。如果出现食品安全问题，欧盟的追溯系统可以帮助找出食品的来源和因素，并采取相应的措施。欧盟成员国和利益相关方还可以通过欧盟食品数据库查询所使用的食品的成分和来源等信息，以加强食品安全的管理和监督。

《欧盟一般食品法》规定，所有食品和饲料企业必须建立追溯系统，食品、饲料在生产、加工及销售的所有阶段都应进行追溯登记，并能随时向政府食品安全管理部门提供此类信息。欧盟从 2004 年起要求在欧盟范围内销售的所有食品都能够进行跟踪与追溯，否则将不被允许上市销售。值得注意的是，欧盟对于近年来公众广泛关注的转基因食品也建立了较为完善的追溯机制。欧盟要求对于含有转基因成分的食品，必须在食品标签上用显著的字体标明该转基因成分的来源，并登记整个转基因生物或制品的流动方向。企业必须保存并提供涉及转基因食品生产的整个环节的信息，信息保存时间不能低于五年，以确保消费者知情，并准确追踪转基因食品的来源和流动方向。

8.3.3 欧盟食品质量安全治理的风险预警机制

欧盟食品预警机制是指欧盟成员国和欧盟委员会共同合作的一套机制，用于监测食品中可能存在的安全问题，并及时发出警报，以便采取适当的行动和防范措施。欧洲 1979 年建立了“食品和饲料快速预警系统”,该系统可以快速交换信息、采取应急措施,确保食品安全。当一国市场上出现食品安全问题时,该国要立即向欧盟报告情况,并根据情况来确定在其他国家采取何种行动。欧盟会发出行动指令,如封存、召回、禁止进口、禁止出口等,以保障公众健康。该机制分为三个层次:第一级是欧盟委员会主管部门(EFSA),第二级是欧盟委员会自身,第三级是欧盟成员国食品安全机构。如果欧盟成员国发现了食品质量或安全方面的问题,则可以报告给欧盟委员会主管部门;欧盟委员会可以随时发出警报,通知欧盟成员国及时采取行动,并发布更新的信息。欧盟食品预警机制主要适用于重大食品安全事件和可能跨国界影响的食品危机。

欧盟食品、饲料快速预警系统(Rapid Alert System for Food and Feed, RASFF)是用于监测和报告欧盟市场上食品和饲料安全问题的主要系统。该系统由欧盟委员会卫生与食品安全总局(SANTE)负责管理,旨在协调欧洲国家和欧盟委员会的食品安全监管工作,并确保消费者对安全食品的需求得到满足。当欧盟成员国检测到或收到有关可能存在食品安全/饲料安全问题的信息时,他们可以使用 RASFF 预警系统及时向其他成员国和欧盟委员会通报,以便采取适当的措施,如产品召回或销毁等。通过该系统,欧洲各国之间的信息交流更加快速和有效,可以更好地保障欧洲公众的健康和安全。

9　食品质量安全协同治理的路径优化与政策建议

9.1　食品质量安全协同治理的优化路径

9.1.1　区域协同水平提升的优化路径

食品质量安全风险的跨域性特征对区域协同提出了重要诉求。立足于区域食品质量安全协同治理的实际需求，区域协同应以“共商、共建、共管、共享、共赢”为理念，在前文构建的区域协作分区方案下，建立各区域协作组织，并在此基础上积极探索多地区协同联动的新思路，从价值理念构建、权责体系设计、制度体系优化、利益协调和资源整合五个方面优化协同联动路径，通过深入对接交流、扎实协同发展，来构建和完善地方政府间食品质量安全区域协同治理体系，提升区域协同治理能力。

(1)价值理念构建

协调统一的价值理念和目标是协同治理有效性和持续性的重要基础，区域内地方政府间合作共赢理念的构建将有助于地方政府间良性竞争和紧密合作的实现。在推动食品质量安全区域协同时，应以区域公共食品质量安全的实现为目标，同时也要兼顾地方食品质量安全发展，建立以合作共赢为目标的价值理念。具体而言，区域内地方政府应积极组织平等的对话和交流、谈判与协商，通过有效、深入的沟通协调来强化合作意识、调整合作理念，以促成合作共识，并在此基础上建立合作共赢的价值理念。

(2)权责体系设计

食品质量安全问题的跨域性和外部性等特征很大程度上模糊了地方政

府的权力范围和责任边界，而当前的属地治理模式却将政府权力在行政区划间进行了分割。这种情况下，即使地方政府在区域治理上进行了一定的合作（如信息共享），但若缺乏对分散权力和分割责任的有效整合，区域治理仍旧无法发挥有效的质量安全提升功能。因此，地方政府间食品质量安全区域协同治理需针对区域食品质量安全问题的特征和各地方政府需求对地方政府的权利和责任体系进行再设计。具体而言，区域内权力体系的设计应以问题为导向，以解决区域食品质量安全问题作为权力优化和整合的出发点，一方面明确界定各地方政府权力范围；另一方面针对合理的区域协同方案，建立专门的区域协作组织来加强地方政府间的协调行动，促进区域内各地政府在食品质量安全协同治理过程中权力的联合和功能的整合，实现区域整体性运作。除此之外，区域协同治理中权力的有效整合运作离不开相关主体的责任约束。为提高区域协同治理中相关主体的责任意识，地方政府应以公众利益为导向，依据权责利原则建立治理权对应的标准原则，明确地方政府治理责任。此外，建立区域成员的责任共担机制，规避责任推诿现象的出现。

(3)制度体系优化

制度体系的完善有助于实现对相关主体行为的规范和约束。区域协同治理作为典型的集体行动，当集体中缺乏外部强制力量干预时，理性的地方政府将缺乏主动寻求区域公共利益最大化的激励，区域协同的有效实现需要强制性制度的约束。以长三角食品安全区域合作为例，为推进长三角食品安全一体化发展，近年来江浙沪皖四省联合印发《长三角食品安全区域合作协议》《2019 年长三角食品安全区域合作工作计划》《长三角区域食品安全风险预警交流合作框架协议》等一系列相关协议制度，不断细化区域合作内容，为区域内各地政府的食品质量安全治理行为提供了规范和约束。由于我国大多数地区尚未建立稳定有效的区域协同治理体系，区域协同的推进，应在明确区域协同主体的基础上，借鉴国内外既有区域协作经验，通过区域内地方政府的交流协商对食品质量安全区域协同治理所涉及的相关问题进行统一规定，明确地方政府治理行为规范、权限和效力。同时，建立和完善合理的激励制度和绩效考核制度，来实现食品质量安全区域协同治理的有效过程控制。

(4)利益协调

地方政府作为“理性经济人”，在地方利益驱动下不可避免地会在区域协作的集体行动中出现地方本位主义和地方保护主义，此时区域内利益共享和利益补偿机制的建立将有助于化解区域协同过程中由利益分配引发的矛盾和冲突。具体而言,利益共享是区域协同治理的基本起点,能够有效提升地方政府参与区域协同治理的积极性。区域内各地方政府通过自愿平等的协商确立利益共享制度,使区域内各主体共享区域食品质量安全协同治理成果,帮助推进区域协同治理发展。而针对区域协调过程中部分地方政府利益受损的情况,区域协作组织也可依据成本分担和合理补偿原则,通过税收返还和财政补贴等形式对相关主体进行利益补偿,实现区域协同治理过程中利益分配的协调与平衡。利益共享和利益补偿机制的建立将有助于推动食品质量安全区域协同治理的有效实施和深入发展。

(5)资源整合

地方政府在监管资源有限和"理性"选择下,往往倾向于将辖区内资源禀赋优先投入本地建设,造成相应资源在区域内配置的碎片化。因此,区域协同治理必须构建共享和互补的资源运行机制,通过整合各类资源,增强资源的聚合效应,提升资源利用效率。具体而言,针对人才资源,应组建区域协同治理的决策人才队伍,充分了解社会各界对于食品质量安全区域协同治理的建议和对策,加强区域内各地方人才的交流和合作;针对物力和财力资源,应基于区域协作组织的组建,整合区域内地方政府食品质量安全监管资源,建立区域监管资源的统一调配和使用机制,实现区域内食品质量安全监管资源的优势互补;针对信息资源,应建立统一的区域信息交流平台,明确信息公开范围和标准,实行强制性信息公示制度,并由区域协作组织对地方政府碎片化信息进行整合,提升信息工具治理效率。

9.1.2 多元主体协同水平提升的优化路径

在地方政府优化区域协同治理体系的同时,深化政府、食品企业和消费公众等利益相关主体食品质量安全治理的参与途径也成为促进多元主体协同进而实现食品质量安全水平提升的重要举措。前文多元主体治理工具的食品质量安全提升效应研究结果表明,各类主体不同治理手段的实施都将不同程度地提升本地食品质量安全水平。要实现多元主体食品质量安全协同治理的路径优化,应在明确地方政府监管职责、落实企业食品质量安全主体责任、保障公众参与监督渠道的基础上,建立多元主体协作交流平台,以此为基础推进食品质量安全利益相关主体纵深协同治理体系的构建。实践上,具体可从以下四方面优化措施入手。

(1)明确地方政府监管职责

食品质量安全风险的外部性决定了政府规制在食品质量安全治理过程中无可替代的地位,是食品质量安全实现的基础和保障。政府应丰富政策治理工具,在积极应用法律法规、监督抽检、行政处罚等命令控制型工具以及信息公示工具的同时,引入多元化政策组合,实现不同政策工具的相互支持,提升政策效力。除此之外,政府还应改革现有食品质量安全监管的考核问责制度,提升食品安全在地方绩效考核中的比例,进而强化地方政府对食品质量安全治理的监管职责和重视程度。

(2)落实企业食品质量安全主体责任

食品企业作为食品质量安全的第一责任主体,在法律压力或社会舆论压力影响下,其主体责任的强化将有助于企业安全生产经营行为的实施。具体而言,一方面可通过加大食品企业的违规处罚力度来增加企业违规成本,对企业生产经营形成强大的法律压力;另一方面也可以通过违规信息公示、职业道德教育、第三方认证激励、企业社会责任评价等途径对企业形成社会舆论压力。利用外部压力督促食品企业合法经营的同时,加强声誉等无形资产的建设,落实自身保障食品质量安全生产经营的社会责任。

(3)保障公众参与监督渠道

消费者等社会公众作为多元主体协同的重要组成部分,目前在我国食品质量安全治理中参与程度较低,其参与食品质量安全监督将能够有效弥补政府规制资源有限导致的监管不足状况,对我国食品质量安全水平的提升具有显著促进作用。具体而言,第一,强化公众参与监督的主体意识。以消费者为代表的社会公众作为食品质量安全治理的重要利益相关主体,对于其参与食品质量安全监督重要性的积极宣传和教育是实现公众参与监督的重要前提和保障。第二,畅通公众投诉举报路径。通过建设多元化社会公众投诉举报路径、提升公众投诉响应时效性、建立健全公众投诉保障相应法律制度体系等形式,提高公众参与食品质量安全监督的积极性。第三,提升公众的政策反馈能力。在食品质量安全相关政策制定过程中,强化政府与公众的沟通交流,完善公众政策反馈渠道,使社会公众参与到政策制定过程中,以此来提高政府决策的科学性和公众对政府决策的信任水平。

(4)建立多元主体协作交流平台

在大数据时代,信息公示所形成的声誉将成为个人、企业或行业竞争秩序的主导,声誉机制也日益成为食品质量安全治理的新手段。例如,美国专门建立了一个来自联邦政府部门(如农业部、环境保护署、疾病控制与预防中心、食品和药品管理局等)以及地方各州政府管理部门的有关质量安全、营养和环境等信息,形成了由点到面的信息网络发布平台。借鉴该成功经验,我国也可依托大数据信息技术,建立食品安全信息交流平台,基于信息平台进行声誉信息收集、处理和发布,在影响消费者行为选择并制约市场声誉主体行为的同时,也借助互联网的多种沟通手段,来实现政府、食品企业和消费者的交流互评,促进政府、市场及社会力量的融合共治。

9.2 提升食品质量安全协同治理效率的政策建议

9.2.1 完善信息公开体制建设

不同政府规制工具应用中,信息类政策工具治理效率高于执法类和法规标准类政策工具的结果强调了信息公示对食品质量安全治理的重要性;而依托于信息公开所形成的声誉机制对食品质量安全生产行为的激励效应进一步突出了信息公开的必要性。因此,在现有信息公开制度基础上,政府应进一步完善食品企业信用体系建设、优化风险评估和监管资源配置系统,以及建立统一且便于检索的信息公示平台,进而实现信息公开体制的优化与完善。

具体而言,第一,政府应完善企业信用体系建设。通过建立强制性的企业信息公示制度,要求相关食品生产经营企业及时、定期公示相关生产经营和质量安全信息,鼓励食品生产经营企业通过质量安全认证等手段显示产品质量安全水平;积极推进食品供应链可追溯体系的实施,通过对食品的全程溯源来提升消费者对食品生产加工信息、企业生产经营信息的认知程度,推动食品质量安全风险的可溯源性及市场声誉的形成。第二,政府应优化现有风险评估和监管资源配置系统。通过整合现有日常检查、风险监测、抽样检测、国外对华预警、事故报告、违法失信、企业信用系统上报、消费者投诉举报和行业风险监测等多方面信息,建立相互整合的数据共享体系,完善风险评估数据库,建立大数据分析研判和食品质量安全风险预警系统,对市场风险进行有效识别和预警,提高政府监管资源的配置效率。第三,政府还应建立统一且便于检索的信息公示平台。通过对企业上报的经营和财务信息、企业信用评价信息、产品监督检测信息、消费者投诉信息、行政处罚信息以及风险评估和预警结果等内容进行整合,充分利用互联网技术、大数据平台来构建统一的信息整合平台,实现食品质量安全相关信息的互联互通。在此基础上,对平台信息及时进行公示,并增加抽检时间检索、抽检地点检索、风险地图、风险产品分析等直观、可获得的信息,以改进现有信息公示的有效信息获取困难的不足。

9.2.2 完善区域协同治理体系建设

区域协同促进了食品质量安全水平提升,多元主体协同的实现依赖于区域协同发展。为保障食品质量安全,我国食品质量安全社会共治体系的建设应打破属地治理约束,在地区之间开展有效的区域协同合作。具体而言,中央政府应从国家统筹角度出发,根据地方政府间的社会经济地理相互依赖关系制定合理的区域协作规划方案,推动交易频繁、经济联系紧密、地理邻近地区间的地方政府开展长期稳定的食品质量安全协同合作,同时,加大对于异地生产食品的监管力度。在此基础上,充分借鉴既有区域协同经验,总结探索当前京津冀、长三角、粤港澳大湾区等地区食品质量安全协同发展规律,通过不断地交流协商,构建统一的合作目标和理念,并基于规范化和法治化原则,从权责体系设计、制度体系优化、利益协调和资源整合等方面建立和完善各区域合作协议和计划,建立健全跨地区食品质量安全信息共享、联合执法、事件响应、形势会商等协调联动机制和保障法规体系,进而实现区域协调的有效推进。

9.2.3 强化食品质量安全多元主体协同治理

政府、食品企业、消费者等多元主体的不同治理行为均在不同程度上提高了本地食品质量安全水平,但地区间的空间溢出效应降低了多元主体参与的治理效率。食品安全社会共治的实现应与区域协同治理相协调。在推动区域协调发展的基础上,政府还应从以下几方面强化多元主体的食品质量安全协同。第一，引入多元化政策组合。通过对信息工具、强制性执法工具等规制手段的多元化组合应用，丰富政策治理手段，实现不同政策工具的相互支持；积极推进可追溯体系、信用体系和金融征信体系建设等市场激励手段的共同实施。第二，强化食品质量安全教育培训。通过加强对利益相关主体的食品质量安全宣传教育，包括但不限于基层食品质量安全宣讲会、科学知识普及等活动，提升相关主体的质量安全保障意识和社会责任意识。第三，完善社会公众监督机制。通过丰富投诉举报渠道、规范相关受理程序、提升公众监督反馈效率、健全公众监督法治保障、制定公众监督激励办法等措施，充分保障社会公众参与食品质量安全监督。第四，健全多元主体协同治理的法治保障。制定一系列相互关联、协调和补充的多主体食品质量安全治理规范，内容不仅应涵盖食品质量安全相关法律法规，而且应将具体的管理规章制度也纳入其中，细化多元主体协同治理的办事规程和行动准则，为相关利益主体共同参与食品质量安全治理提供更具操作性的制度规范，帮助实现多元治理手段的有效衔接。第五，构建食品质量安全协同治理的多方对话机制。改革当前以政府单向发布食品质量安全监管信息的风险沟通方式，加强多元主体的信息反馈机制，通过建立互联互通的网络交流沟通平台实现多元主体的即时对话，进而全面调动政府、食品企业和消费者参与食品质量安全治理的积极性。

9.2.4 因地制宜实行区域食品质量安全特色化治理

各类主体规制治理手段在不同区域内的食品质量安全治理效应存在较大差异。为实现在有限监管资源下的最大利用效率，政府的食品质量安全规制应结合地域特征，因地制宜突出或强化特定规制手段，打造食品质量安全的区域特色化治理。具体而言，在东部地区加大地方性法规文件的颁布和抽检强度，通过完善协同治理配套法规制度和相应执法力度来提升食品质量安全水平。在中部地区重点推动政府信息公开和抽检强度，在强化动态执法的同时通过政府信息公示来弥补市场质量安全信息缺失带来的规制低效。在执法资源较为稀缺的西部地区，强化处罚力度，从重处罚食品质量安全事件，形成对市场主体的威慑，抑制其违规行为动机。同时，在条件允许情况下尽可能加强信息公示，通过对市场信息的补充来提升社会公众的风险认知水平，加大社会公众的参与程度。

参考文献

[1] Ababio, P. F., Lovatt, P. A review on food safety and food hygiene studies in ghana. Food Control, 2015, 47: 92-97.

[2] Acemoglu, D., Aghion, P., Bursztyn, L., et al. The environment and directed technical change. The American Economic Review, 2012, 102 (1): 131-166.

[3] Akerlof, G. A. The market for "lemons": Quality uncertainty and the market mechanism. The Quarterly Journal of Economics, 1970, 84(3): 488-500.

[4] Ansell, C., Gash, A. Collaborative governance in theory and practice. Journal of Public Administration Research and Theory, 2008, 18(4): 543-571.

[5] Ansoff, H. I. Corporate Strategy: An Analytic Approach to Business Policy for Growth and Expansion. New York: McGraw-Hill Companies, 1965.

[6] Arellano, M., Bond, S. Some tests of specification for panel data: Monte carlo evidence and an application to employment equations. The Review of Economic Studies, 1991, 58(2): 277-297.

[7] Baker, S. R., Bloom, N., Davis, S. J. Measuring economic policy uncertainty. The Quarterly Journal of Economics, 2016, 131(4): 1593-1636.

[8] Bakhtavoryan, R., Capps, O., Salin, V. The impact of food safety incidents across brands: The case of the peter pan peanut butter recall. Journal of Agricultural and Applied Economics, 2014, 46(4): 559-573.

[9] Balogh, P., Békési, D., Gorton, M., et al. Consumer willingness to pay for traditional food products. Food Policy, 2016, 61: 176-184.

[10] Bartikowski，B.，Walsh，G. Investigating mediators between corporate reputation and customer citizenship behaviors. Journal of Business Research，2011，64(1)：39-44.

[11] Beestermöller，M.，Disdier，A. C.，Fontagné，L. Impact of european food safety border inspections on agri-food exports：Evidence from chinese firms. China Economic Review，2018，48：66-82.

[12] Blundell，R.，Bond，S. Initial conditions and moment restrictions in dynamic panel data models. Journal of Econometrics，1998，87(1)：115-143.

[13] Bouzembrak，Y.，Marvin，H. J. P. Impact of drivers of change，including climatic factors，on the occurrence of chemical food safety hazards in fruits and vegetables：A bayesian network approach. Food Control，2019，97：67-76.

[14] Boyd，I. L. An inside view on pesticide policy. Nature Ecology & Evolution，2018，2(6)：920-921.

[15] Broughton，E. I.，Walker，D. G. Policies and practices for aquaculture food safety in china. Food Policy，2010，35(5)：471-478.

[16] Brown，L. A.，Cox，K. R. Empirical regularities in the diffusion of innovation. Annals of the Association of American Geographers，2010，61(3)：551-559.

[17] Bruner，D. M.，Huth，W. L.，Mcevoy，D. M.，et al. Consumer valuation of food safety：The case of postharvest processed oysters. Agricultural and Resource Economics Review，2016，43(2)：300-318.

[18] Buchanan，J. M.，Tullock，G. Public and private interaction under reciprocal externality//Margolis，J.（ed）. The Public Economy of Urban Communities，Washington：Resources for the future，1965.

[19] Buckley，J. A. Food safety regulation and small processing：A case study of interactions between processors and inspectors. Food Policy，2015，51：74-82.

[20] Buzby，J. C.，Roberts，D. Food safety and imports：An analysis of FDA import refusal reports. Economic Information Bulletin，2008，39：1-41.

[21] Cagé, J., Rouzet, D. Improving "national brands": Reputation for quality and export promotion strategies. Journal of International Economics, 2015, 95(2): 274-290.

[22] Cai, Z., Gold, M., Brannan, R. An exploratory analysis of US consumer preferences for North American pawpaw. Agroforestry Systems, 2019, 93: 1673-1685.

[23] Castriota, S., Delmastro, M. The economics of collective reputation: Evidence from the wine industry. American Journal of Agricultural Economics, 2014, 97(2): 469-489.

[24] Caswell, J. A., Padberg, D. I. Toward a more comprehensive theory of food labels. American Journal of Agricultural Economics, 1992, 74(2): 460-468.

[25] Chen, B., An, Y., Liu, Y. Target model and priority in upgrading China's agro-food wholesale market. Agricultural Economics, 2006, 5: 107-110.

[26] Chen, J., Sohal, A. S., Prajogo, D. I. Supply chain operational risk mitigation: A collaborative approach. International Journal of Production Research, 2013, 51(7): 2186-2199.

[27] Chiou, J. S., Chou, S. Y., Shen, G. C. C. Consumer choice of multichannel shopping: The effects of relationship investment and online store preference. Internet Research, 2017, 27(1): 2-20.

[28] Correia, S. Singletons, Cluster-robust Standard Errors and Fixed Effects: A Bad Mix. North Carolina: Duke University, 2015.

[29] Correia, S., Guimarães. P., Zylkin, T. Fast Poisson estimation with high-dimensional fixed effects. The Stata Journal, 2019, 20(1): 95-115.

[30] Crutchfield, S. R., Buzby, J. C., Roberts, T., et al. Economic assessment of food safety regulations: The new approach to meat and poultry inspection. Agricultural Economic Report, 1997.

[31] Darby, M. R., Karni, E. Free competition and the optimal amount of fraud. The Journal of Law and Economics, 1973, 16(1): 67-88.

[32] Datta, P. P., Christopher, M. G. Information sharing and

coordination mechanisms for managing uncertainty in supply chains: A simulation study. International Journal of Production Research, 2011, 49(3): 765-803.

[33] De Jonge, J., Van Trijp, H., Renes, R. J., et al. Consumer confidence in the safety of food and newspaper coverage of food safety issues: A longitudinal perspective. Risk Anal, 2010, 30(1): 125-142.

[34] Donkers, H. Governance for local and regional food systems. Journal of Rural and Community Development, 2013, 8(1): 178-208.

[35] Dou, L., Yanagishima, K., Li, X., et al. Food safety regulation and its implication on chinese vegetable exports. Food Policy, 2015, 57: 128-134.

[36] Dranove, D., Jin, G. Z. Quality disclosure and certification: Theory and practice. Journal of Economic Literature, 2010, 48(4): 935-963.

[37] Drucker, J., Feser, E. Regional industrial structure and agglomeration economies: An analysis of productivity in three manufacturing industries. Regional Science and Urban Economics, 2012, 42(1-2): 1-14.

[38] Dulleck, U., Kerschbamer, R., Sutter, M. The economics of credence goods: An experiment on the role of liability, verifiability, reputation, and competition. American Economic Review, 2011, 101(2): 526-555.

[39] Ehiri, J. E., Morris, G. P., Mcewen, J. Implementation of HACCP in food businesses: The way ahead. Food Control, 1995, 6(6): 341-345.

[40] Elhorst, J. P. Applied spatial econometrics: raising the bar. Spatial Economic Analysis, 2010, 5(1): 9-28.

[41] Eppel, E., Gill, D., Lips, A. M. B., et al. Better Connected Services for Kiwis: A Discussion Document for Managers and Front-line Staff on Better Joining Up the Horizontal and The Vertical. Wellington: Victoria University of Wellington, 2008.

[42] Fagotto, E. Private roles in food safety provision: The law and economics of private food safety. European Journal of Law and

Economics, 2013, 37(1): 83-109.

[43] Feddersen, T. J. ,Gilligan, T. W. Saints and markets: Activists and the supply of credence goods. Journal of Economics & Management Strategy, 2001,10(1): 149-171.

[44] Feiock, R. C. , Scholz, J. T. Self-organizing governance of institutional collective action dilemmas: An overview. Self-organizing Federalism: Collaborative Mechanisms to Mitigate Institutional Collective Action, 2010.

[45] Fernando, Y. , Ng, H. H. , Yusoff, Y. Activities, motives and external factors influencing food safety management system adoption in malaysia. Food Control, 2014, 41: 69-75.

[46] Filho, R. , Andrade, M. de. A principal-agent model for investigating traceability Systems incentives on food safety. European Association of Agricultural Economists, 105th Seminar, 2007.

[47] Freeman, R. E. Strategic Management: A Stakeholder Approach. Cambridge: Cambridge university press, 1984.

[48] Friedman, A. L. , Miles, S. Developing stakeholder theory. Journal of Management Studies, 2002, 39(1): 1-21.

[49] Fudenberg, D. , Levine, D. K. Reputation and equilibrium selection in games with a patient player. Econometrica, 1989, 57(4): 759-778.

[50] Gale, F. , Buzby, J. C. Imports from china and food safety issues. Economic Information Bulletin, 2009.

[51] Garcia-Alvarez-Coque, J.-M. , Mas-Verdu, F. , Sanchez García, M. Determinants of agri-food firms' participation in public funded research and development. Agribusiness, 2015, 31(3): 314-329.

[52] Gatzert, N. The impact of corporate reputation and reputation damaging events on financial performance: Empirical evidence from the literature. European Management Journal, 2015, 33(6): 485-499.

[53] Gerber, E. R. , Henry, A. D. , Lubell, M. Political homophily and collaboration in regional planning networks. American Journal of Political Science, 2013, 57(3): 598-610.

[54] Giacomarra, M. , Galati, A. , Crescimanno, M. , et al. The

integration of quality and safety concerns in the wine industry: The role of third-party voluntary certifications. Journal of Cleaner Production, 2016, 112: 267-274.

[55] Goedhuys, M., Sleuwaegen, L. The impact of international standards certification on the performance of firms in less developed countries. World Development, 2013, 47: 87-101.

[56] Gray, B. Collaborating: Finding Common Ground for Multiparty Problems. San Francisco: Jossey-Bass, 1989.

[57] Grennan, M., Town, R. J. Regulating innovation with uncertain quality: information, risk, and access in medical devices. American Economic Review, 2020, 110(1): 120-161.

[58] Grundke, R., Moser, C. Hidden protectionism? Evidence from non-tariff barriers to trade in the united states. Journal of International Economics, 2019, 117: 143-157.

[59] Grunert, K. G. Food quality and safety: Consumer perception and demand. European Review of Agricultural Economics, 2005, 32(3): 369-391.

[60] Hale, G., Bartlett, C. Managing the regulatory tangle: Critical infrastructure security and distributed governance in alberta's major traded sectors. Journal of Borderlands Studies, 2019, 34(2): 257-279.

[61] Hampton, P. Reducing administrative burdens: Effective inspection and enforcement. HM Stationery Office, 2005.

[62] Han, S., Roy, P. K., Hossain, M. I., et al. Covid-19 pandemic crisis and food safety: Implications and inactivation strategies. Trends in Food Science & Technology, 2021, 109: 25-36.

[63] Henson, S., Caswell, J. Food safety regulation: An overview of contemporary issues. Food Policy, 1999, 24(6): 589-603.

[64] Henson, S., Heasman, M. Food safety regulation and the firm: Understanding the compliance process. Food Policy, 1998, 23(1): 9-23.

[65] Henson, S., Holt, G. Exploring incentives for the adoption of food safety controls: Haccp implementation in the U. K. Dairy sector.

Review of Agricultural Economics, 2000, 22(2): 407-420.

[66] Henson, S., Hooker, N. H. Private sector management of food safety public regulation and the role of private controls. International Food and Agribusiness Management Review, 2001, 4: 7-17.

[67] Iyer, G., Singh, S. Voluntary product safety certification. Management Science, 2018, 64(2): 695-714.

[68] Jiang, Q. J., Batt, P. J. Barriers and benefits to the adoption of a third party certified food safety management system in the food processing sector in Shanghai, China. Food Control, 2016, 62: 89-96.

[69] Jin, G. Z., Leslie, P. The effect of information on product quality: Evidence from restaurant hygiene grade cards. The Quarterly Journal of Economics, 2003, 118(2): 409-451.

[70] Jin, C., Levi, R., Liang, Q., et al. Testing at the source: Analytics-enabled risk-based sampling of food supply chains in China. Management Science, 2021, 67(5): 2985-2996.

[71] Jin, S., Zhou, J., Ye, J. Adoption of HACCP system in the Chinese food industry: A comparative analysis. Food Control, 2008, 19(8): 820-828.

[72] Jouanjean, M.-A., Maur, J.-C., Shepherd, B. Reputation matters: Spillover effects for developing countries in the enforcement of us food safety measures. Food Policy, 2015, 55: 81-91.

[73] Kahn, A. E. The economics of regulation: Principles and institutions. Hoboken: Wiley Press, 1970.

[74] Khan, M., Mahmood, H. Z., Damalas, C. A. Pesticide use and risk perceptions among farmers in the cotton belt of Punjab, Pakistan. Crop Protection, 2015, 67: 184-190.

[75] Khatri, Y., Collins, R. Impact and status of HACCP in the Australian meat industry. British Food Journal, 2007, 109(5): 343-354.

[76] Kotsanopoulos, K. V., Arvanitoyannis, I. S. The role of auditing, food safety, and food quality standards in the food industry: A review. Comprehensive Reviews in Food Science and Food Safety, 2017,

16(5): 760-775.

[77] Kreps, D. M., Wilson, R. Reputation and imperfect information. Journal of Economic Theory, 1982, 27(2): 253-279.

[78] Laffont, J. J., Tirole, J. The politics of government decision-making: A theory of regulatory capture. The Quarterly Journal of Economics, 1991, 106(4): 1089-1127.

[79] Le, A. T., Nguyen, M. T., Vu, H. T. T., et al. Consumers' trust in food safety indicators and cues: The case of vietnam. Food Control, 2020, 112:1-6.

[80] Lee, Y., Pennington-Gray, L., Kim, J. Does location matter? Exploring the spatial patterns of food safety in a tourism destination. Tourism Management, 2019, 71: 18-33.

[81] Li, H., Chang, Q., Bai, R., et al. Simultaneous determination and risk assessment of highly toxic pesticides in the market-sold vegetables and fruits in China: A 4-year investigational study. Ecotoxicology and Environmental Safety, 2021, 221: 1-13.

[82] Liu, C., Zheng, Y. The predictors of consumer behavior in relation to organic food in the context of food safety incidents: Advancing hyper attention theory within an stimulus-organism-response model. Front Psychol, 2019, 10:1-13.

[83] Loiseau, E., Saikku, L., Antikainen, R., et al. Green economy and related concepts: An overview. Journal of Cleaner Production, 2016, 139: 361-371.

[84] Machado Nardi, V. A., Teixeira, R., Ladeira, W. J., et al. A meta-analytic review of food safety risk perception. Food Control, 2020, 112: 1-16.

[85] Maesano, G., Di Vita, G., Chinnici, G., et al. The role of credence attributes in consumer choices of sustainable fish products: A review. Sustainability, 2020, 12(23): 1-18.

[86] Makarius, E. E., Stevens, C. E., Tenhiälä, A. Tether or stepping stone? The relationship between perceived external reputation and collective voluntary turnover rates. Organization Studies, 2017,

38(12): 1665-1686.

[87] Marshall, A. Principles of Economics. London: Mac-Millan, 1890.

[88] Martinez, M. G., Fearne, A., Caswell, J. A., et al. Co-regulation as a possible model for food safety governance: Opportunities for public-private partnerships. Food Policy, 2007, 32(3): 299-314.

[89] Martínez-Victoria, M., Sánchez-Val, M. M., Lansink, A. O. Spatial dynamic analysis of productivity growth of agri-food companies. Agricultural Economics, 2019, 50(3): 315-327.

[90] Marvin, H. J. P., Kleter, G. A., Frewer, L. J., et al. A working procedure for identifying emerging food safety issues at an early stage: Implications for European and international risk management practices. Food Control, 2009, 20(4): 345-356.

[91] Matuschke, I. Rapid urbanization and food security: Using food density maps to identify future food security hotspots. International Association of Agricultural Economists Conference, 2009.

[92] Meixner, O., Haas, R., Perevoshchikova, Y., et al. Consumer attitudes, knowledge, and behavior in the russian market for organic food. International Journal on Food System Dynamics, 2014, 5(2): 110-120.

[93] Ménard, C., Valceschini, E. New institutions for governing the agri-food industry. European Review of Agricultural Economics, 2005, 32(3): 421-440.

[94] Mewhirter, J., Berardo, R. The impact of forum interdependence and network structure on actor performance in complex governance systems. Policy Studies Journal, 2019, 47(1): 159-177.

[95] Mitchell, R. K., Agle, B. R., Wood, D. J. Toward a theory of stakeholder identification and salience: Defining the principle of who and what really counts. Academy of Management Review, 1997, 22(4): 853-886.

[96] Möhring, N., Ingold, K., Kudsk, P., et al. Pathways for advancing pesticide policies. Nature Food, 2020, 1(9): 535-540.

[97] Morales, I. R., Cebrián, D. R., Blanco, E. F., et al. Early warning

in egg production curves from commercial hens: A svm approach. Computers and Electronics in Agriculture, 2016, 121: 169-179.

[98] Mortlock, M. P., Peters, A. C., Griffith, C. J. Food hygiene and hazard analysis critical control point in the United Kingdom food industry: practices, perceptions, and attitudes. Journal of Food Protection, 1999, 62(7): 786-792.

[99] Muhammad, S., Fathelrahman, E., Ullah, R. U. T. Factors affecting consumers' willingness to pay for certified organic food products in united arab emirates. Journal of Food Distribution Research, 2015, 46(1): 37-45.

[100] Nelson, P. Information and consumer behavior. Journal of Political Economy, 1970, 78(2): 311-329.

[101] O'flynn, J., Wanna, J. Collaborative Governance: A New Era of Public Policy in Australia? Canberra: Australia National University Press, 2008.

[102] Ollinger, M., Bovay, J. Producer response to public disclosure of food safety information. American Journal of Agricultural Economics, 2020, 102(1): 186-201.

[103] Ollinger, M., Moore, D. L. The economic forces driving food safety quality in meat and poultry. Review of Agricultural Economics, 2008, 30(2): 289-310.

[104] Olson, M. The Logic of Collective Action. Cambridge: Harvard University Press, 1971.

[105] Pigou, A. C. The Economics of Welfare. London: Mac-Millan, 1920.

[106] Pouliot, S., Sumner, D. A. Traceability, liability, and incentives for food safety and quality. American Journal of Agricultural Economics, 2008, 90(1): 15-27.

[107] Pouliot, S., Sumner, D. A. Traceability, recalls, industry reputation and product safety. European Review of Agricultural Economics, 2012, 40(1): 121-142.

[108] Qin, G., Zou, K., Li, Y., et al. Pesticide residue determination in

vegetables from western China applying gas chromatography with mass spectrometry. Biomedical Chromatography, 2016, 30(9): 1430-1440.

[109] Raithel, S., Schwaiger, M. The effects of corporate reputation perceptions of the general public on shareholder value. Strategic Management Journal, 2015, 36(6): 945-956.

[110] Redmond, E. C., Griffith, C. J. Consumer food handling in the home: A review of food safety studies. Journal of Food Protection, 2003, 66(1): 130-161.

[111] Ren, Y., An, Y. Efficient food safety regulation in the agro-food wholesale market. Agriculture and Agricultural Science Procedia, 2010, 1: 344-353.

[112] Rhee, M., Haunschild, P. R. The liability of good reputation: A study of product recalls in the U. S. Automobile industry. Organization Science, 2006, 17(1): 101-117.

[113] Rieger, J., Weible, D., Anders, S. "Why some consumers don't care": Heterogeneity in household responses to a food scandal. Appetite, 2017, 113: 200-214.

[114] Roasto, M., Herman, A., Hanninen, M. L. A. Food safety perspective//Norrgren, L., Levengood, J. (eds.). Ecology and Animal Health. Uppsala: Baltic University Press, 2012.

[115] Roberts, P. W., Dowling, G. R. Corporate reputation and sustained superior financial performance. Strategic Management Journal, 2002, 23(12): 1077-1093.

[116] Roehm, M. L., Tybout, A. M. When will a brand scandal spill over, and how should competitors respond? Journal of Marketing Research, 2018, 43(3): 366-373.

[117] Rong, A., Akkerman, R., Grunow, M. An optimization approach for managing fresh food quality throughout the supply chain. International Journal of Production Economics, 2011, 131(1): 421-429.

[118] Rouvière, E., Caswell, J. A. From punishment to prevention: A

french case study of the introduction of co-regulation in enforcing food safety. Food Policy, 2012, 37(3): 246-254.

[119] Saak, A. E. Collective reputation, social norms, and participation. American Journal of Agricultural Economics, 2012, 94(3): 763-785.

[120] Saak, A. E. Traceability and reputation in supply chains. International Journal of Production Economics, 2016, 177: 149-162.

[121] Salin, V., Hooker, N. H. Stock market reaction to food recalls. Applied Economic Perspectives and Policy, 2001, 23(1): 33-46.

[122] Segerson, K. Mandatory versus voluntary approaches to food safety. Food Marketing Policy Center Research Reports, 2010, 15(1): 53-70.

[123] Shapiro, C. Premiums for high quality products as returns to reputations. The Quarterly Journal of Economics, 1983, 98(4): 659-679.

[124] Siomkos, G., Triantafillidou, A., Vassilikopoulou, A., et al. Opportunities and threats for competitors in product-harm crises. Marketing Intelligence & Planning, 2010, 28(6): 770-791.

[125] Smelser, N. J. Theory of Collective Behavior. New York: The Free Press, 1962.

[126] Sodano, V., Lindgreen, A., Hingley, M., et al. The usefulness of social capital in assessing the welfare effects of private and third-party certification food safety policy standards. British Food Journal, 2008, 110(4-5): 493-513.

[127] Sohn, S., Oh, Y., Kang, M., et al. The effect of CEO change on information asymmetry. Journal of Applied Business Research, 2014, 30(2): 527-540.

[128] Soon, J. M., Davies, W. P., Chadd, S. A., et al. A delphi-based approach to developing and validating a farm food safety risk assessment tool by experts. Expert Systems with Applications, 2012, 39(9): 8325-8336.

[129] Soon, J. M., Davies, W. P., Chadd, S. A., et al. Field application of farm-food safety risk assessment (framp) tool for small and

medium fresh produce farms. Food Chem, 2013, 136 (3-4): 1603-1609.

[130] Spulber, D. F. Regulation and Markets. Cambridge: MIT press, 1989.

[131] Starbird, S. A. Designing food safety regulations: The effect of inspection policy and penalties for noncompliance on food processor behavior. Journal of Agricultural and Resource Economics, 2000, 25 (2): 1-20.

[132] Starbird, S. A. Moral hazard, inspection policy, and food safety. American Journal of Agricultural Economics, 2005, 87(1): 15-27.

[133] Starbird, S. A., Amanor-Boadu, V. Contract selectivity, food safety, and traceability. Journal of Agricultural & Food Industrial Organization, 2007, 5(1): 1-22.

[134] Stigler, G. J. The economics of information. Journal of Political Economy, 1961, 69(3): 213-225.

[135] Stiglitz, J. E. Information and the change in the paradigm in economics. American Economic Review, 2002, 92(3): 460-501.

[136] Stringer, M. F., Hall, M. N. A generic model of the integrated food supply chain to aid the investigation of food safety breakdowns. Food Control, 2007, 18(7): 755-765.

[137] Testa, F., Sarti, S., Frey, M. Are green consumers really green? Exploring the factors behind the actual consumption of organic food products. Business Strategy and the Environment, 2019, 28(2): 327-338.

[138] Turner, K., Moua, C. N., Hajmeer, M., et al. Overview of leafy greens-related food safety incidents with a california link: 1996 to 2016. Journal of Food Protection, 2019, 82(3): 405-414.

[139] Ungemach, F. R., Muller-Bahrdt, D., Abraham, G. Guidelines for prudent use of antimicrobials and their implications on antibiotic usage in veterinary medicine. International Journal of Medical Microbiology, 2006, 296(S41): 33-38.

[140] Unnevehr, L. J. Food safety as a global public good. Agricultural

Economics, 2007, 37: 149-158.

[141] Van Asselt, E. D., Meuwissen, M. P. M., Van Asseldonk, M., et al. Selection of critical factors for identifying emerging food safety risks in dynamic food production chains. Food Control, 2010, 21(6): 919-926.

[142] Van Der Schaar, M., Zhang, S. A dynamic model of certification and reputation. Economic Theory, 2015, 58(3): 509-541.

[143] Van Heerde, H., Helsen, K., Dekimpe, M. G. The impact of a product-harm crisis on marketing effectiveness. Marketing Science, 2007, 26(2): 230-245.

[144] Vassilikopoulou, A., Siomkos, G., Chatzipanagiotou, K., et al. Product-harm crisis management: Time heals all wounds? Journal of Retailing and Consumer Services, 2009, 16(3): 174-180.

[145] Vågsholm, I., Arzoomand, N. S., Boqvist, S. Food security, safety, and sustainability—getting the trade-offs right. Frontiers in Sustainable Food Systems, 2020, 4: 1-14.

[146] Vela, A. R., Fernández, J. M. Barriers for the developing and implementation of HACCP plans: Results from a Spanish regional survey. Food Control, 2003, 14(5): 333-337.

[147] Violaris, Y., Bridges, O., Bridges, J. Small businesses-Big risks: Current status and future direction of HACCP in Cyprus. Food Control, 2008, 19(5): 440-448.

[148] Viscusi, W. K., Vernon, J. M., Harrington, J. E. Economics of Regulation and Antitrust. Cambridge: MIT Press, 1995.

[149] Walsh, G., Mitchell, V.-W., Jackson, P. R., et al. E. Examining the antecedents and consequences of corporate reputation: A customer perspective. British Journal of Management, 2009, 20(2): 187-203.

[150] Wang, L., Lin, H., Suo, L., et al. From economic cooperation to innovative cooperation: Self-upgrading and superior authority. China Public Administration Review, 2019, 31(2): 17-43.

[151] Wang, S., Bai, X., Zhang, X., et al. Urbanization can benefit agricultural production with large-scale farming in China. Nature

Food, 2021, 2(3): 183-191.

[152] Wang, Z., Salin, V., Hooker, N. H., et al. Stock market reaction to food recalls: A GARCH application. Applied Economics Letters, 2002, 9(15): 979-987.

[153] Williams, M. S., Ebel, E. D., Vose, D. Framework for microbial food-safety risk assessments amenable to bayesian modeling. Risk Analysis, 2011, 31(4): 548-565.

[154] Wen, D. C., Cheng, L. Y. An analysis of discerning customer behaviour: an exploratory study. Total Quality Management & Business Excellence, 2013, 24(11-12): 1316-1331.

[155] Wilson, L., Lusk, J. L. Consumer willingness to pay for redundant food labels. Food Policy, 2020, 97: 1-14.

[156] Xie, B., Ye, L., Shao, Z. Managing and financing metropolitan public services in china: Experience of the pearl river delta region. Public Money & Management, 2018, 38(6): 445-452.

[157] Yadavalli, A., Jones, K. Does media influence consumer demand? The case of lean finely textured beef in the united states. Food Policy, 2014, 49: 219-227.

[158] Yan, Z., Huang, Z. H., Wang, Y., et al. Are social embeddedness associated with food risk perception under media coverage? Journal of Integrative Agriculture, 2019, 18(8): 1804-1819.

[159] Yee, W.-H., Liu, P. Control, coordination, and capacity: Deficits in china's frontline regulatory system for food safety. Journal of Contemporary China, 2019, 29(124): 503-518.

[160] Yu, X., Gao, Z., Zeng, Y. Willingness to pay for the "green food" in china. Food Policy, 2014, 45: 80-87.

[161] Zhang, M., Jin, Y., Qiao, H., et al. Product quality asymmetry and food safety: Investigating the one farm household, two production systems of fruit and vegetable farmers in China. China Economic Review, 2017, 45: 232-243.

[162] Zhou, J., Li. K., Liang, Q. Food safety controls in different governance structures in China's vegetable and fruit industry. Journal

of Integrative Agriculture, 2015, 14(11): 2189-2202.

[163] Zhou, J., Wang, Y., Mao, R. Dynamic and spillover effects of USA import refusals on China's agricultural trade: Evidence from monthly data. Agricultural Economics (Zemědělská ekonomika), 2019a, 65(9): 425-434.

[164] Zhou, J., Wang, Y., Mao, R., et al. Examining the role of border protectionism in border inspections: Panel structural vector autoregression evidence from fda import refusals on China's agricultural exports. China Agricultural Economic Review, 2021, 13(3): 593-613.

[165] Zhou, J., Yang, Z., Li, K., et al. Direct intervention or indirect support? The effects of cooperative control measures on farmers' implementation of quality and safety standards. Food Policy, 2019b, 86: 1-10.

[166] Zhou, L., Turvey, C. G., Hu, W., et al. Fear and trust: How risk perceptions of avian influenza affect chinese consumers' demand for chicken. China Economic Review, 2016, 40: 91-104.

[167] Zhou, Z., Zhang, T., Chen, J., et al. Help or resistance? Product market competition and water information disclosure: Evidence from China. Sustainability Accounting, Management and Policy Journal, 2020, 11(5): 933-962.

[168] Zhu, L. W. D. Food Safety in China: A Comprehensive Review. Florida: CRC Press, 2014.

[169] 白丽，唐海亨，汤晋. 食品企业食品安全行为决策机理研究. 消费经济，2011，27(4)：73-76.

[170] 毕新慧，徐晓白. 多氯联苯的环境行为. 化学进展，2000(2)：152-160.

[171] 蔡荣. 农业化学品投入状况及其对环境的影响. 中国人口·资源与环境，2010，20(3)：107-110.

[172] 蔡元正. 网络外卖食品安全监管的困境与出路. 法制博览，2017(3)：32-35.

[173] 曹东，赵学涛，杨威杉. 中国绿色经济发展和机制政策创新研究. 中国

人口·资源与环境，2012，22(5)：48-54.
[174] 曹军，尹小乐，布文安，等. 环境中除草剂扑草净残留分析方法的研究. 分析科学学报，2007(4)：397-400.
[175] 陈芳，杜恩存，樊启文，等. 绿原酸类物质在畜禽生产中的应用及研究进展. 湖北农业科学，2020，59(21)：10-13，16.
[176] 陈洪根. 基于故障树分析的食品安全风险评价及监管优化模型. 食品科学，2015，36(7)：177-182.
[177] 陈梅，茅宁. 不确定性、质量安全与食用农产品战略性原料投资治理模式选择——基于中国乳制品企业的调查研究. 管理世界，2015(6)：125-140.
[178] 陈秋玲，马晓姗，张青. 基于突变模型的我国食品安全风险评估. 中国安全科学学报，2011，21(2)：152-158.
[179] 陈瑞莲，张紧跟. 试论区域经济发展中政府间关系的协调. 中国行政管理，2002(12)：65-68.
[180] 陈书磊. 食品添加剂己酸乙酯生产工艺研究. 科技风，2015(12)：128.
[181] 陈庭强，曹冬生，王冀宁. 多元利益诉求下食品安全风险形成及扩散研究. 中国调味品，2020，45(9)：184-189.
[182] 陈幸莺. 气相色谱—质谱法测定食用槟榔中对羟基苯甲酸乙酯的测量不确定度评定. 食品与机械，2015，31(3)：52-56.
[183] 陈彦丽. 食品安全协同治理运行机制分析. 商业研究，2014(1)：60-65.
[184] 陈艳莹，李鹏升. 认证机制对“柠檬市场”的治理效果——基于淘宝网金牌卖家认证的经验研究. 中国工业经济，2017(9)：137-155.
[185] 陈艳莹，平靓. 集体声誉危机与企业认证行为——基于“柠檬市场”治理机制的视角. 中国工业经济，2020(4)：174-192.
[186] 陈雨婕. 论长三角区域生态治理中地方政府的协作. 苏州：苏州大学，2013.
[187] 陈雨生，乔娟，闫逢柱. 农户无公害认证蔬菜生产意愿影响因素的实证分析——以北京市为例. 农业经济问题，2009，30(6)：34-39.
[188] 陈振仪，石彩阳，陈梦婷，等. 网络食品安全监管研究. 法制博览，2017(9)：44-46.
[189] 褚汉，陈晓玲. 食品安全治理从一元监管到社会共治监管：困境的破解

与应对. 蚌埠学院学报，2021，10(6)：61-65.

[190] 邓波，王珊珊，陈国元. 2007—2011 年全国蔬菜农药残留状况规律分析. 实用预防医学，2013，20(2)：250，253-256.

[191] 丁宁. 流通创新提升农产品质量安全水平研究——以合肥市肉菜流通追溯体系和周谷堆农产品批发市场为例. 农业经济问题，2015，36(11)：16-24，110.

[192] 丁燕玲，陈彤，黄婷，等. 超高效液相色谱—串联质谱法测定鸡肉中甲硝唑、二甲硝唑及其代谢物的方法研究. 广东化工，2018，45(13)：245-248，252.

[193] 董舟，田千喜. 农资市场的逆向选择与我国农产品安全——以农药市场为例. 安徽农业科学，2010，38(19)：10330-10331，10467.

[194] 杜宇能. 工业化城镇化农业现代化进程中国家粮食安全问题. 安徽：中国科学技术大学，2013.

[195] 都玉霞. 完善食品安全中的政府监管法律责任. 政法论丛，2012(3)：89-94.

[196] 杜向党，阎若潜，沈建忠. 氯霉素类药物耐药机制的研究进展. 动物医学进展，2004(2)：27-29.

[197] 范忠刚，孙海新，孙丕春，等. 熟肉制品中罂粟壳成分的液相色谱—串联质谱检测方法研究. 中国食品添加剂，2017(3)：157-161.

[198] 方金，王仁强，胡继连. 基于质量安全的水产品产业组织模式构建. 中国渔业经济，2006(3)：37-42.

[199] 冯忠泽，李庆江. 消费者农产品质量安全认知及影响因素分析——基于全国 7 省 9 市的实证分析. 中国农村经济，2008(1)：23-29.

[200] 符少玲. 农产品供应链整合与质量绩效. 华南农业大学学报(社会科学版)，2016，15(3)：10-18.

[201] 付文丽，陶婉亭，李宁，等. 借鉴国际经验完善我国食品安全风险监测制度的探讨. 中国食品卫生杂志，2015，27(3)：271-276.

[202] 葛宇. 食品中人工合成色素使用法规及检测标准进展. 质量与标准化，2011(9)：31-35.

[203] 耿献辉，周应恒，林连升. 现代销售渠道选择与水产养殖收益——来自江苏省的调查数据. 农业经济与管理，2013(3)：54-61.

[204] 龚久平，杨俊英，柴勇，等. 重庆市水果农药残留现状分析与质量安全

建议. 南方农业，2017，11(34)：95-98.

[205] 龚强，雷丽衡，袁燕. 政策性负担、规制俘获与食品安全. 经济研究，2015，50(8)：4-15.

[206] 龚强，张一林，余建宇. 激励、信息与食品安全规制. 经济研究，2013，48(3)：135-147.

[207] 龚三乐. 全球价值链内企业升级绩效、绩效评价与影响因素分析——以东莞 IT 产业集群为例. 改革与战略，2011，27(7)：178-181.

[208] 巩顺龙，白丽，陈晶晶. 基于结构方程模型的中国消费者食品安全信心研究. 消费经济，2012，28(2)：53-57.

[209] 古剑清，毛新武，吴德平. 2010 年广州亚运会餐饮环节食品安全风险识别与评估. 华南预防医学，2010，36(2)：57-59.

[210] 郭传凯. 食品安全追溯监管的困境与出路. 山东法官培训学院学报，2020，36(6)：115-128.

[211] 郭林宇，周超，宋欣欣，等. 我国农产品出口韩国受阻原因分析及对策建议——基于农药残留视角. 中国农业科技导报，2022，24(10)：14-22.

[212] 郭曙光，王叶. 社会资本视角下食品供应链质量安全战略研究. 中国经贸导刊，2015(5)：59-60.

[213] 国家市场监督管理总局. 食品安全抽样检验管理办法. (2019-08-19)[2021-11-10]. https://www.samr.gov.cn/spcjs/cjjc/qtwj/201908/t20190819_306097.html.

[214] 国家市场监督管理总局. 市场监管总局关于 2020 年市场监管部门食品安全监督抽检情况的通告. (2021-05-07)[2021-06-09]. http://gkml.samr.gov.cn/nsjg/spcjs/202105/t20210507_329236.html.

[215] 国家卫生和计划生育委员会. 食品中可能违法添加的非食用物质和易滥用的食品添加剂名单(第 1—5 批汇总). (2011-04-25)[2021-07-22]. http://www.ivdc.org.cn/yyhg/201104/t20110425_36796.htm.

[216] 国务院办公厅. 国务院关于加强食品安全工作的决定. (2012-07-30)[2021-08-12]. http://www.gov.cn/zwgk/2012-07/03/content_2175891.htm.

[217] 韩子旭，严斌剑. 消费者对主粮品质属性的偏好和支付意愿研究——以小包装面粉为例. 农业技术经济，2021(4)：30-45.

[218] 何淑娟，赵丽敏，李强，等. 气相色谱-质谱法测定肉制品中的 9 种挥发性 n-亚硝胺类物质. 肉类研究，2015，29(1)：27-30.

[219] 何晓峥. 基于人力资本的企业网络组织协同行为研究. 天津：天津财经大学，2007.

[220] 贺雄宙，杨贵栋，王苏雯. 食品风险指数在世博餐饮食品安全保障中的应用分析. 上海预防医学，2011，23(6)：292-294.

[221] 侯博，阳检，吴林海. 农药残留对农产品安全的影响及农户对农药残留的认知与影响因素的文献综述. 安徽农业科学，2010，38(4)：2098-2101，2129.

[222] 胡联，戴为民，周向阳，等. 食品消费结构变化与农业产业发展. 中国食物与营养，2013，19(11)：49-51.

[223] 胡一凡，李丽霞，李欣桐，等. 治理理论视角下的网络外卖食品安全监管. 山东行政学院学报，2016(4)：75-79，112.

[224] 胡颖廉. 改革开放 40 年中国食品安全监管体制和机构演进. 中国食品药品监管，2018(10)：4-24.

[225] 胡颖廉. 新时代国家食品安全战略：起点、构想和任务. 学术研究，2019(4)：35-42.

[226] 胡志高，李光勤，曹建华. 环境规制视角下的区域大气污染联合治理——分区方案设计、协同状态评价及影响因素分析. 中国工业经济，2019(5)：24-42.

[227] 黄会，刘慧慧，王共明，等. 氨基甲酸酯类杀虫剂的毒性、检测方法及其在水环境中残留研究进展. 中国渔业质量与标准，2016，6(4)：23-30.

[228] 黄季焜，仇焕广，白军飞，等. 中国城市消费者对转基因食品的认知程度、接受程度和购买意愿. 中国软科学，2006(2)：61-67.

[229] 黄亚林. 农业保险各主体利益的协同度评价. 系统工程，2014，32(8)：52-55.

[230] 黄祖辉，钟颖琦，王晓莉. 不同政策对农户农药施用行为的影响. 中国人口·资源与环境，2016，26(8)：148-155.

[231] 纪杰. 食品安全满意度影响因素分析及监管路径选择——基于重庆的问卷调查. 中国行政管理，2014(7)：97-100.

[232] 贾生华，陈宏辉. 利益相关者的界定方法述评. 外国经济与管理，2002

(5)：13-18.
[233] 姜长云. 全面推进乡村振兴的法治保障和根本遵循. 农业经济问题，2021(11)：12-19.
[234] 蒋慧. 论我国食品安全监管的症结和出路. 法律科学(西北政法大学学报)，2011，29(6)：154-162.
[235] 蒋凌琳，李宇阳. 我国食品添加剂管理现状研究综述. 中国卫生政策研究，2011，4(7)：34-38.
[236] 蒋薇薇，王喜. 外国企业商业信用影响因素研究综述. 财政监督，2012(29)：74-76.
[237] 解春宵，白春蕾，潘丁，等. 北京市售畜禽肉类食品中多氯联苯的污染特征及风险评价. 环境化学，2020，39(11)：3030-3037.
[238] 金太军，唐玉青. 区域生态府际合作治理困境及其消解. 南京师大学报(社会科学版)，2011(5)：17-22.
[239] 赖永波，徐学荣. 农产品质量安全监管绩效影响因素实证分析. 福建论坛·人文社会科学版，2016(8)：33-39.
[240] 雷勋平，Qiu，R.，吴杨. 基于供应链和可拓决策的食品安全预警模型及其应用. 中国安全科学学报，2011，21(11)：136-143.
[241] 雷雨豪，张翠芳，王壮，等. 环境激素农药三唑类杀菌剂在土壤中的残留与风险评价. 农药，2019，58(9)：660-663.
[242] 李汉卿. 协同治理理论探析. 理论月刊，2014(1)：138-142.
[243] 李昊，李世平，南灵. 农药施用技术培训减少农药过量施用了吗？中国农村经济，2017(10)：80-96.
[244] 李婧，谭清美，白俊红. 中国区域创新生产的空间计量分析——基于静态与动态空间面板模型的实证研究. 管理世界，2010(7)：43-55，65.
[245] 李进进. 外卖餐饮业的食品安全监管对策研究. 食品安全导刊，2019(13)：68-71.
[246] 李清光，李勇强，牛亮云，等. 中国食品安全事件空间分布特点与变化趋势. 经济地理，2016，36(3)：9-16.
[247] 李清光，陆姣，吴林海. 构建我国食品安全风险区域协作监管机制的研究. 价格理论与实践，2015(7)：103-105.
[248] 李思远，黄光智，丁晓雯. 食品中汞与甲基汞污染状况与检测技术研究进展. 食品与发酵工业，2018，44(12)：295-301.

[249] 李霞，杨海霞，赵国敏，等. 盐酸氨基葡萄糖含量测定研究进展. 食品与药品，2020，22(5)：438-442.

[250] 李想，石磊. 行业信任危机的一个经济学解释：以食品安全为例. 经济研究，2014，49(1)：169-181.

[251] 李笑曼，臧明伍，赵洪静，等. 基于监督抽检数据的肉类食品安全风险分析及预测. 肉类研究，2019，33(1)：42-49.

[252] 李新春，陈斌. 企业群体性败德行为与管制失效——对产品质量安全与监管的制度分析. 经济研究，2013，48(10)：98-111，123.

[253] 厉曙光，陈莉莉，陈波. 我国2004—2012年媒体曝光食品安全事件分析. 中国食品学报，2014，14(3)：1-8.

[254] 李中东，张在升. 食品安全规制效果及其影响因素分析. 中国农村经济. 2015(6)：74-84.

[255] 廖重斌. 环境与经济协调发展的定量评判及其分类体系——以珠江三角洲城市群为例. 热带地理，1999，19(2)：171-177.

[256] 林爱珺，吴转转. 风险沟通研究述评. 现代传播(中国传媒大学学报)，2011(3)：36-41.

[257] 刘贝贝，青平，邹俊. 食品安全事件背景下网络口碑影响消费者购买决策的机制研究. 华中农业大学学报(社会科学版)，2018(6)：69-74，154-155.

[258] 刘彬，林剑波，潘家强. 浅析不同经济发展水平下无公害畜产品认证的变化与发展. 农业经济，2012(11)：120-121.

[259] 刘畅，张浩，安玉发. 中国食品质量安全薄弱环节、本质原因及关键控制点研究——基于1460个食品质量安全事件的实证分析. 农业经济问题，2011，32(1)：24-31，110-111.

[260] 刘飞，李谭君. 食品安全治理中的国家、市场与消费者：基于协同治理的分析框架. 浙江学刊，2013(6)：215-221.

[261] 刘广明，尤晓娜. 论食品安全治理的消费者参与及其机制构建. 消费经济，2011，27(3)：67-71.

[262] 刘建义. 大数据、权利实现与基层治理创新. 行政论坛，2017，24(5)：67-72.

[263] 刘建义. 大数据驱动政府监管方式创新的向度. 行政论坛，2019，26(5)：102-108.

[264] 刘娟. 区域生态府际合作治理的碎片化困境及其出路. 环境保护科学，2017，43(3)：52-56.

[265] 刘军弟，王凯，韩纪琴. 消费者对食品安全的支付意愿及其影响因素研究. 江海学刊，2009(3)：83-89，238.

[266] 刘康磊，高加怡. 由立到适:地方性法规治理能力实现的解释路径. 宁夏社会科学，2021(6)：98-106.

[267] 刘鹏. 省级食品安全监管绩效评估及其指标体系构建——基于平衡计分卡的分析. 华中师范大学学报(人文社会科学版)，2013，52(4)：17-26.

[268] 刘鹏，刘志鹏. 街头官僚政策变通执行的类型及其解释——基于对 H 县食品安全监管执法的案例研究. 中国行政管理，2014(5)：101-105.

[269] 刘青，周洁红，鄢贞. 供应链视角下中国猪肉安全的风险甄别及政策启示——基于 1624 个猪肉质量安全事件的实证分析. 中国畜牧杂志，2016，52(2)：60-65.

[270] 刘任重. 食品安全规制的重复博弈分析. 中国软科学，2011(9)：167-171.

[271] 刘瑞新，刘艳丽. 消费者对鸡肉的购买意愿及其影响因素研究——基于速生鸡事件后对江苏消费者的调查. 经济研究导刊，2014(34)：57-60，66.

[272] 刘爽. 食品安全检验检测和风险监测体系研究. 天津：天津大学，2012.

[273] 刘万兆，王春平. 基于供应链视角的猪肉质量安全研究. 农业经济，2013(4)：119-121.

[274] 刘小峰，陈国华，盛昭瀚. 不同供需关系下的食品安全与政府监管策略分析. 中国管理科学，2010，18(2)：143-150.

[275] 刘学民. 环境规制下雾霾污染的协同治理及其路径优化研究. 哈尔滨：哈尔滨工业大学，2020.

[276] 龙著华，戴敏. 论我国食品安全信息公示制度. 广东外语外贸大学学报，2015(2)：80-84.

[277] 吕永卫，霍丽娜. 网络餐饮业食品安全社会共治的演化博弈分析. 系统科学学报，2018，26(1)：78-81.

[278] 卢珍萍，田英. 中国蔬果中农药残留的现状及其去除方法. 中国农学

通报，2022，38(24)：131-137.

[279] 罗兰，安玉发，古川，等. 我国食品安全风险来源与监管策略研究. 食品科学技术学报，2013，31(2)：77-82.

[280] 罗香莲，李汴生，陈鹏，等. 复合甜味剂的应用及其安全性研究. 食品工业科技，2008(11)：221-224.

[281] 罗自生，秦雨，徐艳群，等. 黄曲霉毒素的生物合成、代谢和毒性研究进展. 食品科学，2015，36(3)：250-257.

[282] 骆和东，吴雨然，姜艳芳. 我国食品中铬污染现状及健康风险. 中国食品卫生杂志，2015，27(6)：717-721.

[283] 吕衍超. 基于共享经济的绿色消费实现路径研究. 湖北：中南财经政法大学，2018.

[284] 马仁磊. 食品安全风险交流国际经验及对我国的启示. 中国食物与营养，2013，19(3)：5-7.

[285] 马学广，王爱民，闫小培. 从行政分权到跨域治理:我国地方政府治理方式变革研究. 地理与地理信息科学，2008，24(1)：49-55.

[286] 马英娟. 走出多部门监管的困境——论中国食品安全监管部门间的协调合作. 清华法学，2015，9(3)：35-55.

[287] 毛雪丹，胡俊峰，刘秀梅. 2003—2007 年中国 1060 起细菌性食源性疾病流行病学特征分析. 中国食品卫生杂志，2010，22(3)：224-228.

[288] 孟娟，张晶，张楠，等. 固相萃取—超高效液相色谱—串联质谱法检测粮食及其制品中的玉米赤霉烯酮类真菌毒素. 色谱，2010，28(6)：601-607.

[289] 倪国华，牛晓燕，刘祺. 对食品安全事件"捂盖子"能保护食品行业吗——基于 2896 起食品安全事件的实证分析. 农业技术经济，2019(7)：91-103.

[290] 聂晓玲，程国霞，王敏娟，等. 2014 年陕西省市售食品中重金属污染调查及评价. 中国食品卫生杂志，2016，28(2)：240-243.

[291] 潘丹，陈寰，孔凡斌. 1949 年以来中国林业政策的演进特征及其规律研究——基于 283 个涉林规范性文件文本的量化分析. 中国农村经济，2019(7)：89-108.

[292] 彭娟，赖科洋. 食品中金刚烷胺残留检测方法新进展. 食品科学，2021,42(19)：325-333.

[293] 戚建刚. 食品安全风险属性的双重性及对监管法制改革之寓意. 中外法学，2014，26(1)：46-69.

[294] 祁玲玲，孔卫拿，赵莹. 国家能力、公民组织与当代中国的环境信访——基于2003—2010年省际面板数据的实证分析. 中国行政管理，2013(7)：100-106.

[295] 秦雨露，孙晓红，陶光灿. 我国食品安全追溯系统推广应用难点及对策研究. 中国农业科技导报，2020，22(1)：1-11.

[296] 仇焕广，黄季焜，杨军. 政府信任对消费者行为的影响研究. 经济研究，2007(6)：65-74,153.

[297] 全世文，曾寅初. 食品安全:消费者的标识选择与自我保护行为. 中国人口·资源与环境，2014，24(4)：77-85.

[298] 尚德荣，赵艳芳，郭莹莹，等. 食品中砷及砷化合物的食用安全性评价. 中国渔业质量与标准，2012，2(4)：21-32.

[299] 邵宜添. 农药最大残留限量视角下农药减量化政府监管路径. 科技管理研究，2021a，41(22)：213-222.

[300] 邵宜添. 食品安全视角下我国农药监管政策的需求分析. 江西农业学报，2021b，33(8)：134-144.

[301] 沈莹. 单核细胞增生性李斯特菌在食品安全中的研究近况. 中国热带医学，2008(3)：484-487.

[302] 沈昱雯，罗小锋，余威震. 激励与约束如何影响农户生物农药施用行为——兼论约束措施的调节作用. 长江流域资源与环境，2020，29(4)：1040-1050.

[303] 盛明纯. 铝对人体健康影响的研究进展综述. 安徽预防医学杂志，2006(1)：46-48.

[304] 石立三，吴清平，吴慧清，等. 我国食品防腐剂应用状况及未来发展趋势. 食品研究与开发，2008(3)：157-161.

[305] 史巧巧，席俊，陆启玉. 食品中苯并芘的研究进展. 食品工业科技，2014，35(5)：379-381，386.

[306] 石志恒，符越. 技术扩散条件视角下农户绿色生产意愿与行为悖离研究——以无公害农药技术采纳为例. 农林经济管理学报，2022，21(1)：29-39.

[307] 宋华琳. 中国食品安全标准法律制度研究. 公共行政评论，2011，4

(2)：30-50，178-179.
[308] 宋稳成，白小宁，段丽芳，等. 我国农药残留标准体系建设现状和发展思路. 食品安全质量检测学报，2014，5(2)：335-338.
[309] 宋英杰，曹鸿杰，吕璀璀. 食品安全规制的空间效应研究. 中国科技论坛，2017(8)：127-134.
[310] 苏成雪. “异地监督”：舆论监督向法治的过渡. 武汉大学学报(人文科学版)，2005，58(6)：790-794.
[311] 苏鑫佳. 网络订餐行业食品安全政府监管研究——以上海市 P 区为例. 上海：华东师范大学，2017.
[312] 孙宝国，周应恒. 中国食品安全监管策略研究. 北京：科学出版社，2013.
[313] 孙顶强，郑颂承. 反倾销政策的贸易偏转效应研究——以对华农产品反倾销为例. 价格月刊，2017(6)：37-43.
[314] 孙金沅，孙宝国. 我国食品添加剂与食品安全问题的思考. 中国农业科技导报，2013，15(4)：1-7.
[315] 覃志英，黄兆勇，陈广林，等. 食品重金属污染的研究进展. 广西预防医学，2003(S1)：5-8.
[316] 谭珊颖. 企业食品安全自我规制机制探讨——基于实证的分析. 学术论坛，2007(7)：90-95.
[317] 田耿智，白新明，刘晓庆，等. 农药残留风险评估在蔬菜水果和食用菌监测中的应用研究. 核农学报，2022，36(2)：402-413.
[318] 汪鸿昌，肖静华，谢康，等. 食品安全治理——基于信息技术与制度安排相结合的研究. 中国工业经济，2013(3)：98-110.
[319] 汪普庆，周德翼，吕志轩. 农产品供应链的组织模式与食品安全. 农业经济问题，2009(3)：8-12,110.
[320] 王常伟. 基于压力视角的食品安全治理研究. 上海：上海财经大学出版社，2016.
[321] 王冬群，韩敏晖，陆宏，等. 慈溪市蔬菜农药残留时空变化及质量安全风险评估. 浙江农业学报，2009，21(6)：609-613.
[322] 王辉霞. 公众参与食品安全治理法治探析. 商业研究，2012(4)：170-177.
[323] 王冀宁，缪秋莲. 食品安全中企业和消费者的演化博弈均衡及对策分

析. 南京工业大学学报(社会科学版), 2013, 12(3): 49-53.
[324] 王冀宁, 韦浩然, 庄雷. "最严格的监管"和"最严厉的处罚"指示的食品安全治理研究——基于委托代理理论的分析. 南京工业大学学报(社会科学版), 2019,18(3): 80-89, 112.
[325] 王佳新, 李媛, 王秀东, 等. 中国农药使用现状及展望. 农业展望, 2017, 13(2): 56-60.
[326] 王健. 中国政府规制理论与政策. 北京:经济科学出版社, 2008.
[327] 王建华, 葛佳烨, 刘茁. 民众感知、政府行为及监管评价研究——基于食品安全满意度的视角. 软科学, 2016, 30(1): 36-40,65.
[328] 王建华, 刘茁, 李俏. 农产品安全风险治理中政府行为选择及其路径优化——以农产品生产过程中的农药施用为例. 中国农村经济, 2015(11): 54-62, 76.
[329] 王军, 郑增忍, 王晶钰. 动物源性食品中沙门氏菌的风险评估. 中国动物检疫, 2007(4): 23-25.
[330] 王俊豪. 政府管制经济学导论. 北京:商务印书馆, 2001.
[331] 王流国, 王雪蒙. 减少食品中亚硝酸盐危害的研究进展. 食品安全质量检测学报, 2016, 7(4): 1593-1598.
[332] 王浦劬, 赖先进. 中国公共政策扩散的模式与机制分析. 北京大学学报(哲学社会科学版), 2013, 50(6): 14-23.
[333] 王靖, 金钥, 杨毅青, 等. 动物食品氟喹诺酮类药残检测国内外研究现状. 食品研究与开发, 2014, 35(16): 121-125.
[334] 王晓莉, 李勇强, 李清光, 等. 中国环境污染与食品安全问题的时空聚集性研究——突发环境事件与食源性疾病的交互. 中国人口·资源与环境, 2015, 25(12): 53-61.
[335] 王耀忠. 外部诱因和制度变迁:食品安全监管的制度解释. 上海经济研究, 2006(7): 62-72.
[336] 王永俊, 马宁, 李永宁, 等. 邻苯二甲酸二(2-乙基己基)酯的内分泌干扰作用及神经毒性研究进展. 中国食品卫生杂志, 2014, 26(5): 515-519.
[337] 王永强, 解强. 消费者对生鲜果蔬农药残留风险感知研究. 大连理工大学学报(社会科学版), 2017, 38(2): 93-97.
[338] 王永钦, 刘思远, 杜巨澜. 信任品市场的竞争效应与传染效应:理论和

基于中国食品行业的事件研究. 经济研究，2014，49(2)：141-154.
[339] 王勇，刘航，冯骅. 平台市场的公共监管、私人监管与协同监管：一个对比研究. 经济研究，2020，55(3)：148-162.
[340] 王再文，李刚. 区域合作的协调机制：多层治理理论与欧盟经验. 当代经济管理，2009，31(9)：48-53.
[341] 王志刚，周永刚. 食品加工企业采纳 HACCP 的激励因素探索. 食品科学技术学报，2014，32(3)：77-82.
[342] 王中亮，石薇. 信息不对称视角下的食品安全风险信息交流机制研究——基于参与主体之间的博弈分析. 上海经济研究，2014(5)：66-74.
[343] 卫昱君，王紫婷，徐瑗聪，等. 致病性大肠杆菌现状分析及检测技术研究进展. 生物技术通报，2016，32(11)：80-92.
[344] 文晓巍，刘妙玲. 食品安全的诱因、窘境与监管：2002—2011 年. 改革，2012(9)：37-42.
[345] 武文涵，孙学安. 把握食品安全全程控制起点——从农药残留视角看我国食品安全. 食品科学，2010，31(19)：405-408.
[346] 邬小撑，毛杨仓，占松华，等. 养猪户使用兽药及抗生素行为研究——基于 964 个生猪养殖户微观生产行为的问卷调查. 中国畜牧杂志，2013，49(14)：19-23.
[347] 吴林海，王建华，朱淀. 中国食品安全发展报告(2013). 北京：北京大学出版社，2013.
[348] 吴林海，王晓莉，尹世久，等. 中国食品安全风险治理体系与治理能力考察报告. 北京：中国社会科学出版社，2016.
[349] 吴林海，徐玲玲，王晓莉. 影响消费者对可追溯食品额外价格支付意愿与支付水平的主要因素——基于 logistic、interval censored 的回归分析. 中国农村经济，2010 (4)：77-86.
[350] 吴林海，张秋琴，山丽杰，等. 影响企业食品添加剂使用行为关键因素的识别研究：基于模糊集理论的 DEMATEL 方法. 系统工程，2012，30(7)：48-54.
[351] 吴燕燕，陶文斌，郝志明，等. 含盐量对腌制大黄鱼鱼肉品质的影响. 食品与发酵工业，2019，45(21)：102-109.
[352] 吴元元. 信息基础、声誉机制与执法优化——食品安全治理的新视野. 中国社会科学，2012(6)：115-133，207-208.

[353] 吴自强. 生鲜农产品网购意愿影响因素的实证分析. 统计与决策, 2015(20): 100-103.

[354] 向红, 周藜, 廖春, 等. 金黄色葡萄球菌及其引起的食物中毒的研究进展. 中国食品卫生杂志, 2015, 27(2): 196-199.

[355] 肖建忠. 企业进入行为的基本模型——中国制造业的案例. 产业经济评论, 2004, 3(1): 127-140.

[356] 谢康. 中国食品安全治理:食品质量链多主体多中心协同视角的分析. 产业经济评论, 2014(3): 18-26.

[357] 谢康, 肖静华, 赖金天. 食品安全社会共治:困局与突破. 北京: 科学出版社, 2017a.

[358] 谢康, 肖静华, 赖金天, 等. 食品安全"监管困局"、信号扭曲与制度安排. 管理科学学报, 2017b, 20(2): 1-17.

[359] 谢敏强, 许瑾, 史岚. 关于构建上海市食品安全监管地方立法的对策与思考. 中国卫生资源, 2012, 15(2): 153-156.

[360] 幸家刚. 新型农业经营主体农产品质量安全认证行为研究. 杭州: 浙江大学, 2016.

[361] 习近平. 中央农村工作会议在北京举行 习近平李克强作重要讲话. 人民日报,2013-12-05(01).

[362] 熊志强. 人均粮食消费逼近 500 公斤大关意味着什么?——从粮食消费结构变化看坚守 18 亿亩耕地红线的重要性. (2012-02-21)[2021-12-01]. http://www.mnr.gov.cn/dt/pl/201202/t20120221_2346079.html.

[363] 徐建华, 鲁凤, 苏方林, 等. 中国区域经济差异的时空尺度分析. 地理研究, 2005(1): 57-68.

[364] 徐青伟, 许开立, 周方, 等. 基于贝叶斯网络的食品安全风险分析. 食品工业, 2021, 42(6): 502-504.

[365] 徐谓, 李洪军, 贺稚非. 甘草提取物在食品中的应用研究进展. 食品与发酵工业, 2016, 42(10): 274-281.

[366] 许玉艳, 穆迎春, 宋怿, 等. 青岛市鲜活水产品流通领域的质量安全问题及建议. 中国渔业质量与标准, 2011, 1(3): 32-37.

[367] 徐志刚, 周宁, 易福金. 农村居民网络购物行为研究——对城镇化消费示范效应假说的检验. 商业经济与管理, 2017(1): 15-23.

[368] 鄢贞, 刘青, 吴森. 农产品安全事件的风险演化与空间转移路径——

基于媒体报道的视角. 农业技术经济，2020(8)：4-12.

[369] 杨春晓，莫韵韶，魏泉德. 珠海市2011—2015年细菌性食物中毒事件的标本检测结果分析. 国际检验医学杂志，2017，38(6)：788-791.

[370] 杨鸿雁，周芬芬，田英杰. 基于关联规则的消费者食品安全满意度研究. 管理评论，2020，32(4)：286-297.

[371] 杨继瑞，薛晓，汪锐. "互联网+"背景下消费模式转型的思考. 消费经济，2015，31(6)：3-7.

[372] 杨江龙. 不同种植方式蔬菜中农药残留的差异及污染控制研究. 环境污染与防治，2014，36(9)：70-73.

[373] 杨柳. 新时代食品安全信用监管的逻辑起点、现实困境与政策建议. 中国物价，2019(12)：76-78.

[374] 杨天宇. 斯蒂格利茨的政府干预理论评析. 学术论坛，2000(2)：24-27.

[375] 杨威，罗心闵，王晓鹏. 同行产品质量对企业的影响——基于8起食品质量安全的定量分析. 新经济，2021(1)：60-68.

[376] 杨雯筌，殷耀，张睿，等. 超高效液相色谱—串联质谱法测定火锅底料中罂粟碱、吗啡、那可丁、可待因和蒂巴因等五种非法添加物. 环境化学，2016，35(6)：1321-1324.

[377] 杨雪美，王晓翌，李鸿敏. 供应链视角下我国突发食品安全事件风险评价. 食品科学，2017，38(19)：309-314.

[378] 杨扬，袁媛，李杰梅. 基于HACCP的生鲜农产品国际冷链物流质量控制体系研究——以云南省蔬菜出口泰国为例. 北京交通大学学报(社会科学版)，2016，15(2)：103-108.

[379] 杨智，许进，姜鑫. 绿色认证和论据强度对食品品牌信任的影响——兼论消费者认知需求的调节效应. 湖南农业大学学报(社会科学版)，2016，17(3)：6-11，89.

[380] 杨志龙，姜安印，陈卫强. 巢状市场:治理食品安全与相对贫困难题的理论构想. 世界农业，2021(6)：31-39.

[381] 叶迪，朱林可. 地区质量声誉与企业出口表现. 经济研究，2017，52(6)：105-119.

[382] 叶纪明，宋稳成. 食品中农药残留限量新国家标准出台具有里程碑的意义. 农药科学与管理，2013，34 (1)：3-4.

[383] 叶俊焘. 以批发市场为核心的农产品质量安全追溯系统研究:理论与策略. 生态经济，2010(10)：110-115.

[384] 叶舟舟，许晓岚，生吉萍，等. 公众对食品安全风险预警信息的信任水平与影响因素研究. 农产品质量与安全，2018(4)：40-45.

[385] 易智勇，黄忆明，朱明元. 食品添加剂的不合理使用现状及对策. 中国卫生监督杂志，2008，15(1)：31-34.

[386] 尹立辉，马俪珍. 反应条件对 n-亚硝基二甲胺生成影响的研究. 中国农学通报，2011，27(7)：457-460.

[387] 应飞虎，涂永前. 公共规制中的信息工具. 中国社会科学，2010(4)：117-132，223-224.

[388] 于华，唐姣，赵佳丽，等. 四川麸醋发酵过程中醋醅理化指标及有机酸变化分析. 中国酿造，2020，39(7)：51-55.

[389] 余晖. 论行政体制改革中的政府监管. 江海学刊，2004(1)：76-79.

[390] 翟毓秀，郭莹莹，耿霞，等. 孔雀石绿的代谢机理及生物毒性研究进展. 中国海洋大学学报(自然科学版)，2007(1)：27-32.

[391] 展进涛，张慧仪，陈超. 果农施用农药的效率测度与减少错配的驱动力量——基于中国桃主产县 524 个种植户的实证分析. 南京农业大学学报(社会科学版)，2020，20(6)：148-156.

[392] 张蓓. 农产品生产加工企业质量安全控制行为研究. 商业研究，2015(3)：147-153.

[393] 张蓓，黄志平，杨炳成. 农产品供应链核心企业质量安全控制意愿实证分析——基于广东省 214 家农产品生产企业的调查数据. 中国农村经济，2014(1)：62-75.

[394] 张蓓，万俊毅. 农产品伤害危机后消费者逆向行为影响因素研究. 北京社会科学，2014(7)：72-81.

[395] 张彩萍，白军飞，蒋竞. 认证对消费者支付意愿的影响:以可追溯牛奶为例. 中国农村经济，2014(8)：76-85.

[396] 张成福，李昊城，边晓慧. 跨域治理：模式、机制与困境. 中国行政管理，2012(3)：102-109.

[397] 张大文，王冬根，胡丽芳，等. 猪肉产品中四环素类药物残留风险评估. 农产品质量与安全，2014(6)：34-37.

[398] 章德宾，徐家鹏，许建军，等. 基于监测数据和 bp 神经网络的食品安

全预警模型. 农业工程学报，2010，26(1)：221-226.

[399] 张东玲，高齐圣. 面向农产品安全的关键质量链分析. 农业系统科学与综合研究，2008(4)：489-493.

[400] 张东玲，朱秀芝，邢恋群，等. 农产品供应链的质量系统集成与风险评估. 华南农业大学学报(社会科学版)，2013，12(1)：24-34.

[401] 张红凤，陈小军. 我国食品安全问题的政府规制困境与治理模式重构. 理论学刊，2011(7)：63-67.

[402] 张红凤，吕杰. 食品安全风险的地区差距及其分布动态演进——基于dagum基尼系数分解与非参数估计的实证研究. 公共管理学报，2019，16(1)：77-88，172-173.

[403] 张红凤，吕杰，王一涵. 食品安全监管效果研究:评价指标体系构建及应用. 中国行政管理，2019(7)：132-138.

[404] 张红凤，赵胜利. 我国食品安全监管效率评价——基于包含非期望产出的SBM－DEA和Malmquist模型. 经济与管理评论，2020，36(1)：46-57.

[405] 张红霞. 我国食品安全风险因素识别与分布特征——基于9314起食品安全事件的实证分析. 当代经济管理，2021，43(4)：66-71.

[406] 张红霞，安玉发，张文胜. 我国食品安全风险识别、评估与管理——基于食品安全事件的实证分析. 经济问题探索，2013(6)：135-141.

[407] 张辉，刘佳颖，何宗辉. 政府补贴对企业研发投入的影响——基于中国工业企业数据库的门槛分析. 经济学动态，2016(12)：28-38.

[408] 张连辉. “对子孙后代的生存负责”——中国禁用有机氯农药六六六和滴滴涕的曲折历程. 当代中国史研究，2020，27(5)：101-114，159.

[409] 张守文. 食品安全监管的科学基础和典型案例剖析. 中国食品学报，2013，13(2)：1-5.

[410] 张舒恺，雷欣. 互联网外卖食品安全监管问题. 现代食品，2016(3)：41-45.

[411] 张文德. 蔬菜用次氯酸钠消毒产生三氯甲烷与安全性. 预防医学情报杂志，2009，25(10)：865-867.

[412] 张星联，张慧媛，唐晓纯. 国内外农产品质量安全预警系统现状研究. 农产品质量与安全，2012(3)：19-21.

[413] 张秀玲. 中国农产品农药残留成因与影响研究. 无锡：江南大

学，2013.
[414] 张亚莉，颜康婷，王林琳，等. 基于荧光光谱分析的农药残留检测研究进展. 光谱学与光谱分析，2021，41(8)：2364-2371.
[415] 张玉春，王婧. 生鲜农产品供应链信息共享研究综述. 商业经济研究，2019(9)：139-141.
[416] 张宇东，李东进，金慧贞. 安全风险感知、量化信息偏好与消费参与意愿:食品消费者决策逻辑解码. 现代财经(天津财经大学学报)，2019，39(1)：86-98.
[417] 张蕴晖，林玲，阚海东，等. 邻苯二甲酸二丁酯的人群综合暴露评估. 中国环境科学，2007(5)：651-656.
[418] 赵同刚. 食品添加剂的作用与安全性控制. 中国食品添加剂，2010(3)：45-50.
[419] 赵学刚. 食品安全信息供给的政府义务及其实现路径. 中国行政管理，2011(7)：38-42.
[420] 赵杨，吕文栋. 北京市高新技术企业全面风险管理评价及能力提升研究. 科学决策，2011(1)：10-53.
[421] 郑玮. 浅析食品添加剂生产、流通和使用现状及实行分级管理的思考. 中国卫生监督杂志，2011，18(4)：354-358.
[422] 植草益. 微观规制经济学. 朱绍文，等译，北京：中国发展出版社，1992.
[423] 中国银行课题组. 国内国际双循环大格局下居民消费研究及扩大居民消费的政策建议. 国际金融，2020(10)：3-32.
[424] 中华人民共和国农业农村部. 农药残留超标治理要动真格的.(2021-07-05)[2022-02-11]. http://www.moa.gov.cn/ztzl/ymksn/jjrbbd/202107/t20210705_6371027.htm.
[425] 钟真，孔祥智. 产业组织模式对农产品质量安全的影响:来自奶业的例证. 管理世界，2012(1)：79-92.
[426] 周波. 柠檬市场治理机制研究述评. 经济学动态，2010(3)：131-135.
[427] 周洁红，汪渊，张仕都. 蔬菜质量安全可追溯体系中的供货商行为分析. 浙江大学学报(人文社会科学版)，2011，41(2)：116-126.
[428] 周洁红，幸家刚，虞铁俊. 农产品生产主体质量安全多重认证行为研究. 浙江大学学报(人文社会科学版)，2015，45(2)：55-67.

[429] 周洁红，叶俊焘. 我国食品安全管理中 HACCP 应用的现状、瓶颈与路径选择——浙江省农产品加工企业的分析. 农业经济问题，2007(8)：55-61.

[430] 周洁红，张仕都. 蔬菜质量安全可追溯体系建设：基于供货商和相关管理部门的二维视角. 农业经济问题，2011，32(1)：32-38.

[431] 周开国，杨海生，伍颖华. 食品安全监督机制研究——媒体、资本市场与政府协同治理. 经济研究，2016，51(9)：58-72.

[432] 周良娟，张丽英，龚利敏，等. 吡啶甲酸铬对肉仔鸡的安全性评价. 中国畜牧杂志，2010，46(13)：56-59.

[433] 周民良. 论我国的区域差异与区域政策. 管理世界，1997(1)：175-185.

[434] 周应恒，马仁磊. 我国食品安全监管体制机制设计：贯彻消费者优先原则. 中国卫生政策研究，2014，7(5)：1-6.

[435] 周应恒，马仁磊，王二朋. 消费者食品安全风险感知与恢复购买行为差异研究——以南京市乳制品消费为例. 南京农业大学学报(社会科学版)，2014，14(1)：111-117.

[436] 周应恒，卓佳. 消费者食品安全风险认知研究——基于三聚氰胺事件下南京消费者的调查. 农业技术经济，2010(2)：89-96.

[437] 周振. 互联网技术背景下农产品供需匹配新模式的理论阐释与现实意义. 宏观经济研究，2019(6)：108-121.

[438] 朱淀，洪小娟. 2006—2012 年间中国食品安全风险评估与风险特征研究. 中国农村观察，2014(2)：49-59，94.

[439] 朱淀，孔霞，顾建平. 农户过量施用农药的非理性均衡：来自中国苏南地区农户的证据. 中国农村经济，2014(8)：17-29，41.

[440] 祝伟霞，刘亚风，梁炜. 动物性食品中硝基呋喃类药物残留检测研究进展. 动物医学进展，2010，31(2)：99-102.

[441] 祝文峰，李太平. 基于文献数据的我国蔬菜农药残留现状研究. 经济问题，2018(11)：92-98.

[442] 宗会来. 中国与 FAO 合作的机遇和挑战及应对措施. 世界农业，2015(10)：8-11.

[443] 邹静，李冀宁. 论我国大部制改革背景下的食品安全监管改革. 医学与法学，2014，6(2)：20-22.

附　录

附录一　违规原因、发生环节及判断依据

发生环节	违规原因	判断依据
环境	多氯联苯、稀土等污染物	尚德荣等(2012)；解春宵等(2020)
环境/生产环节	草甘膦、二甲戊灵、五氯酚钠等除草剂；丙溴磷、哒螨灵、滴滴涕、敌敌畏、涕灭威、狄氏剂、啶虫脒、氟虫腈、克百威、甲胺磷、甲基对硫磷、甲氰菊酯、乐果、联苯肼酯、联苯菊酯、硫丹、六氯环己烷、氯菊酯、氯吡硫磷、氯氰菊酯、氯唑磷、马拉硫磷、灭多虫、吡虫啉、氰戊菊酯、三氯杀螨醇、三唑磷、辛硫磷、溴氰菊酯等杀虫剂；多菌灵、腐霉利、己唑醇、吡唑醚菌酯、烯酰吗啉等杀菌剂	曹军等(2007)；黄会等(2016)；雷雨豪等(2019)
生产环节	多西环素(强力霉素)、甲硝唑、林可霉素、硝基呋喃类药物等抗生素；氟苯尼考、氟罗沙星、磺胺类药物、甲氧苄啶、喹诺酮类药物、喹乙醇、绿原酸、马波沙星、嘧霉胺、诺氟沙星、三唑酮、四环素类药物、替米考星、氧氟沙星等抗菌药；地塞米松、曲安奈德等皮质类固醇；克伦特罗、莱克多巴胺、沙丁胺醇、特布他林等β激动剂；氯丙嗪、尼卡巴嗪、吡啶甲酸铬等兽药	杜向党等(2004)；周良娟等(2010)；祝伟霞等(2010)；王緕等(2014)；张大文等(2014)；丁燕玲等(2018)；陈芳等(2020)
生产/流通环节	金刚烷胺、镇静剂、隐色孔雀石绿、孔雀石绿、氯霉素等兽药；曲霉素、玉米赤霉烯酮、黄曲霉毒素、赭曲霉毒素、脱氧雪腐镰孢霉烯醇(呕吐毒素)等毒素	杜向党等(2004)；翟毓秀等(2007)；孟娟等(2010)；罗自生等(2015)；彭娟和赖科洋(2021)

续表

发生环节	违规原因	判断依据
环境/加工环节	三氯甲烷、苯并芘、汞、铅、镍、镉、铬、砷等污染物；亚硝酸盐、硝酸盐	毕新慧和徐晓白(2000)；覃志英等(2003)；张文德(2009)；尚德荣等(2012)；史巧巧等(2014)；骆和东等(2015)；聂晓玲等(2016)；王流国和王雪蒙(2016)；李思远等(2018)
加工环节	标签相关；短缺量、干物质含量、净含量、可溶性固体物、pH、溶剂残留量、溶解性、细度、总挥发性等规格相关指标；阿斯巴甜、安赛蜜(乙酰磺胺酸钾)、丙酸、苯甲酸、苯乙醇、丙酸、赤藓红、呈味核苷酸二钠、丁基羟基茴香醚、二丁基羟基甲苯、二甲基亚硝胺、二氧化硫、二氧化钛、防腐剂、过氧化苯甲酰、滑石粉、已酸乙酯、碱性橙Ⅱ、碱性嫩黄、亮蓝、邻苯二甲酸二丁酯、邻苯二甲酸二已酯、罗丹明、铝、没食子酸丙酯、纳他霉素、柠檬黄、纽甜、硼砂、硼酸、日落黄、三聚氰胺、三氯蔗糖、山梨酸、双乙酸钠、双乙酰、苏丹红、塑化剂、酸性橙Ⅱ、糖精钠、特丁基对苯二酚、甜蜜素(环已基氨基磺酸钠)、甜味剂、脱氢乙酸、苋菜红、亚硫酸盐、胭脂红、乙基麦芽酚、诱惑红、着色剂等食品添加剂；N-二甲基亚硝胺、氨基酸态氮、铵盐、丙二醛、蛋白质、淀粉、谷氨酸钠、反式脂肪、果糖、过氧化值、挥发性盐基氮、极性组分、钾、甲醇、酒精度、氯化钠、钠、葡萄糖、羟基价、三甲胺氮、水分、酸度、酸价、酸值、碳水化合物、铁、维生素、溴酸盐、盐分、游离氯、蔗糖、脂肪、脂肪酸、总酸、总糖等理化指标；非诺特罗、格列本脲、他达拉非、西布曲明、西马特罗、西地那非、盐酸苯乙双胍等药物	盛明纯(2006)；张蕴晖等(2007)；罗香莲等(2008)；石立三等(2008)；葛宇(2011)；国家卫生和计划生育委员会(2011)；尹立辉和马俪珍(2011)；王永俊等(2014)；陈书磊(2015)；陈幸莺(2015)；何淑娟等(2015)；徐谓等(2016)；吴燕燕等(2019)；李霞等(2020)；于华等(2020)
加工/餐饮环节	蒂巴因、可待因、吗啡、那可丁、罂粟碱	杨雯筌等(2016)；范忠刚等(2017)

续表

发生环节	违规原因	判断依据
环境/生产/加工/流通/餐饮环节	阪崎肠杆菌、大肠杆菌、大肠菌群、副溶血性弧菌、酵母、金黄色葡萄球菌、菌落总数、李斯特菌、螨、霉菌、葡萄球菌、沙门氏菌、嗜渗酵母菌、铜绿假单胞菌等微生物污染	王军等(2007);沈莹(2008);向红等(2015);卫昱君等(2016);杨春晓等(2017)

注:以上违规物可能的发生环节判定主要基于相关专家判定及现有文献补充。

附录二 协同治理对食品质量安全影响的区域异质性

变量	不合格率					
	地理距离权重矩阵			经济地理权重矩阵		
	东部地区 (1)	中部地区 (2)	西部地区 (3)	东部地区 (4)	中部地区 (5)	西部地区 (6)
法规数量	−0.0072** (0.0034)	−0.0043* (0.0026)	−0.0050* (0.0030)	−0.0113*** (0.0030)	−0.0068*** (0.0025)	−0.0047* (0.0027)
抽检强度	−0.0119*** (0.0019)	−0.0191*** (0.0032)	−0.0102*** (0.0039)	−0.0116*** (0.0019)	−0.0198*** (0.0032)	−0.0089** (0.0038)
处罚力度	−0.0079*** (0.0013)	−0.0114*** (0.0013)	−0.0102*** (0.0019)	−0.0077*** (0.0013)	−0.0112*** (0.0013)	−0.0087*** (0.0018)
w×法规数量	−0.0037 (0.0056)	0.0080* (0.0050)	0.0106* (0.0060)	0.0033 (0.0039)	0.0104*** (0.0037)	0.0068* (0.0037)
w×抽检强度	0.0074* (0.0044)	−0.0099 (0.0087)	0.0062 (0.0126)	−0.0001 (0.0035)	−0.0118* (0.0069)	0.0051 (0.0087)
w×处罚力度	0.0059* (0.0032)	0.0040 (0.0044)	0.0102** (0.0049)	0.0035* (0.0021)	−0.0003 (0.0027)	0.0012 (0.0032)
控制变量	控制	控制	控制	控制	控制	控制
ρ	0.3166*** (0.0891)	0.3125*** (0.0915)	0.3052*** (0.1017)	0.1589*** (0.0579)	0.1284** (0.0635)	0.1097* (0.0661)
$Sigma^2$	0.0003*** (0.0000)	0.0002*** (0.0000)	0.0006*** (0.0000)	0.0003*** (0.0000)	0.0002*** (0.0000)	0.0006*** (0.0000)
N	500	500	475	500	500	475
R^2	0.001	0.104	0.001	0.019	0.117	0.070

注：***、**、*分别代表在1%、5%、10%的置信水平下显著，括号内为系数估计的稳健标准差。

附录三　生产主体追溯水平对低毒农药补贴政策、政府抽检强度、政府处罚力度的调节作用

变量	高毒违禁药检出率			低毒农药残留超标率		
	(1)	(2)	(3)	(4)	(5)	(6)
低毒农药补贴政策	−0.694 (0.463)			−0.675 (0.930)		
生产主体追溯水平×低毒农药补贴政策	0.097 (0.144)			−0.037 (0.289)		
政府抽检强度		−0.118 (0.076)			−0.233* (0.119)	
生产主体追溯水平×政府抽检强度		−0.034 (0.022)			−0.045 (0.046)	
政府处罚力度			−0.247** (0.112)			0.474** (0.232)
生产主体追溯水平×政府处罚力度			−0.041 (0.063)			−0.186 (0.150)
生产主体追溯水平	−0.173*** (0.050)	−0.006 (0.110)	−0.152*** (0.051)	−0.220* (0.113)	−0.022 (0.238)	0.474** (0.232)

续表

变量	高毒违禁药检出率			低毒农药残留超标率		
	(1)	(2)	(3)	(4)	(5)	(6)
常数	−5.490	−5.678	−6.420	−0.908	−1.780	0.4737**
	(4.763)	(4.784)	(4.940)	(10.608)	(10.383)	(0.232)
控制变量	控制	控制	控制	控制	控制	控制
地区固定效应	控制	控制	控制	控制	控制	控制
时间固定效应	控制	控制	控制	控制	控制	控制
N	1100	1100	1100	1100	1100	1100

注：***、**、*分别代表在1%、5%、10%的置信水平下显著，括号内为系数估计的稳健标准差。

附录四 异地省份食品供应市场及其比重

省份	异地省份食品供应市场(占比/%)
北京	河北(21.36)、山东(14.52)、广东(6.37)、天津(5.86)、吉林(4.94)
天津	湖南(18.30)、河北(16.63)、山东(12.38)、北京(9.29)、河南(6.83)
河北	山东(20.59)、河南(10.74)、北京(9.70)、天津(8.00)、黑龙江(6.14)
山西	河南(16.14)、河北(14.38)、山东(13.88)、北京(6.40)、四川(4.97)
内蒙古	山东(13.28)、辽宁(9.49)、河北(9.46)、黑龙江(8.27)、河南(7.32)
辽宁	山东(11.70)、吉林(11.50)、黑龙江(10.64)、广东(8.43)、河南(8.11)
吉林	辽宁(20.64)、黑龙江(16.24)、山东(9.54)、四川(6.79)、河北(5.78)
黑龙江	辽宁(17.34)、吉林(14.88)、山东(11.68)、河北(6.36)、内蒙古(5.18)
上海	江苏(22.04)、浙江(15.09)、山东(10.22)、广东(7.45)、安徽(6.24)
江苏	浙江(16.25)、山东(11.58)、上海(11.56)、安徽(10.75)、广东(9.27)
浙江	江苏(15.92)、广东(13.31)、上海(12.23)、山东(10.24)、福建(7.04)
安徽	江苏(23.50)、浙江(11.07)、山东(10.40)、河南(8.04)、上海(6.89)
福建	广东(22.74)、浙江(10.18)、山东(9.63)、四川(7.87)、江苏(5.69)
江西	广东(11.96)、湖南(10.55)、浙江(9.86)、湖北(9.18)、山东(7.47)
山东	河南(12.84)、河北(11.43)、广东(8.05)、江苏(7.93)、浙江(6.94)
河南	山东(16.89)、广东(8.52)、河北(7.70)、四川(6.14)、江苏(5.77)
湖北	湖南(12.45)、河南(10.95)、广东(10.47)、山东(9.06)、四川(7.86)
湖南	湖北(18.39)、广东(14.59)、山东(7.66)、河南(6.97)、福建(6.27)
广东	山东(11.65)、福建(11.25)、湖南(8.07)、四川(7.55)、河南(6.31)
广西	广东(29.32)、福建(9.91)、山东(9.03)、河南(6.96)、湖南(5.53)
海南	广东(28.19)、山东(8.12)、河南(7.16)、福建(5.93)、广西(5.80)
重庆	四川(27.08)、广东(15.15)、山东(8.41)、湖北(6.31)、河南(5.46)
四川	重庆(14.78)、广东(12.39)、山东(9.07)、河南(8.74)、浙江(4.87)
贵州	四川(17.81)、广东(11.40)、重庆(10.79)、云南(7.46)、湖南(5.77)
云南	四川(21.30)、广东(12.22)、山东(6.97)、重庆(6.38)、河南(5.43)
西藏	广东(21.15)、辽宁(17.79)、江苏(7.21)、山东(7.21)、四川(6.73)
陕西	吉林(22.32)、河南(9.64)、山东(8.45)、四川(8.11)、广东(6.29)
甘肃	陕西(12.37)、四川(8.69)、山东(8.50)、河南(7.88)、河北(6.45)
青海	山东(11.95)、甘肃(10.12)、河南(9.31)、四川(6.89)、广东(6.04)
宁夏	山东(15.54)、河南(8.86)、陕西(8.66)、四川(6.35)、广东(6.05)
新疆	山东(13.05)、四川(10.22)、广东(6.26)、云南(6.00)、河南(5.96)

附录五　各省份邻接情况及经济联系度

省份(平均经济联系度)	邻接省份	经济联系度高于平均水平的省份(经济联系度)
北京(260.54)	天津、河北	天津(2969.24),河北(1591.85),内蒙古(280.13),山东(988.82),河南(343.08)
天津(223.33)	北京、河北	北京(2969.24),河北(1085.12),山东(1096.52),河南(267.11)
河北(440.37)	北京、天津、山西、辽宁、内蒙古、山东、河南	北京(1591.85),天津(1085.12),山西(2148.77),内蒙古(758.56),江苏(526.48),山东(2588.42),河南(1631.11)
山西(220.57)	河北、内蒙古、河南、陕西	北京(229.85),河北(2148.77),内蒙古(319.02),山东(640.50),河南(1064.24),湖北(245.28),陕西(550.96)
内蒙古(100.19)	河北、山西、辽宁、吉林、黑龙江、陕西、甘肃、宁夏	北京(280.13),天津(124.60),河北(758.56),山西(319.02),江苏(109.55),山东(296.51),河南(239.63),陕西(144.65)
辽宁(98.02)	河北、内蒙古、吉林	北京(252.87),天津(173.27),河北(244.80),吉林(338.30),黑龙江(101.01),江苏(241.71),安徽(102.05),山东(541.74),河南(174.57)
吉林(41.74)	内蒙古、辽宁、黑龙江	北京(53.54),河北(64.57),辽宁(338.30),黑龙江(199.38),江苏(74.67),山东(122.08),河南(53.10)
黑龙江(27.95)	内蒙古、吉林	北京(35.35),河北(47.58),辽宁(101.01),吉林(199.38),江苏(52.50),山东(78.87),河南(40.88)
上海(764.16)	江苏、浙江	江苏(15836),浙江(2079.06),安徽(2446.99)
江苏(1558.83)	上海、浙江、安徽、山东	上海(15836),浙江(4771.67),安徽(16672.56),山东(2549.83)

续表

省份(平均经济联系度)	邻接省份	经济联系度高于平均水平的省份(经济联系度)
浙江(568.55)	上海、江苏、安徽、福建、江西	上海(2079.06),江苏(4771.67),安徽(3939.39),福建(1311.09),江西(1017.21),山东(699.20),广东(583.79)
安徽(955.54)	江苏、浙江、江西、山东、河南、湖北	上海(2446.99),江苏(16672.56),浙江(3939.39),山东(1102.11)
福建(230.64)	浙江、江西、广东	上海(231.68),江苏(653.56),浙江(1311.09),安徽(482.78),江西(1258.96),山东(240.99),河南(253.21),湖北(259.62),湖南(434.57),广东(987.22)
江西(263.97)	浙江、安徽、福建、湖北、湖南、广东	江苏(745.36),浙江(1017.21).安徽(671.23),福建(1258.96),山东(307.48),河南(421.47),湖北(553.53),湖南(968.10),广东(773.66)
山东(574.38)	河北、江苏、安徽、河南	北京(988.82),天津(1096.52),河北(2588.42),山西(640.50),上海(588.89),江苏(2549.83),浙江(699.20),安徽(1102.11),河南(2971.52),湖北(623.72)
河南(523.25)	河北、山西、安徽、山东、湖北、陕西	河北(1631.11),山西(1064.24),江苏(1345.16),浙江(565.76),安徽(844.25),山东(2971.52),湖北(2101.06),湖南(660.36),陕西(854.16)
湖北(361.15)	安徽、江西、河南、湖南、重庆、陕西	江苏(622.77),浙江(396.42),安徽(447.26),江西(553.53),山东(623.72),河南(2101.06),湖南(2034.62),广东(585.3),重庆(383.21),四川(560.76),陕西(489.85)
湖南(339.71)	江西、湖北、广东、广西、重庆、贵州	江苏(495.10),浙江(422.28),安徽(360.84),福建(434.57),江西(968.10),山东(358.76),河南(660.36),湖北(2034.62),广东(1517.88),广西(514.97),重庆(379.83),四川(535.73),贵州(416.75)
广东(346.41)	福建、江西、湖南、广西、海南	江苏(567.06),浙江(583.79),安徽(372.40),福建(987.22),江西(773.66),山东(355.39),河南(437.37),湖北(585.3),湖南(1517.88),广西(1716.58),四川(463.43),贵州(391.63)

续表

省份(平均经济联系度)	邻接省份	经济联系度高于平均水平的省份(经济联系度)
广西(156.29)	湖南、广东、海南、贵州、云南	湖北(206.83),湖南(514.97),广东(1716.58),重庆(170.14),四川(297.02),贵州(444.96)
海南(17.77)	广东、广西	湖南(30.47),广东(207.89),广西(68.60),四川(22.49),云南(17.82)
重庆(304.27)	湖北、湖南、四川、贵州、陕西	湖北(383.21),湖南(379.83),四川(5885.74),贵州(650.45)
四川(381.54)	重庆、贵州、云南、西藏、陕西、甘肃、青海	河南(393.32),湖北(560.76),湖南(535.73),广东(463.43),重庆(5885.74),贵州(897.96)
贵州(136.89)	湖南、广西、重庆、四川、云南	河南(137.25),湖北(237.46),湖南(416.75),广东(391.63),广西(444.96),重庆(650.45),四川(897.96)
云南(53.02)	广西、四川、贵州	江苏(56.02),山东(54.28),河南(68.01),湖北(76.91),湖南(100.65),广东(194.09),广西(135.63),重庆(104.57),四川(283.52),贵州(135.89)
西藏(1.38)	四川、云南、青海、新疆	河北(1.54),江苏(1.83),山东(2.08),河南(2.20),湖南(1.86),湖北(1.87),广东(3.20),广西(1.40),重庆(1.61),四川(4.39),云南(3.14),陕西(1.41),新疆(2.69)
陕西(164.48)	山西、内蒙古、河南、湖北、重庆、四川、甘肃、宁夏	河北(426.61),山西(550.96),江苏(195.28),山东(352.05),河南(854.16),湖北(489.85),湖南(203.48),重庆(169.03),四川(343.13)
甘肃(29.65)	内蒙古、陕西、四川、青海、宁夏	河北(60.89),山西(41.90),内蒙古(40.40),江苏(36.12),山东(56.64),河南(68.55),湖北(46.05),湖南(32.67),广东(36.64),重庆(32.91),四川(88.09),陕西(81.57),宁夏(49.52)
青海(5.29)	四川、西藏、甘肃、新疆	河北(7.41),江苏(6.32),山东(8.43),河南(9.61),湖北(7.47),湖南(6.32),广东(8.38),重庆(6.60),四川(19.02),云南(5.80),陕西(8.26),甘肃(16.99)

续表

省份(平均经济联系度)	邻接省份	经济联系度高于平均水平的省份(经济联系度)
宁夏 (19.87)	内蒙古、陕西、甘肃	河北(43.34),山西(39.25),内蒙古(26.93),山东(33.87),河南(49.43),湖北(29.80),四川(41.51),陕西(112.84),甘肃(49.52)
新疆 (6.77)	西藏、甘肃、青海	河北(10.40),江苏(10.95),浙江(6.82),山东(13.45),河南(12.96),湖北(9.59),湖南(8.94),广东(14.50),重庆(6.79),四川(17.52),云南(8.55),陕西(8.12),甘肃(7.68)

附录六　食品安全治理相关主要政策文件汇编

1.《中华人民共和国食品安全法实施条例(2019 修订)》

中华人民共和国食品安全法实施条例(2019 修订)

中华人民共和国国务院令

(第 721 号)

《中华人民共和国食品安全法实施条例》已经 2019 年 3 月 26 日国务院第 42 次常务会议修订通过,现将修订后的《中华人民共和国食品安全法实施条例》公布,自 2019 年 12 月 1 日起施行。

总　理　李克强

2019 年 10 月 11 日

中华人民共和国食品安全法实施条例

(2009 年 7 月 20 日中华人民共和国国务院令第 557 号公布 根据 2016 年 2 月 6 日;《国务院关于修改部分行政法规的决定》修订　2019 年 3 月 26 日国务院第 42 次常务会议修订通过)

第一章　总　则

第一条　根据《中华人民共和国食品安全法》(以下简称食品安全法),制定本条例。

第二条　食品生产经营者应当依照法律、法规和食品安全标准从事生产经营活动,建立健全食品安全管理制度,采取有效措施预防和控制食品安全风险,保证食品安全。

第三条　国务院食品安全委员会负责分析食品安全形势,研究部署、统筹指导食品安全工作,提出食品安全监督管理的重大政策措施,督促落实食品安全监督管理责任。县级以上地方人民政府食品安全委员会按照本级人民政府规定的职责开展工作。

第四条 县级以上人民政府建立统一权威的食品安全监督管理体制，加强食品安全监督管理能力建设。

县级以上人民政府食品安全监督管理部门和其他有关部门应当依法履行职责，加强协调配合，做好食品安全监督管理工作。

乡镇人民政府和街道办事处应当支持、协助县级人民政府食品安全监督管理部门及其派出机构依法开展食品安全监督管理工作。

第五条 国家将食品安全知识纳入国民素质教育内容，普及食品安全科学常识和法律知识，提高全社会的食品安全意识。

第二章 食品安全风险监测和评估

第六条 县级以上人民政府卫生行政部门会同同级食品安全监督管理等部门建立食品安全风险监测会商机制，汇总、分析风险监测数据，研判食品安全风险，形成食品安全风险监测分析报告，报本级人民政府；县级以上地方人民政府卫生行政部门还应当将食品安全风险监测分析报告同时报上一级人民政府卫生行政部门。食品安全风险监测会商的具体办法由国务院卫生行政部门会同国务院食品安全监督管理等部门制定。

第七条 食品安全风险监测结果表明存在食品安全隐患，食品安全监督管理等部门经进一步调查确认有必要通知相关食品生产经营者的，应当及时通知。

接到通知的食品生产经营者应当立即进行自查，发现食品不符合食品安全标准或者有证据证明可能危害人体健康的，应当依照食品安全法第六十三条的规定停止生产、经营，实施食品召回，并报告相关情况。

第八条 国务院卫生行政、食品安全监督管理等部门发现需要对农药、肥料、兽药、饲料和饲料添加剂等进行安全性评估的，应当向国务院农业行政部门提出安全性评估建议。国务院农业行政部门应当及时组织评估，并向国务院有关部门通报评估结果。

第九条 国务院食品安全监督管理部门和其他有关部门建立食品安全风险信息交流机制，明确食品安全风险信息交流的内容、程序和要求。

第三章 食品安全标准

第十条 国务院卫生行政部门会同国务院食品安全监督管理、农业行政等部门制定食品安全国家标准规划及其年度实施计划。国务院卫生行政部门应当在其网站上公布食品安全国家标准规划及其年度实施计划的草案，公开征求意见。

第十一条 省、自治区、直辖市人民政府卫生行政部门依照食品安全法第二十九条的规定制定食品安全地方标准，应当公开征求意见。省、自治区、直辖市人民政府卫生行政部门应当自食品安全地方标准公布之日起30个工作日内，将地方标准报国务院卫生行政部门备案。国务院卫生行政部门发现备案的食品安全地方标准违反法律、法规或者食品安全国家标准的，应当及时予以纠正。

食品安全地方标准依法废止的，省、自治区、直辖市人民政府卫生行政部门应当及时在其网站上公布废止情况。

第十二条 保健食品、特殊医学用途配方食品、婴幼儿配方食品等特殊食品不属于地方特色食品，不得对其制定食品安全地方标准。

第十三条 食品安全标准公布后，食品生产经营者可以在食品安全标准规定的实施日期之前实施并公开提前实施情况。

第十四条 食品生产企业不得制定低于食品安全国家标准或者地方标准要求的企业标准。食品生产企业制定食品安全指标严于食品安全国家标准或者地方标准的企业标准的，应当报省、自治区、直辖市人民政府卫生行政部门备案。

食品生产企业制定企业标准的，应当公开，供公众免费查阅。

第四章　食品生产经营

第十五条 食品生产经营许可的有效期为5年。

食品生产经营者的生产经营条件发生变化，不再符合食品生产经营要求的，食品生产经营者应当立即采取整改措施；需要重新办理许可手续的，应当依法办理。

第十六条 国务院卫生行政部门应当及时公布新的食品原料、食品添加剂新品种和食品相关产品新品种目录以及所适用的食品安全国家标准。

对按照传统既是食品又是中药材的物质目录，国务院卫生行政部门会同国务院食品安全监督管理部门应当及时更新。

第十七条 国务院食品安全监督管理部门会同国务院农业行政等有关部门明确食品安全全程追溯基本要求，指导食品生产经营者通过信息化手段建立、完善食品安全追溯体系。

食品安全监督管理等部门应当将婴幼儿配方食品等针对特定人群的食品以及其他食品安全风险较高或者销售量大的食品的追溯体系建设作为监督检查的重点。

第十八条　食品生产经营者应当建立食品安全追溯体系,依照食品安全法的规定如实记录并保存进货查验、出厂检验、食品销售等信息,保证食品可追溯。

第十九条　食品生产经营企业的主要负责人对本企业的食品安全工作全面负责,建立并落实本企业的食品安全责任制,加强供货者管理、进货查验和出厂检验、生产经营过程控制、食品安全自查等工作。食品生产经营企业的食品安全管理人员应当协助企业主要负责人做好食品安全管理工作。

第二十条　食品生产经营企业应当加强对食品安全管理人员的培训和考核。食品安全管理人员应当掌握与其岗位相适应的食品安全法律、法规、标准和专业知识,具备食品安全管理能力。食品安全监督管理部门应当对企业食品安全管理人员进行随机监督抽查考核。考核指南由国务院食品安全监督管理部门制定、公布。

第二十一条　食品、食品添加剂生产经营者委托生产食品、食品添加剂的,应当委托取得食品生产许可、食品添加剂生产许可的生产者生产,并对其生产行为进行监督,对委托生产的食品、食品添加剂的安全负责。受托方应当依照法律、法规、食品安全标准以及合同约定进行生产,对生产行为负责,并接受委托方的监督。

第二十二条　食品生产经营者不得在食品生产、加工场所贮存依照本条例第六十三条规定制定的名录中的物质。

第二十三条　对食品进行辐照加工,应当遵守食品安全国家标准,并按照食品安全国家标准的要求对辐照加工食品进行检验和标注。

第二十四条　贮存、运输对温度、湿度等有特殊要求的食品,应当具备保温、冷藏或者冷冻等设备设施,并保持有效运行。

第二十五条　食品生产经营者委托贮存、运输食品的,应当对受托方的食品安全保障能力进行审核,并监督受托方按照保证食品安全的要求贮存、运输食品。受托方应当保证食品贮存、运输条件符合食品安全的要求,加强食品贮存、运输过程管理。

接受食品生产经营者委托贮存、运输食品的,应当如实记录委托方和收货方的名称、地址、联系方式等内容。记录保存期限不得少于贮存、运输结束后 2 年。

非食品生产经营者从事对温度、湿度等有特殊要求的食品贮存业务的,应当自取得营业执照之日起 30 个工作日内向所在地县级人民政府食品安全监督管理部门备案。

第二十六条 餐饮服务提供者委托餐具饮具集中消毒服务单位提供清洗消毒服务的,应当查验、留存餐具饮具集中消毒服务单位的营业执照复印件和消毒合格证明。保存期限不得少于消毒餐具饮具使用期限到期后6个月。

第二十七条 餐具饮具集中消毒服务单位应当建立餐具饮具出厂检验记录制度,如实记录出厂餐具饮具的数量、消毒日期和批号、使用期限、出厂日期以及委托方名称、地址、联系方式等内容。出厂检验记录保存期限不得少于消毒餐具饮具使用期限到期后6个月。消毒后的餐具饮具应当在独立包装上标注单位名称、地址、联系方式、消毒日期和批号以及使用期限等内容。

第二十八条 学校、托幼机构、养老机构、建筑工地等集中用餐单位的食堂应当执行原料控制、餐具饮具清洗消毒、食品留样等制度,并依照食品安全法第四十七条的规定定期开展食堂食品安全自查。

承包经营集中用餐单位食堂的,应当依法取得食品经营许可,并对食堂的食品安全负责。集中用餐单位应当督促承包方落实食品安全管理制度,承担管理责任。

第二十九条 食品生产经营者应当对变质、超过保质期或者回收的食品进行显著标示或者单独存放在有明确标志的场所,及时采取无害化处理、销毁等措施并如实记录。

食品安全法所称回收食品,是指已经售出,因违反法律、法规、食品安全标准或者超过保质期等原因,被召回或者退回的食品,不包括依照食品安全法第六十三条第三款的规定可以继续销售的食品。

第三十条 县级以上地方人民政府根据需要建设必要的食品无害化处理和销毁设施。食品生产经营者可以按照规定使用政府建设的设施对食品进行无害化处理或者予以销毁。

第三十一条 食品集中交易市场的开办者、食品展销会的举办者应当在市场开业或者展销会举办前向所在地县级人民政府食品安全监督管理部门报告。

第三十二条 网络食品交易第三方平台提供者应当妥善保存入网食品经营者的登记信息和交易信息。县级以上人民政府食品安全监督管理部门开展食品安全监督检查、食品安全案件调查处理、食品安全事故处置确需了解有关信息的,经其负责人批准,可以要求网络食品交易第三方平台提供者提供，网络食品交易第三方平台提供者应当按照要求提供。县级以上人民政府食品安全监督管理部门及其工作人员对网络食品交易第三方平台提供者提供的信息依法负有保密义务。

第三十三条　生产经营转基因食品应当显著标示，标示办法由国务院食品安全监督管理部门会同国务院农业行政部门制定。

第三十四条　禁止利用包括会议、讲座、健康咨询在内的任何方式对食品进行虚假宣传。食品安全监督管理部门发现虚假宣传行为的，应当依法及时处理。

第三十五条　保健食品生产工艺有原料提取、纯化等前处理工序的，生产企业应当具备相应的原料前处理能力。

第三十六条　特殊医学用途配方食品生产企业应当按照食品安全国家标准规定的检验项目对出厂产品实施逐批检验。

特殊医学用途配方食品中的特定全营养配方食品应当通过医疗机构或者药品零售企业向消费者销售。医疗机构、药品零售企业销售特定全营养配方食品的，不需要取得食品经营许可，但是应当遵守食品安全法和本条例关于食品销售的规定。

第三十七条　特殊医学用途配方食品中的特定全营养配方食品广告按照处方药广告管理，其他类别的特殊医学用途配方食品广告按照非处方药广告管理。

第三十八条　对保健食品之外的其他食品，不得声称具有保健功能。

对添加食品安全国家标准规定的选择性添加物质的婴幼儿配方食品，不得以选择性添加物质命名。

第三十九条　特殊食品的标签、说明书内容应当与注册或者备案的标签、说明书一致。销售特殊食品，应当核对食品标签、说明书内容是否与注册或者备案的标签、说明书一致，不一致的不得销售。省级以上人民政府食品安全监督管理部门应当在其网站上公布注册或者备案的特殊食品的标签、说明书。

特殊食品不得与普通食品或者药品混放销售。

第五章　食品检验

第四十条　对食品进行抽样检验，应当按照食品安全标准、注册或者备案的特殊食品的产品技术要求以及国家有关规定确定的检验项目和检验方法进行。

第四十一条 对可能掺杂掺假的食品，按照现有食品安全标准规定的检验项目和检验方法以及依照食品安全法第一百一十一条和本条例第六十三条规定制定的检验项目和检验方法无法检验的，国务院食品安全监督管理部门可以制定补充检验项目和检验方法，用于对食品的抽样检验、食品安全案件调查处理和食品安全事故处置。

第四十二条 依照食品安全法第八十八条的规定申请复检的，申请人应当向复检机构先行支付复检费用。复检结论表明食品不合格的，复检费用由复检申请人承担；复检结论表明食品合格的，复检费用由实施抽样检验的食品安全监督管理部门承担。

复检机构无正当理由不得拒绝承担复检任务。

第四十三条 任何单位和个人不得发布未依法取得资质认定的食品检验机构出具的食品检验信息，不得利用上述检验信息对食品、食品生产经营者进行等级评定，欺骗、误导消费者。

第六章 食品进出口

第四十四条 进口商进口食品、食品添加剂，应当按照规定向出入境检验检疫机构报检，如实申报产品相关信息，并随附法律、行政法规规定的合格证明材料。

第四十五条 进口食品运达口岸后，应当存放在出入境检验检疫机构指定或者认可的场所；需要移动的，应当按照出入境检验检疫机构的要求采取必要的安全防护措施。大宗散装进口食品应当在卸货口岸进行检验。

第四十六条 国家出入境检验检疫部门根据风险管理需要，可以对部分食品实行指定口岸进口。

第四十七条 国务院卫生行政部门依照食品安全法第九十三条的规定对境外出口商、境外生产企业或者其委托的进口商提交的相关国家（地区）标准或者国际标准进行审查，认为符合食品安全要求的，决定暂予适用并予以公布；暂予适用的标准公布前，不得进口尚无食品安全国家标准的食品。

食品安全国家标准中通用标准已经涵盖的食品不属于食品安全法第九十三条规定的尚无食品安全国家标准的食品。

第四十八条 进口商应当建立境外出口商、境外生产企业审核制度，重点审核境外出口商、境外生产企业制定和执行食品安全风险控制措施的情况以及向我国出口的食品是否符合食品安全法、本条例和其他有关法律、行政法规的规定以及食品安全国家标准的要求。

第四十九条 进口商依照食品安全法第九十四条第三款的规定召回进口食品的，应当将食品召回和处理情况向所在地县级人民政府食品安全监督管理部门和所在地出入境检验检疫机构报告。

第五十条 国家出入境检验检疫部门发现已经注册的境外食品生产企业不再符合注册要求的，应当责令其在规定期限内整改，整改期间暂停进口其生产的食品；经整改仍不符合注册要求的，国家出入境检验检疫部门应当撤销境外食品生产企业注册并公告。

第五十一条 对通过我国良好生产规范、危害分析与关键控制点体系认证的境外生产企业，认证机构应当依法实施跟踪调查。对不再符合认证要求的企业，认证机构应当依法撤销认证并向社会公布。

第五十二条 境外发生的食品安全事件可能对我国境内造成影响，或者在进口食品、食品添加剂、食品相关产品中发现严重食品安全问题的，国家出入境检验检疫部门应当及时进行风险预警，并可以对相关的食品、食品添加剂、食品相关产品采取下列控制措施：

（一）退货或者销毁处理；

（二）有条件地限制进口；

（三）暂停或者禁止进口。

第五十三条 出口食品、食品添加剂的生产企业应当保证其出口食品、食品添加剂符合进口国家（地区）的标准或者合同要求；我国缔结或者参加的国际条约、协定有要求的，还应当符合国际条约、协定的要求。

第七章 食品安全事故处置

第五十四条 食品安全事故按照国家食品安全事故应急预案实行分级管理。县级以上人民政府食品安全监督管理部门会同同级有关部门负责食品安全事故调查处理。

县级以上人民政府应当根据实际情况及时修改、完善食品安全事故应急预案。

第五十五条 县级以上人民政府应当完善食品安全事故应急管理机制，改善应急装备，做好应急物资储备和应急队伍建设，加强应急培训、演练。

第五十六条 发生食品安全事故的单位应当对导致或者可能导致食品安全事故的食品及原料、工具、设备、设施等，立即采取封存等控制措施。

第五十七条 县级以上人民政府食品安全监督管理部门接到食品安全事故报告后，应当立即会同同级卫生行政、农业行政等部门依照食品安全法

第一百零五条的规定进行调查处理。食品安全监督管理部门应当对事故单位封存的食品及原料、工具、设备、设施等予以保护，需要封存而事故单位尚未封存的应当直接封存或者责令事故单位立即封存，并通知疾病预防控制机构对与事故有关的因素开展流行病学调查。

疾病预防控制机构应当在调查结束后向同级食品安全监督管理、卫生行政部门同时提交流行病学调查报告。

任何单位和个人不得拒绝、阻挠疾病预防控制机构开展流行病学调查。有关部门应当对疾病预防控制机构开展流行病学调查予以协助。

第五十八条 国务院食品安全监督管理部门会同国务院卫生行政、农业行政等部门定期对全国食品安全事故情况进行分析，完善食品安全监督管理措施，预防和减少事故的发生。

第八章 监督管理

第五十九条 设区的市级以上人民政府食品安全监督管理部门根据监督管理工作需要，可以对由下级人民政府食品安全监督管理部门负责日常监督管理的食品生产经营者实施随机监督检查，也可以组织下级人民政府食品安全监督管理部门对食品生产经营者实施异地监督检查。

设区的市级以上人民政府食品安全监督管理部门认为必要的，可以直接调查处理下级人民政府食品安全监督管理部门管辖的食品安全违法案件，也可以指定其他下级人民政府食品安全监督管理部门调查处理。

第六十条 国家建立食品安全检查员制度，依托现有资源加强职业化检查员队伍建设，强化考核培训，提高检查员专业化水平。

第六十一条 县级以上人民政府食品安全监督管理部门依照食品安全法第一百一十条的规定实施查封、扣押措施，查封、扣押的期限不得超过30日；情况复杂的，经实施查封、扣押措施的食品安全监督管理部门负责人批准，可以延长，延长期限不得超过45日。

第六十二条 网络食品交易第三方平台多次出现入网食品经营者违法经营或者入网食品经营者的违法经营行为造成严重后果的，县级以上人民政府食品安全监督管理部门可以对网络食品交易第三方平台提供者的法定代表人或者主要负责人进行责任约谈。

第六十三条 国务院食品安全监督管理部门会同国务院卫生行政等部门根据食源性疾病信息、食品安全风险监测信息和监督管理信息等，对发现的添加或者可能添加到食品中的非食品用化学物质和其他可能危害人体健康的物质，制定名录及检测方法并予以公布。

第六十四条　县级以上地方人民政府卫生行政部门应当对餐具饮具集中消毒服务单位进行监督检查，发现不符合法律、法规、国家相关标准以及相关卫生规范等要求的，应当及时调查处理。监督检查的结果应当向社会公布。

第六十五条　国家实行食品安全违法行为举报奖励制度，对查证属实的举报，给予举报人奖励。举报人举报所在企业食品安全重大违法犯罪行为的，应当加大奖励力度。有关部门应当对举报人的信息予以保密，保护举报人的合法权益。食品安全违法行为举报奖励办法由国务院食品安全监督管理部门会同国务院财政等有关部门制定。

食品安全违法行为举报奖励资金纳入各级人民政府预算。

第六十六条　国务院食品安全监督管理部门应当会同国务院有关部门建立守信联合激励和失信联合惩戒机制，结合食品生产经营者信用档案，建立严重违法生产经营者黑名单制度，将食品安全信用状况与准入、融资、信贷、征信等相衔接，及时向社会公布。

第九章　法律责任

第六十七条　有下列情形之一的，属于食品安全法第一百二十三条至第一百二十六条、第一百三十二条以及本条例第七十二条、第七十三条规定的情节严重情形：

（一）违法行为涉及的产品货值金额 2 万元以上或者违法行为持续时间 3 个月以上；

（二）造成食源性疾病并出现死亡病例，或者造成 30 人以上食源性疾病但未出现死亡病例；

（三）故意提供虚假信息或者隐瞒真实情况；

（四）拒绝、逃避监督检查；

（五）因违反食品安全法律、法规受到行政处罚后 1 年内又实施同一性质的食品安全违法行为，或者因违反食品安全法律、法规受到刑事处罚后又实施食品安全违法行为；

（六）其他情节严重的情形。

对情节严重的违法行为处以罚款时，应当依法从重从严。

第六十八条　有下列情形之一的，依照食品安全法第一百二十五条第一款、本条例第七十五条的规定给予处罚：

（一）在食品生产、加工场所贮存依照本条例第六十三条规定制定的名录中的物质；

（二）生产经营的保健食品之外的食品的标签、说明书声称具有保健功能；

（三）以食品安全国家标准规定的选择性添加物质命名婴幼儿配方食品；

（四）生产经营的特殊食品的标签、说明书内容与注册或者备案的标签、说明书不一致。

第六十九条 有下列情形之一的，依照食品安全法第一百二十六条第一款、本条例第七十五条的规定给予处罚：

（一）接受食品生产经营者委托贮存、运输食品，未按照规定记录保存信息；

（二）餐饮服务提供者未查验、留存餐具饮具集中消毒服务单位的营业执照复印件和消毒合格证明；

（三）食品生产经营者未按照规定对变质、超过保质期或者回收的食品进行标示或者存放，或者未及时对上述食品采取无害化处理、销毁等措施并如实记录；

（四）医疗机构和药品零售企业之外的单位或者个人向消费者销售特殊医学用途配方食品中的特定全营养配方食品；

（五）将特殊食品与普通食品或者药品混放销售。

第七十条 除食品安全法第一百二十五条第一款、第一百二十六条规定的情形外，食品生产经营者的生产经营行为不符合食品安全法第三十三条第一款第五项、第七项至第十项的规定，或者不符合有关食品生产经营过程要求的食品安全国家标准的，依照食品安全法第一百二十六条第一款、本条例第七十五条的规定给予处罚。

第七十一条 餐具饮具集中消毒服务单位未按照规定建立并遵守出厂检验记录制度的，由县级以上人民政府卫生行政部门依照食品安全法第一百二十六条第一款、本条例第七十五条的规定给予处罚。

第七十二条 从事对温度、湿度等有特殊要求的食品贮存业务的非食品生产经营者，食品集中交易市场的开办者、食品展销会的举办者，未按照规定备案或者报告的，由县级以上人民政府食品安全监督管理部门责令改正，给予警告；拒不改正的，处1万元以上5万元以下罚款；情节严重的，责令停产停业，并处5万元以上20万元以下罚款。

第七十三条 利用会议、讲座、健康咨询等方式对食品进行虚假宣传的，由县级以上人民政府食品安全监督管理部门责令消除影响，有违法所得的，没收违法所得；情节严重的，依照食品安全法第一百四十条第五款的规定进行处罚；属于单位违法的，还应当依照本条例第七十五条的规定对单位的法定代表人、主要负责人、直接负责的主管人员和其他直接责任人员给予处罚。

第七十四条　食品生产经营者生产经营的食品符合食品安全标准但不符合食品所标注的企业标准规定的食品安全指标的，由县级以上人民政府食品安全监督管理部门给予警告，并责令食品经营者停止经营该食品，责令食品生产企业改正；拒不停止经营或者改正的，没收不符合企业标准规定的食品安全指标的食品，货值金额不足1万元的，并处1万元以上5万元以下罚款，货值金额1万元以上的，并处货值金额5倍以上10倍以下罚款。

第七十五条　食品生产经营企业等单位有食品安全法规定的违法情形，除依照食品安全法的规定给予处罚外，有下列情形之一的，对单位的法定代表人、主要负责人、直接负责的主管人员和其他直接责任人员处以其上一年度从本单位取得收入的1倍以上10倍以下罚款：

（一）故意实施违法行为；

（二）违法行为性质恶劣；

（三）违法行为造成严重后果。

属于食品安全法第一百二十五条第二款规定情形的，不适用前款规定。

第七十六条　食品生产经营者依照食品安全法第六十三条第一款、第二款的规定停止生产、经营，实施食品召回，或者采取其他有效措施减轻或者消除食品安全风险，未造成危害后果的，可以从轻或者减轻处罚。

第七十七条　县级以上地方人民政府食品安全监督管理等部门对有食品安全法第一百二十三条规定的违法情形且情节严重，可能需要行政拘留的，应当及时将案件及有关材料移送同级公安机关。公安机关认为需要补充材料的，食品安全监督管理等部门应当及时提供。公安机关经审查认为不符合行政拘留条件的，应当及时将案件及有关材料退回移送的食品安全监督管理等部门。

第七十八条　公安机关对发现的食品安全违法行为，经审查没有犯罪事实或者立案侦查后认为不需要追究刑事责任，但依法应当予以行政拘留的，应当及时作出行政拘留的处罚决定；不需要予以行政拘留但依法应当追究其他行政责任的，应当及时将案件及有关材料移送同级食品安全监督管理等部门。

第七十九条　复检机构无正当理由拒绝承担复检任务的，由县级以上人民政府食品安全监督管理部门给予警告，无正当理由1年内2次拒绝承担复检任务的，由国务院有关部门撤销其复检机构资质并向社会公布。

第八十条 发布未依法取得资质认定的食品检验机构出具的食品检验信息，或者利用上述检验信息对食品、食品生产经营者进行等级评定，欺骗、误导消费者的，由县级以上人民政府食品安全监督管理部门责令改正，有违法所得的，没收违法所得，并处10万元以上50万元以下罚款；拒不改正的，处50万元以上100万元以下罚款；构成违反治安管理行为的，由公安机关依法给予治安管理处罚。

第八十一条 食品安全监督管理部门依照食品安全法、本条例对违法单位或者个人处以30万元以上罚款的，由设区的市级以上人民政府食品安全监督管理部门决定。罚款具体处罚权限由国务院食品安全监督管理部门规定。

第八十二条 阻碍食品安全监督管理等部门工作人员依法执行职务，构成违反治安管理行为的，由公安机关依法给予治安管理处罚。

第八十三条 县级以上人民政府食品安全监督管理等部门发现单位或者个人违反食品安全法第一百二十条第一款规定，编造、散布虚假食品安全信息，涉嫌构成违反治安管理行为的，应当将相关情况通报同级公安机关。

第八十四条 县级以上人民政府食品安全监督管理部门及其工作人员违法向他人提供网络食品交易第三方平台提供者提供的信息的，依照食品安全法第一百四十五条的规定给予处分。

第八十五条 违反本条例规定，构成犯罪的，依法追究刑事责任。

第十章　附　则

第八十六条 本条例自2019年12月1日起施行。

2.《食品相关产品质量安全监督管理暂行办法》

食品相关产品质量安全监督管理暂行办法

国家市场监督管理总局令

（第 62 号）

《食品相关产品质量安全监督管理暂行办法》已经 2022 年 9 月 20 日市场监管总局第 12 次局务会议通过，现予公布，自 2023 年 3 月 1 日起施行。

局 长 罗 文

2022 年 10 月 8 日

食品相关产品质量安全监督管理暂行办法

第一章 总 则

第一条 为了加强食品相关产品质量安全监督管理，保障公众身体健康和生命安全，根据《中华人民共和国食品安全法》、《中华人民共和国产品质量法》等有关法律、法规，制定本办法。

第二条 在中华人民共和国境内生产、销售食品相关产品及其监督管理适用本办法。法律、法规、规章对食品相关产品质量安全监督管理另有规定的从其规定。

食品生产经营中使用食品相关产品的监督管理按照有关规定执行。

第三条 食品相关产品质量安全工作实行预防为主、风险管理、全程控制、社会共治，建立科学、严格的监督管理制度。

第四条 国家市场监督管理总局监督指导全国食品相关产品质量安全监督管理工作。

省级市场监督管理部门负责监督指导和组织本行政区域内食品相关产品质量安全监督管理工作。

市级及以下市场监督管理部门负责实施本行政区域内食品相关产品质量安全监督管理工作。

第二章 生产销售

第五条 生产者、销售者对其生产、销售的食品相关产品质量安全负责。

第六条 禁止生产、销售下列食品相关产品：

（一）使用不符合食品安全标准及相关公告的原辅料和添加剂，以及其他可能危害人体健康的物质生产的食品相关产品，或者超范围、超限量使用添加剂生产的食品相关产品；

（二）致病性微生物，农药残留、兽药残留、生物毒素、重金属等污染物质以及其他危害人体健康的物质含量和迁移量超过食品安全标准限量的食品相关产品；

（三）在食品相关产品中掺杂、掺假，以假充真，以次充好或者以不合格食品相关产品冒充合格食品相关产品；

（四）国家明令淘汰或者失效、变质的食品相关产品；

（五）伪造产地，伪造或者冒用他人厂名、厂址、质量标志的食品相关产品；

（六）其他不符合法律、法规、规章、食品安全标准及其他强制性规定的食品相关产品。

第七条 国家建立食品相关产品生产企业质量安全管理人员制度。食品相关产品生产者应当建立并落实食品相关产品质量安全责任制，配备与其企业规模、产品类别、风险等级、管理水平、安全状况等相适应的质量安全总监、质量安全员等质量安全管理人员，明确企业主要负责人、质量安全总监、质量安全员等不同层级管理人员的岗位职责。

企业主要负责人对食品相关产品质量安全工作全面负责，建立并落实质量安全主体责任的管理制度和长效机制。质量安全总监、质量安全员应当协助企业主要负责人做好食品相关产品质量安全管理工作。

第八条 在依法配备质量安全员的基础上，直接接触食品的包装材料等具有较高风险的食品相关产品生产者，应当配备质量安全总监。

食品相关产品质量安全总监和质量安全员具体管理要求，参照国家食品安全主体责任管理制度执行。

第九条 食品相关产品生产者应当建立并实施原辅料控制，生产、贮存、包装等生产关键环节控制，过程、出厂等检验控制，运输及交付控制等食品相关产品质量安全管理制度，保证生产全过程控制和所生产的食品相关产品符合食品安全标准及其他强制性规定的要求。

食品相关产品生产者应当制定食品相关产品质量安全事故处置方案，定期检查各项质量安全防范措施的落实情况，及时消除事故隐患。

第十条 食品相关产品生产者实施原辅料控制，应当包括采购、验收、贮存和使用等过程，形成并保存相关过程记录。

食品相关产品生产者应当对首次使用的原辅料、配方和生产工艺进行安全评估及验证，并保存相关记录。

第十一条　食品相关产品生产者应当通过自行检验，或者委托具备相应资质的检验机构对产品进行检验，形成并保存相应记录，检验合格后方可出厂或者销售。

食品相关产品生产者应当建立不合格产品管理制度，对检验结果不合格的产品进行相应处置。

第十二条　食品相关产品销售者应当建立并实施食品相关产品进货查验制度，验明供货者营业执照、相关许可证件、产品合格证明和产品标识，如实记录食品相关产品的名称、数量、进货日期以及供货者名称、地址、联系方式等内容，并保存相关凭证。

第十三条　本办法第十条、第十一条和第十二条要求形成的相关记录和凭证保存期限不得少于产品保质期，产品保质期不足二年的或者没有明确保质期的，保存期限不得少于二年。

第十四条　食品相关产品生产者应当建立食品相关产品质量安全追溯制度，保证从原辅料和添加剂采购到产品销售所有环节均可有效追溯。

鼓励食品相关产品生产者、销售者采用信息化手段采集、留存生产和销售信息，建立食品相关产品质量安全追溯体系。

第十五条　食品相关产品标识信息应当清晰、真实、准确，不得欺骗、误导消费者。标识信息应当标明下列事项：

（一）食品相关产品名称；

（二）生产者名称、地址、联系方式；

（三）生产日期和保质期（适用时）；

（四）执行标准；

（五）材质和类别；

（六）注意事项或者警示信息；

（七）法律、法规、规章、食品安全标准及其他强制性规定要求的应当标明的其他事项。

食品相关产品还应当按照有关标准要求在显著位置标注“食品接触用”、“食品包装用”等用语或者标志。

食品安全标准对食品相关产品标识信息另有其他要求的，从其规定。

第十六条 鼓励食品相关产品生产者将所生产的食品相关产品有关内容向社会公示。鼓励有条件的食品相关产品生产者以电子信息、追溯信息码等方式进行公示。

第十七条 食品相关产品需要召回的,按照国家召回管理的有关规定执行。

第十八条 鼓励食品相关产品生产者、销售者参加相关安全责任保险。

第三章 监督管理

第十九条 对直接接触食品的包装材料等具有较高风险的食品相关产品,按照国家有关工业产品生产许可证管理的规定实施生产许可。食品相关产品生产许可实行告知承诺审批和全覆盖例行检查。

省级市场监督管理部门负责组织实施本行政区域内食品相关产品生产许可和监督管理。根据需要,省级市场监督管理部门可以将食品相关产品生产许可委托下级市场监督管理部门实施。

第二十条 市场监督管理部门建立分层分级、精准防控、末端发力、终端见效工作机制,以"双随机、一公开"监管为主要方式,随机抽取检查对象,随机选派检查人员对食品相关产品生产者、销售者实施日常监督检查,及时向社会公开检查事项及检查结果。

市场监督管理部门实施日常监督检查主要包括书面审查和现场检查。必要时,可以邀请检验检测机构、科研院所等技术机构为日常监督检查提供技术支撑。

第二十一条 对食品相关产品生产者实施日常监督检查的事项包括:生产者资质、生产环境条件、设备设施管理、原辅料控制、生产关键环节控制、检验控制、运输及交付控制、标识信息、不合格品管理和产品召回、从业人员管理、信息记录和追溯、质量安全事故处置等情况。

第二十二条 对食品相关产品销售者实施日常监督检查的事项包括:销售者资质、进货查验结果、食品相关产品贮存、标识信息、质量安全事故处置等情况。

第二十三条 市场监督管理部门实施日常监督检查,可以要求食品相关产品生产者、销售者如实提供本办法第二十一条、第二十二条规定的相关材料。必要时,可以要求被检查单位作出说明或者提供补充材料。

日常监督检查发现食品相关产品可能存在质量安全问题的,市场监督管理部门可以组织技术机构对工艺控制参数、记录的数据参数或者食品相关产品进行抽样检验、测试、验证。

市场监督管理部门应当记录、汇总和分析食品相关产品日常监督检查信息。

第二十四条　市场监督管理部门对其他部门移送、上级交办、投诉、举报等途径和检验检测、风险监测等方式发现的食品相关产品质量安全问题线索，根据需要可以对食品相关产品生产者、销售者及其产品实施针对性监督检查。

第二十五条　县级以上地方市场监督管理部门对食品相关产品生产者、销售者进行监督检查时，有权采取下列措施：

（一）进入生产、销售场所实施现场检查；

（二）对生产、销售的食品相关产品进行抽样检验；

（三）查阅、复制有关合同、票据、账簿以及其他有关资料；

（四）查封、扣押有证据证明不符合食品安全标准或者有证据证明存在质量安全隐患以及用于违法生产经营的食品相关产品、工具、设备；

（五）查封违法从事食品相关产品生产经营活动的场所；

（六）法律法规规定的其他措施。

第二十六条　县级以上地方市场监督管理部门应当对监督检查中发现的问题，书面提出整改要求及期限。被检查企业应当按期整改，并将整改情况报告市场监督管理部门。

对监督检查中发现的违法行为，应当依法查处；不属于本部门职责或者超出监管范围的，应当及时移送有权处理的部门；涉嫌构成犯罪的，应当及时移送公安机关。

第二十七条　市场监督管理部门对可能危及人体健康和人身、财产安全的食品相关产品，影响国计民生以及消费者、有关组织反映有质量安全问题的食品相关产品，依据产品质量监督抽查有关规定进行监督抽查。法律、法规、规章对食品相关产品质量安全的监督抽查另有规定的，依照有关规定执行。

第二十八条　县级以上地方市场监督管理部门应当建立完善本行政区域内食品相关产品生产者名录数据库。鼓励运用信息化手段实现电子化管理。

县级以上地方市场监督管理部门可以根据食品相关产品质量安全风险监测、风险评估结果和质量安全状况等，结合企业信用风险分类结果，对食品相关产品生产者实施质量安全风险分级监督管理。

第二十九条 国家市场监督管理总局按照有关规定实施国家食品相关产品质量安全风险监测。省级市场监督管理部门按照本行政区域的食品相关产品质量安全风险监测方案，开展食品相关产品质量安全风险监测工作。风险监测结果表明可能存在质量安全隐患的，应当将相关信息通报同级卫生行政等部门。

承担食品相关产品质量安全风险监测工作的技术机构应当根据食品相关产品质量安全风险监测计划和监测方案开展监测工作，保证监测数据真实、准确，并按照要求报送监测数据和分析结果。

第三十条 国家市场监督管理总局按照国家有关规定向相关部门通报食品相关产品质量安全信息。

县级以上地方市场监督管理部门按照有关要求向上一级市场监督管理部门、同级相关部门通报食品相关产品质量安全信息。通报信息涉及其他地区的，应当及时向相关地区同级部门通报。

第三十一条 食品相关产品质量安全信息包括以下内容：

（一）食品相关产品生产许可、监督抽查、监督检查和风险监测中发现的食品相关产品质量安全信息；

（二）有关部门通报的，行业协会和消费者协会等组织、企业和消费者反映的食品相关产品质量安全信息；

（三）舆情反映的食品相关产品质量安全信息；

（四）其他与食品相关产品质量安全有关的信息。

第三十二条 市场监督管理部门对食品相关产品质量安全风险信息可以组织风险研判，进行食品相关产品质量安全状况综合分析，或者会同同级人民政府有关部门、行业组织、企业等共同研判。认为需要进行风险评估的，应当向同级卫生行政部门提出风险评估的建议。

第三十三条 市场监督管理部门实施食品相关产品生产许可、全覆盖例行检查、监督检查以及产品质量监督抽查中作出的行政处罚信息，依法记入国家企业信用信息公示系统，向社会公示。

第四章 法律责任

第三十四条 违反本办法规定，法律、法规对违法行为处罚已有规定的，依照其规定执行。

第三十五条 违反本办法第六条第一项规定，使用不符合食品安全标准及相关公告的原辅料和添加剂，以及其他可能危害人体健康的物质作为原辅料生产食品相关产品，或者超范围、超限量使用添加剂生产食品相关产品的，处十万元以下罚款；情节严重的，处二十万元以下罚款。

第三十六条　违反本办法规定，有下列情形之一的，责令限期改正；逾期不改或者改正后仍然不符合要求的，处三万元以下罚款；情节严重的，处五万元以下罚款：

（一）食品相关产品生产者未建立并实施本办法第九条第一款规定的食品相关产品质量安全管理制度的；

（二）食品相关产品生产者未按照本办法第九条第二款规定制定食品相关产品质量安全事故处置方案的；

（三）食品相关产品生产者未按照本办法第十条规定实施原辅料控制以及开展相关安全评估验证的；

（四）食品相关产品生产者未按照本办法第十一条第二款规定建立并实施不合格产品管理制度、对检验结果不合格的产品进行相应处置的；

（五）食品相关产品销售者未按照本办法第十二条建立并实施进货查验制度的。

第三十七条　市场监督管理部门工作人员，在食品相关产品质量安全监督管理工作中玩忽职守、滥用职权、徇私舞弊的，依法追究法律责任；涉嫌违纪违法的，移送纪检监察机关依纪依规依法给予党纪政务处分；涉嫌违法犯罪的，移送监察机关、司法机关依法处理。

第五章　附　则

第三十八条　本办法所称食品相关产品，是指用于食品的包装材料、容器、洗涤剂、消毒剂和用于食品生产经营的工具、设备。其中，消毒剂的质量安全监督管理按照有关规定执行。

第三十九条　本办法自2023年3月1日起施行。

3.《食品安全抽样检验管理办法(2022 修正)》

食品安全抽样检验管理办法(2022 修正)

国家市场监督管理总局令

(第 61 号)

食品安全抽样检验管理办法

(2019 年 8 月 8 日国家市场监督管理总局令第 15 号公布 根据 2022 年 9 月 29 日国家市场监督管理总局令第 61 号修正)

第一章 总 则

第一条 为规范食品安全抽样检验工作,加强食品安全监督管理,保障公众身体健康和生命安全,根据《中华人民共和国食品安全法》等法律法规,制定本办法。

第二条 市场监督管理部门组织实施的食品安全监督抽检和风险监测的抽样检验工作,适用本办法。

第三条 国家市场监督管理总局负责组织开展全国性食品安全抽样检验工作,监督指导地方市场监督管理部门组织实施食品安全抽样检验工作。

县级以上地方市场监督管理部门负责组织开展本级食品安全抽样检验工作,并按照规定实施上级市场监督管理部门组织的食品安全抽样检验工作。

第四条 市场监督管理部门应当按照科学、公开、公平、公正的原则,以发现和查处食品安全问题为导向,依法对食品生产经营活动全过程组织开展食品安全抽样检验工作。

食品生产经营者是食品安全第一责任人,应当依法配合市场监督管理部门组织实施的食品安全抽样检验工作。

第五条 市场监督管理部门应当与承担食品安全抽样、检验任务的技术机构(以下简称承检机构)签订委托协议,明确双方权利和义务。

承检机构应当依照有关法律、法规规定取得资质认定后方可从事检验活动。承检机构进行检验,应当尊重科学,恪守职业道德,保证出具的检验数据和结论客观、公正,不得出具虚假检验报告。

市场监督管理部门应当对承检机构的抽样检验工作进行监督检查，发现存在检验能力缺陷或者有重大检验质量问题等情形的，应当按照有关规定及时处理。

第六条 国家市场监督管理总局建立国家食品安全抽样检验信息系统，定期分析食品安全抽样检验数据，加强食品安全风险预警，完善并督促落实相关监督管理制度。

县级以上地方市场监督管理部门应当按照规定通过国家食品安全抽样检验信息系统，及时报送并汇总分析食品安全抽样检验数据。

第七条 国家市场监督管理总局负责组织制定食品安全抽样检验指导规范。

开展食品安全抽样检验工作应当遵守食品安全抽样检验指导规范。

第二章 计 划

第八条 国家市场监督管理总局根据食品安全监管工作的需要，制定全国性食品安全抽样检验年度计划。

县级以上地方市场监督管理部门应当根据上级市场监督管理部门制定的抽样检验年度计划并结合实际情况，制定本行政区域的食品安全抽样检验工作方案。

市场监督管理部门可以根据工作需要不定期开展食品安全抽样检验工作。

第九条 食品安全抽样检验工作计划和工作方案应当包括下列内容：

（一）抽样检验的食品品种；

（二）抽样环节、抽样方法、抽样数量等抽样工作要求；

（三）检验项目、检验方法、判定依据等检验工作要求；

（四）抽检结果及汇总分析的报送方式和时限；

（五）法律、法规、规章和食品安全标准规定的其他内容。

第十条 下列食品应当作为食品安全抽样检验工作计划的重点：

（一）风险程度高以及污染水平呈上升趋势的食品；

（二）流通范围广、消费量大、消费者投诉举报多的食品；

（三）风险监测、监督检查、专项整治、案件稽查、事故调查、应急处置等工作表明存在较大隐患的食品；

（四）专供婴幼儿和其他特定人群的主辅食品；

（五）学校和托幼机构食堂以及旅游景区餐饮服务单位、中央厨房、集体用餐配送单位经营的食品；

（六）有关部门公布的可能违法添加非食用物质的食品；

（七）已在境外造成健康危害并有证据表明可能在国内产生危害的食品；

（八）其他应当作为抽样检验工作重点的食品。

第三章 抽 样

第十一条 市场监督管理部门可以自行抽样或者委托承检机构抽样。食品安全抽样工作应当遵守随机选取抽样对象、随机确定抽样人员的要求。

县级以上地方市场监督管理部门应当按照上级市场监督管理部门的要求，配合做好食品安全抽样工作。

第十二条 食品安全抽样检验应当支付样品费用。

第十三条 抽样单位应当建立食品抽样管理制度，明确岗位职责、抽样流程和工作纪律，加强对抽样人员的培训和指导，保证抽样工作质量。

抽样人员应当熟悉食品安全法律、法规、规章和食品安全标准等的相关规定。

第十四条 抽样人员执行现场抽样任务时不得少于2人，并向被抽样食品生产经营者出示抽样检验告知书及有效身份证明文件。由承检机构执行抽样任务的，还应当出示任务委托书。

案件稽查、事故调查中的食品安全抽样活动，应当由食品安全行政执法人员进行或者陪同。

承担食品安全抽样检验任务的抽样单位和相关人员不得提前通知被抽样食品生产经营者。

第十五条 抽样人员现场抽样时，应当记录被抽样食品生产经营者的营业执照、许可证等可追溯信息。

抽样人员可以从食品经营者的经营场所、仓库以及食品生产者的成品库待销产品中随机抽取样品，不得由食品生产经营者自行提供样品。

抽样数量原则上应当满足检验和复检的要求。

第十六条 风险监测、案件稽查、事故调查、应急处置中的抽样，不受抽样数量、抽样地点、被抽样单位是否具备合法资质等限制。

第十七条 食品安全监督抽检中的样品分为检验样品和复检备份样品。

现场抽样的，抽样人员应当采取有效的防拆封措施，对检验样品和复检备份样品分别封样，并由抽样人员和被抽样食品生产经营者签字或者盖章确认。

抽样人员应当保存购物票据，并对抽样场所、贮存环境、样品信息等通过拍照或者录像等方式留存证据。

第十八条　市场监督管理部门开展网络食品安全抽样检验时，应当记录买样人员以及付款账户、注册账号、收货地址、联系方式等信息。买样人员应当通过截图、拍照或者录像等方式记录被抽样网络食品生产经营者信息、样品网页展示信息，以及订单信息、支付记录等。

抽样人员收到样品后，应当通过拍照或者录像等方式记录拆封过程，对递送包装、样品包装、样品储运条件等进行查验，并对检验样品和复检备份样品分别封样。

第十九条　抽样人员应当使用规范的抽样文书，详细记录抽样信息。记录保存期限不得少于2年。

现场抽样时，抽样人员应当书面告知被抽样食品生产经营者依法享有的权利和应当承担的义务。被抽样食品生产经营者应当在食品安全抽样文书上签字或者盖章，不得拒绝或者阻挠食品安全抽样工作。

第二十条　现场抽样时，样品、抽样文书以及相关资料应当由抽样人员于5个工作日内携带或者寄送至承检机构，不得由被抽样食品生产经营者自行送样和寄送文书。因客观原因需要延长送样期限的，应当经组织抽样检验的市场监督管理部门同意。

对有特殊贮存和运输要求的样品，抽样人员应当采取相应措施，保证样品贮存、运输过程符合国家相关规定和包装标示的要求，不发生影响检验结论的变化。

第二十一条　抽样人员发现食品生产经营者涉嫌违法、生产经营的食品及原料没有合法来源或者无正当理由拒绝接受食品安全抽样的，应当报告有管辖权的市场监督管理部门进行处理。

第四章　检验与结果报送

第二十二条　食品安全抽样检验的样品由承检机构保存。

承检机构接收样品时，应当查验、记录样品的外观、状态、封条有无破损以及其他可能对检验结论产生影响的情况，并核对样品与抽样文书信息，将检验样品和复检备份样品分别加贴相应标识后，按照要求入库存放。

对抽样不规范的样品，承检机构应当拒绝接收并书面说明理由，及时向组织或者实施食品安全抽样检验的市场监督管理部门报告。

第二十三条　食品安全监督抽检应当采用食品安全标准规定的检验项

目和检验方法。没有食品安全标准的，应当采用依照法律法规制定的临时限量值、临时检验方法或者补充检验方法。

风险监测、案件稽查、事故调查、应急处置等工作中，在没有前款规定的检验方法的情况下，可以采用其他检验方法分析查找食品安全问题的原因。所采用的方法应当遵循技术手段先进的原则，并取得国家或者省级市场监督管理部门同意。

第二十四条 食品安全抽样检验实行承检机构与检验人负责制。承检机构出具的食品安全检验报告应当加盖机构公章，并有检验人的签名或者盖章。承检机构和检验人对出具的食品安全检验报告负责。

承检机构应当自收到样品之日起20个工作日内出具检验报告。市场监督管理部门与承检机构另有约定的，从其约定。

未经组织实施抽样检验任务的市场监督管理部门同意，承检机构不得分包或者转包检验任务。

第二十五条 食品安全监督抽检的检验结论合格的，承检机构应当自检验结论作出之日起3个月内妥善保存复检备份样品。复检备份样品剩余保质期不足3个月的，应当保存至保质期结束。合格备份样品能合理再利用、且符合省级以上市场监督管理部门有关要求的，可不受上述保存时间限制。

检验结论不合格的，承检机构应当自检验结论作出之日起6个月内妥善保存复检备份样品。复检备份样品剩余保质期不足6个月的，应当保存至保质期结束。

第二十六条 食品安全监督抽检的检验结论合格的，承检机构应当在检验结论作出后7个工作日内将检验结论报送组织或者委托实施抽样检验的市场监督管理部门。

抽样检验结论不合格的，承检机构应当在检验结论作出后2个工作日内报告组织或者委托实施抽样检验的市场监督管理部门。

第二十七条 国家市场监督管理总局组织的食品安全监督抽检的检验结论不合格的，承检机构除按照相关要求报告外，还应当通过国家食品安全抽样检验信息系统及时通报抽样地以及标称的食品生产者住所地市场监督管理部门。

地方市场监督管理部门组织或者实施食品安全监督抽检的检验结论不合格的，抽样地与标称食品生产者住所地不在同一省级行政区域的，抽样地市场监督管理部门应当在收到不合格检验结论后通过国家食品安全抽样检验信息系统及时通报标称的食品生产者住所地同级市场监督管理部门。同一省级行政区域内不合格检验结论的通报按照抽检地省级市场监督管理部门规定的程序和时限通报。

通过网络食品交易第三方平台抽样的，除按照前两款的规定通报外，还应当同时通报网络食品交易第三方平台提供者住所地市场监督管理部门。

第二十八条 食品安全监督抽检的抽样检验结论表明不合格食品可能对身体健康和生命安全造成严重危害的，市场监督管理部门和承检机构应当按照规定立即报告或者通报。

案件稽查、事故调查、应急处置中的检验结论的通报和报告，不受本办法规定时限限制。

第二十九条 县级以上地方市场监督管理部门收到监督抽检不合格检验结论后，应当按照省级以上市场监督管理部门的规定，在5个工作日内将检验报告和抽样检验结果通知书送达被抽样食品生产经营者、食品集中交易市场开办者、网络食品交易第三方平台提供者，并告知其依法享有的权利和应当承担的义务。

第五章 复检和异议

第三十条 食品生产经营者对依照本办法规定实施的监督抽检检验结论有异议的，可以自收到检验结论之日起7个工作日内，向实施监督抽检的市场监督管理部门或者其上一级市场监督管理部门提出书面复检申请。向国家市场监督管理总局提出复检申请的，国家市场监督管理总局可以委托复检申请人住所地省级市场监督管理部门负责办理。逾期未提出的，不予受理。

第三十一条 有下列情形之一的，不予复检：

（一）检验结论为微生物指标不合格的；

（二）复检备份样品超过保质期的；

（三）逾期提出复检申请的；

（四）其他原因导致备份样品无法实现复检目的的；

（五）法律、法规、规章以及食品安全标准规定的不予复检的其他情形。

第三十二条 市场监督管理部门应当自收到复检申请材料之日起5个工作日内，出具受理或者不予受理通知书。不予受理的，应当书面说明理由。

市场监督管理部门应当自出具受理通知书之日起5个工作日内，在公布的复检机构名录中，遵循便捷高效原则，随机确定复检机构进行复检。复检机构不得与初检机构为同一机构。因客观原因不能及时确定复检机构的，可以延长5个工作日，并向申请人说明理由。

复检机构无正当理由不得拒绝复检任务，确实无法承担复检任务的，应当在2个工作日内向相关市场监督管理部门作出书面说明。

复检机构与复检申请人存在日常检验业务委托等利害关系的，不得接受复检申请。

第三十三条 初检机构应当自复检机构确定后3个工作日内，将备份样品移交至复检机构。因客观原因不能按时移交的，经受理复检的市场监督管理部门同意，可以延长3个工作日。复检样品的递送方式由初检机构和申请人协商确定。

复检机构接到备份样品后，应当通过拍照或者录像等方式对备份样品外包装、封条等完整性进行确认，并做好样品接收记录。复检备份样品封条、包装破坏，或者出现其他对结果判定产生影响的情况，复检机构应当及时书面报告市场监督管理部门。

第三十四条 复检机构实施复检，应当使用与初检机构一致的检验方法。实施复检时，食品安全标准对检验方法有新的规定的，从其规定。

初检机构可以派员观察复检机构的复检实施过程，复检机构应当予以配合。初检机构不得干扰复检工作。

第三十五条 复检机构应当自收到备份样品之日起10个工作日内，向市场监督管理部门提交复检结论。市场监督管理部门与复检机构对时限另有约定的，从其约定。复检机构出具的复检结论为最终检验结论。

市场监督管理部门应当自收到复检结论之日起5个工作日内，将复检结论通知申请人，并通报不合格食品生产经营者住所地市场监督管理部门。

第三十六条 复检申请人应当向复检机构先行支付复检费用。复检结论与初检结论一致的，复检费用由复检申请人承担。复检结论与初检结论不一致的，复检费用由实施监督抽检的市场监督管理部门承担。

复检费用包括检验费用和样品递送产生的相关费用。

第三十七条 在食品安全监督抽检工作中，食品生产经营者可以对其生产经营食品的抽样过程、样品真实性、检验方法、标准适用等事项依法提出异议处理申请。

对抽样过程有异议的，申请人应当在抽样完成后7个工作日内，向实施监督抽检的市场监督管理部门提出书面申请，并提交相关证明材料。

对样品真实性、检验方法、标准适用等事项有异议的，申请人应当自收到不合格结论通知之日起 7 个工作日内,向组织实施监督抽检的市场监督管理部门提出书面申请,并提交相关证明材料。

向国家市场监督管理总局提出异议申请的,国家市场监督管理总局可以委托申请人住所地省级市场监督管理部门负责办理。

第三十八条 异议申请材料不符合要求或者证明材料不齐全的,市场监督管理部门应当当场或者在 5 个工作日内一次告知申请人需要补正的全部内容。

市场监督管理部门应当自收到申请材料之日起 5 个工作日内,出具受理或者不予受理通知书。不予受理的,应当书面说明理由。

第三十九条 异议审核需要其他市场监督管理部门协助的,相关市场监督管理部门应当积极配合。

对抽样过程有异议的,市场监督管理部门应当自受理之日起 20 个工作日内,完成异议审核,并将审核结论书面告知申请人。

对样品真实性、检验方法、标准适用等事项有异议的,市场监督管理部门应当自受理之日起 30 个工作日内,完成异议审核,并将审核结论书面告知申请人。需商请有关部门明确检验以及判定依据相关要求的,所需时间不计算在内。

市场监督管理部门应当根据异议核查实际情况依法进行处理,并及时将异议处理申请受理情况及审核结论,通报不合格食品生产经营者住所地市场监督管理部门。

第六章 核查处置及信息发布

第四十条 食品生产经营者收到监督抽检不合格检验结论后,应当立即采取封存不合格食品,暂停生产、经营不合格食品,通知相关生产经营者和消费者,召回已上市销售的不合格食品等风险控制措施,排查不合格原因并进行整改,及时向住所地市场监督管理部门报告处理情况,积极配合市场监督管理部门的调查处理,不得拒绝、逃避。

在复检和异议期间,食品生产经营者不得停止履行前款规定的义务。食品生产经营者未主动履行的,市场监督管理部门应当责令其履行。

在国家利益、公共利益需要时,或者为处置重大食品安全突发事件,经省级以上市场监督管理部门同意,可以由省级以上市场监督管理部门组织调查分析或者再次抽样检验,查明不合格原因。

第四十一条 食品安全风险监测结果表明存在食品安全隐患的,省级以上市场监督管理部门应当组织相关领域专家进一步调查和分析研判，确认有必要通知相关食品生产经营者的，应当及时通知。

接到通知的食品生产经营者应当立即进行自查，发现食品不符合食品安全标准或者有证据证明可能危害人体健康的，应当依照食品安全法第六十三条的规定停止生产、经营，实施食品召回，并报告相关情况。

食品生产经营者未主动履行前款规定义务的，市场监督管理部门应当责令其履行，并可以对食品生产经营者的法定代表人或者主要负责人进行责任约谈。

第四十二条 食品经营者收到监督抽检不合格检验结论后，应当按照国家市场监督管理总局的规定在被抽检经营场所显著位置公示相关不合格产品信息。

第四十三条 市场监督管理部门收到监督抽检不合格检验结论后，应当及时启动核查处置工作，督促食品生产经营者履行法定义务，依法开展调查处理。必要时，上级市场监督管理部门可以直接组织调查处理。

县级以上地方市场监督管理部门组织的监督抽检，检验结论表明不合格食品含有违法添加的非食用物质，或者存在致病性微生物、农药残留、兽药残留、生物毒素、重金属以及其他危害人体健康的物质严重超出标准限量等情形的，应当依法及时处理并逐级报告至国家市场监督管理总局。

第四十四条 调查中发现涉及其他部门职责的，应当将有关信息通报相关职能部门。有委托生产情形的，受托方食品生产者住所地市场监督管理部门在开展核查处置的同时，还应当通报委托方食品生产经营者住所地市场监督管理部门。

第四十五条 市场监督管理部门应当在90日内完成不合格食品的核查处置工作。需要延长办理期限的，应当书面报请负责核查处置的市场监督管理部门负责人批准。

第四十六条 市场监督管理部门应当通过政府网站等媒体及时向社会公开监督抽检结果和不合格食品核查处置的相关信息，并按照要求将相关信息记入食品生产经营者信用档案。市场监督管理部门公布食品安全监督抽检不合格信息，包括被抽检食品名称、规格、商标、生产日期或者批号、不合格项目，标称的生产者名称、地址，以及被抽样单位名称、地址等。

可能对公共利益产生重大影响的食品安全监督抽检信息，市场监督管理部门应当在信息公布前加强分析研判，科学、准确公布信息，必要时，应当通报相关部门并报告同级人民政府或者上级市场监督管理部门。

任何单位和个人不得擅自发布、泄露市场监督管理部门组织的食品安全监督抽检信息。

第七章　法律责任

第四十七条　食品生产经营者违反本办法的规定，无正当理由拒绝、阻挠或者干涉食品安全抽样检验、风险监测和调查处理的，由县级以上人民政府市场监督管理部门依照食品安全法第一百三十三条第一款的规定处罚；违反治安管理处罚法有关规定的，由市场监督管理部门依法移交公安机关处理。

食品生产经营者违反本办法第三十七条的规定，提供虚假证明材料的，由市场监督管理部门给予警告，并处1万元以上3万元以下罚款。

违反本办法第四十二条的规定，食品经营者未按规定公示相关不合格产品信息的，由市场监督管理部门责令改正；拒不改正的，给予警告，并处2000元以上3万元以下罚款。

第四十八条　违反本办法第四十条、第四十一条的规定，经市场监督管理部门责令履行后，食品生产经营者仍拒不召回或者停止经营的，由县级以上人民政府市场监督管理部门依照食品安全法第一百二十四条第一款的规定处罚。

第四十九条　市场监督管理部门应当依法将食品生产经营者受到的行政处罚等信息归集至国家企业信用信息公示系统，记于食品生产经营者名下并向社会公示。对存在严重违法失信行为的，按照规定实施联合惩戒。

第五十条　有下列情形之一的，市场监督管理部门应当按照有关规定依法处理并向社会公布；构成犯罪的，依法移送司法机关处理。

（一）调换样品、伪造检验数据或者出具虚假检验报告的；

（二）利用抽样检验工作之便牟取不正当利益的；

（三）违反规定事先通知被抽检食品生产经营者的；

（四）擅自发布食品安全抽样检验信息的；

（五）未按照规定的时限和程序报告不合格检验结论，造成严重后果的；

（六）有其他违法行为的。

有前款规定的第（一）项情形的，市场监督管理部门终身不得委托其承担抽样检验任务；有前款规定的第（一）项以外其他情形的，市场监督管理部门五年内不得委托其承担抽样检验任务。

复检机构有第一款规定的情形，或者无正当理由拒绝承担复检任务的，由县级以上人民政府市场监督管理部门给予警告；无正当理由1年内2次拒绝承担复检任务的，由国务院市场监督管理部门商有关部门撤销其复检机构资质并向社会公布。

第五十一条 市场监督管理部门及其工作人员有违反法律、法规以及本办法规定和有关纪律要求的，应当依据食品安全法和相关规定，对直接负责的主管人员和其他直接责任人员，给予相应的处分；构成犯罪的，依法移送司法机关处理。

第八章 附 则

第五十二条 本办法所称监督抽检是指市场监督管理部门按照法定程序和食品安全标准等规定，以排查风险为目的，对食品组织的抽样、检验、复检、处理等活动。

本办法所称风险监测是指市场监督管理部门对没有食品安全标准的风险因素，开展监测、分析、处理的活动。

第五十三条 市场监督管理部门可以参照本办法的有关规定组织开展评价性抽检。

评价性抽检是指依据法定程序和食品安全标准等规定开展抽样检验，对市场上食品总体安全状况进行评估的活动。

第五十四条 食品添加剂的检验，适用本办法有关食品检验的规定。

餐饮食品、食用农产品进入食品生产经营环节的抽样检验以及保质期短的食品、节令性食品的抽样检验，参照本办法执行。

市场监督管理部门可以参照本办法关于网络食品安全监督抽检的规定对自动售卖机、无人超市等没有实际经营人员的食品经营者组织实施抽样检验。

第五十五条 承检机构制作的电子检验报告与出具的书面检验报告具有同等法律效力。

第五十六条 本办法自2019年10月1日起施行。